DK 624.131.38

FORSCHUNGSBERICHTE DES LANDES NORDRHEIN-WESTFALEN

Herausgegeben durch das Kultusministerium

Nr. 713

Dr.-Ing. Ernst Menzenbach, D. I. C.

Institut für Verkehrswasserbau, Grundbau und Bodenmechanik
der Technischen Hochschule Aachen

Die Anwendbarkeit von Sonden zur Prüfung der Festigkeitseigenschaften des Baugrundes

Als Manuskript gedruckt

SPRINGER FACHMEDIEN WIESBADEN GMBH

1959

Additional material to this book can be downloaded from http://extras.springer.com

ISBN 978-3-663-12832-8 ISBN 978-3-663-14466-3 (eBook)
DOI 10.1007/978-3-663-14466-3

„D 82 (Diss. T.H. Aachen)"

G l i e d e r u n g

Teil I:

Der Entwicklungsstand der Sondierverfahren und vorliegende Auswertungen für Sondierungen

Teil II:

Die Ergebnisse von Sondierungen und ihre Auswertung

Verzeichnis der Formelzeichen und Fachausdrücke

		Maßeinheit
A, B, $\overline{B}$	Porenwasserdruckparameter	1
C	Konstante in Gl. (62)	1
C_c	Zusammendrückbarkeit der Kornstruktur	cm^3/kg
C_1	Konstante in Gl. (40)	kg/cm^2
C_2	Konstante in Gl. (40)	$\frac{kg}{cm^2 \cdot \text{Einheitsschlagzahl}}$
D	Durchmesser	cm, mm
D_v	Verdichtungsverhältnis	%
D_r	relative Dichte	%
E	Elastizitätsmodul	kg/cm^2
E_s	Steifezahl	kg/cm^2
F	Fläche	cm^2
G	Gewicht, Fallgewicht	kg
H	Höhe	cm
I	Einflußbeiwert	1
K	Konsistenzzahl	%
N	Schlagzahl der Standardsonde	Schläge/30 cm
P	Einzellast	t, kg
Pl	Plastizitätszahl	%
Q_{dyn}	dynamischer Eindringwiderstand	kg
R	Schlaggewicht	kg
S	Wassersättigungsgrad des Bodens	%
U	Ungleichförmigkeitsgrad	1
V	Volumen	cm^3
W	Widerstand	t, kg
a, a', a"	Konstanten	1
c	Kohäsion	kg/cm^2

		Maßeinheit
e	Eindringung pro Hitze	cm/Schlagzahl
f_s	Mantelreibung	kg/cm^2
h	Fallhöhe	cm
	Streuungszahl in Gl. (9)	1
l	Länge, Bezugstrecke	cm
m	Querdehnungszahl	1
n	Schlagzahl der schweren Rammsonde	Schläge/20 cm
	natürliches Porenvolumen	%
n_o, n_d	Porenvolumen in lockerster und dichtester Lagerung	%
p	Druck	kg/cm^2
p'	wirksamer lotrechter Druck	kg/cm^2
p_w	Porenwasserdruck	kg/cm^2
r	Korrelationskoeffizient	1
s	Setzung	cm
s'	bezogene Setzung	%
s_E	mittlerer Fehler der Einzelmessung in Gl. (55)	kg/cm^2
t	Tiefe	m, cm
t_o	Grenztiefe	m
v	Steifezahlbeiwert	1
	Fehler in Gl. (41),	kg/cm^2
	in Gl. (24) und Gl. (25)	%
w	Spitzendruck der Druckdose	kg/cm^2
w_a	Wassergehalt an der Ausrollgrenze	%
w_f	Wassergehalt an der Fließgrenze	%
w_n	natürlicher Wassergehalt	%
x, y, z	Koordinaten	1

		Maßeinheit
α, φ	Winkel	Grad
δ	Wandreibungswinkel	Grad
γ	Raumgewicht	t/m^3
λ	Erddruckbeiwert	1
λ_0	Ruhedruckbeiwert	1
ν_s	Sicherheitsfaktor	1
μ	Poisson-Zahl	1
ϱ	Reibungswinkel	Grad
σ	Spannung	kg/cm^2
σ'	wirksame Spannung	kg/cm^2
$\sigma_1, \sigma_2, \sigma_3,$	Hauptspannungen	kg/cm^2
τ	Scherspannung	kg/cm^2

Vorwort

Obwohl Sonden aller Art seit einigen Jahren in immer stärkerem Maße zu Baugrunduntersuchungen eingesetzt werden, bestehen bis heute grundsätzliche Unklarheiten darüber, wie die Ergebnisse von Sondierungen auszulegen sind. Im Jahre 1954 wurde daher im Institut für Verkehrswasserbau, Grundbau und Bodenmechanik der Technischen Hochschule Aachen eine Forschungsarbeit mit dem Ziel begonnen, die beim jahrelangen praktischen Einsatz von Sonden gesammelten Ergebnisse auszuwerten und zu prüfen, inwieweit derartige Geräte verläßliche Angaben über die Eigenschaften des Baugrundes liefern können, welche Eigenschaften dies sind, wo sie versagen und worauf dies zurückzuführen ist. Im Rahmen der Forschungsarbeit sollten außerdem ergänzende Untersuchungen mit verschiedenen Sondentypen vorgenommen werden, um zu klären, welches Gerät den gestellten Anforderungen am besten gerecht wird.

Die Forschungsarbeit wurde mit Mitteln des Wirtschafts- und Verkehrsministeriums des Landes Nordrhein-Westfalen und der Deutschen Forschungsgemeinschaft durchgeführt. Die das bereits vorliegende Material ergänzenden Feldversuche mit verschiedenen Sondentypen wurden von meinem früheren Assistenten, Herrn Dipl.-Ing. Hans KNAUSENBERGER, geleitet und überwacht, der auch an der Entwicklung der in meinem Institut verwendeten Sondiergeräte beteiligt war. Die wichtigsten Ergebnisse dieser Untersuchungen sind in den Anlagen enthalten. Nachdem Herr KNAUSENBERGER eine Stellung in der Privatwirtschaft angetreten hatte, habe ich meinen Assistenten, Herrn Dr.-Ing. Ernst MENZENBACH, gebeten, die weitere Bearbeitung, insbesondere die wissenschaftliche Auswertung der gesammelten früheren Meßergebnisse und ihre Ergänzung, zu übernehmen und damit den Forschungsauftrag zum Abschluß zu bringen.

Tatkräftige Unterstützung hat die Arbeit von Seiten der interessierten Industrie durch die Gestellung von Hilfskräften, Transportmitteln u.ä. erfahren. Hier gebührt Dank den Gemeentewerken Rotterdam, der Braunkohlen- und Brikettwerke Roddergrube AG., Brühl Bez. Köln, der Preussischen Elektrizitäts Aktiengesellschaft, Abt. Borken, der Rheinischen Braunkohlenindustrie AG., Köln und der Firma Schöttle & Schuster AG., Köln. Weitere Unterstützung erfuhren die Untersuchungen durch Herrn Oberregierungsbaurat SIEDEK, Abt. Baugrund der Bundesanstalt für Straßenbau, Köln und seinen ehemaligen Mitarbeiter, Herrn Dipl.-Ing. F.J.DÜCKER.

Es sei ferner Herrn Professor GEUZE, Laboratorium voor Grondmechanica, Delft, der Firma Bauunternehmung Brunner & Co., Zürich, der Firma Frankipfahl Baugesellschaft mbH., Düsseldorf, der Firma Bauunternehmung Dr.-Ing. Paproth & Co., Krefeld und der Firma Stump, Bohr-Ag., Zürich, gedankt, die ihre Sondiergeräte zu Vergleichsversuchen zur Verfügung gestellt haben.

Professor Dr.-Ing. E. SCHULTZE

T e i l I

Der Entwicklungsstand der Sondierverfahren und vorliegende Auswertungen für Sondierungen

1. Einleitung

In den letzten 3 Jahrzehnten haben die Baugrunduntersuchungen mit der fortschreitenden Entwicklung der Bodenmechanik an Umfang stark zugenommen. Die heutigen Erkenntnisse ermöglichen auch bei schwierigen Bodenverhältnissen in den meisten Fällen sichere und wirtschaftliche Lösungen. Die Auswertung der Baugrunduntersuchung ist die erdstatische Berechnung, die etwa darüber Auskunft gibt, wie hoch der Baugrund durch die Gründung eines Bauwerkes belastet werden kann. Sie basiert auf den Festigkeitseigenschaften des Bodens, Zusammendrückbarkeit und Scherfestigkeit, die im allgemeinen durch die Untersuchung ungestörter Proben im Laboratorium gewonnen werden. Die ungestörten Proben werden Bohrungen oder Schürfgruben entnommen. Sorgfältig ausgeführte Bohrungen sind kostspielig, und man versucht sie daher sparsam anzusetzen. Auch die Entnahme von wirklich ungestörten Bodenproben erfordert großen Aufwand. Bei sandigen und kiesigen Böden ist sie auch mit den besten Geräten praktisch nicht zu erreichen (BISHOP [5], W.E.S. [115]). Hinzu kommt noch das Stichprobenproblem (SCHULTZE [90]), da wegen der hohen Geld- und Zeitkosten, die eine Laboratoriumsuntersuchung erfordert, meist nur einige wenige repräsentative Bodenproben untersucht werden.

So ist es zu verstehen, daß man seit langem andere Prüfverfahren entwickelt hat, die diesen langwierigen und kostspieligen Prozeß abkürzen oder sogar ersetzen sollen. Hierzu gehören in erster Linie die Sondierungen. Obwohl im Laufe der Zeit eine größere Anzahl von Sondentypen entwickelt wurden, ist ihnen doch allen der einfache Grundgedanke gemeinsam, Stahlstäbe in den Untergrund zu treiben und aus dem Widerstand, den der Boden dem Eindringen dieser Stäbe entgegensetzt, auf dessen Eigenschaften zu schließen. Die Einfachheit und Wirtschaftlichkeit der meisten Sondiergeräte machen sie für eine Vielzahl von Aufgaben geeignet.

Dank ihrer hohen Tagesleistung - je nach Bodenart und Sondiergerät werden bis zu 100 lfdm Sondierungen pro Tag erreicht - sind sie in idealer Weise dazu geeignet, in kürzester Zeit über die Bodenverhältnisse eines Gebietes Auskunft zu geben. Infolge der kontinuierlichen Anzeige der Sondierdiagramme können weiche, weniger tragfähige Schichten und Hindernisse im Baugrund, die beim Bohren oft nur schwer entdeckt werden und

Stellen, an denen besondere Vorsicht geboten ist, durch Sondierungen leicht festgelegt werden, ehe mit dem Bohren begonnen wird (Abb. 1).

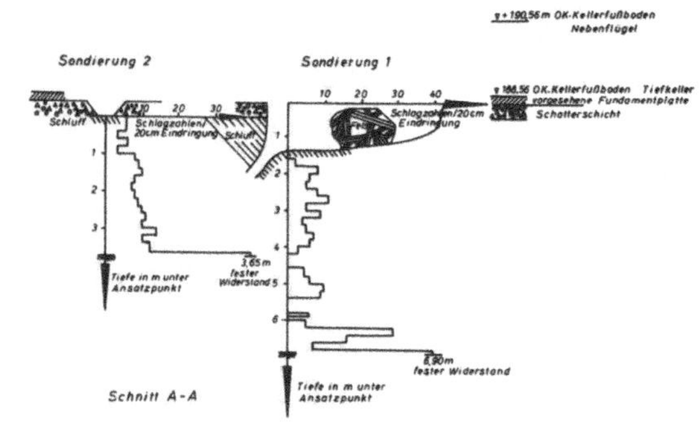

A b b i l d u n g 1
Auffinden von Hohlräumen mit Hilfe von Sondierungen (Archiv des Instituts für Verkehrswasserbau, Grundbau und Bodenmechanik T.H. Aachen)

Die erforderliche Anzahl der Bohrungen, ihr zweckmäßigster Ansatzpunkt, die Tiefe und die Stellen, an denen ungestörte Proben entnommen werden sollen, können von vornherein durch Sondierungen bestimmt werden. Die Gesamtkosten der Bodenuntersuchung werden so oft erheblich eingeschränkt und die Verläßlichkeit der Aussage erhöht. Vor allem aber wird das Stichprobenproblem, das für die Güte der Bodenuntersuchung von fundamentaler Bedeutung ist, nicht mehr so ungewiß und die Laborarbeit auf einige wenige wichtige Bodenproben konzentriert.

Das Ergebnis einer größeren Anzahl von Sondierungen kann dazu benutzt werden, einen Höhenlinienplan des tragfähigen Baugrundes aufzustellen (Abb. 2). Für schwierige und kostspielige Bauwerke kann so die günstigste Lage und die zweckmäßigste Gründung festgelegt werden, womit meist eine erhebliche Einsparung an Gründungskosten verbunden ist. Beim Ankauf eines Baugrundstückes können einige rasch durchgeführte Sondierungen zeigen, ob es sich für den geplanten Bebauungszweck überhaupt eignet. Auch kann die Entscheidung über die Wahl einer geeigneten Trasse für Straßen und Eisenbahnlinien, Kanal- oder Ölleitungen durch Sondierungen erleichtert werden. Ausschreibungen für größere Erdarbeiten können

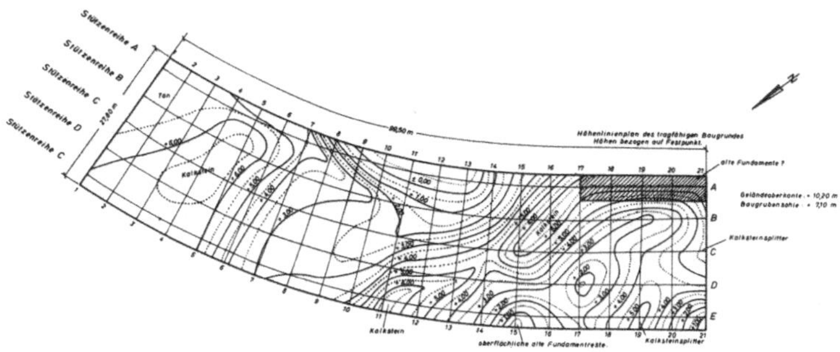

A b b i l d u n g 2

Ermittlung des Höhenlinienplans des tragfähigen Baugrundes aufgrund von Sondierungen (Archiv Institut Aachen)

aufgrund von Sondierergebnissen scharf umrissen werden, was insbesondere bei Böden mit stark unterschiedlichen Lösungskosten vorteilhaft ist. Die Gleichmäßigkeit der Verdichtung und jede relative Änderung in der Tragfähigkeit der Schichtung bei Schüttungen kann durch Sondierungen schnell überprüft werden. Dies ist besonders dann wichtig, wenn diese bebaut werden sollen, da infolge ihrer meist ungleichmäßigen Zusammensetzung und Festigkeit Gründungsfehlschläge sonst unvermeidlich sind. Für diesen Zweck eignen sich Bohrungen nur schlecht, da es häufig nicht gelingt, aus den locker gelagerten Schichten ungestörte Bodenproben zu entnehmen.

Diese Anwendungsbeispiele, die meist nur qualitativer Natur sind, lassen bereits erkennen, daß die Sonden sehr nützliche Auskünfte über die Zusammensetzung und die Beschaffenheit des Baugrundes geben. Damit allein ist jedoch häufig nicht gedient, da die Frage der Praxis sich nicht nur darauf beschränkt, ob ein bestimmter Baugrund durch ein Bauwerk belastet werden kann, sondern wie hoch er belastet werden kann, ohne die Standsicherheit des Bauwerkes zu gefährden oder Schäden zu erzeugen und welche Setzungen dabei zu erwarten sind. Ebenso wird bei Pfahlgründungen nach der zulässigen Pfahlbelastung und der Pfahllänge gefragt.

Die Aufgabe der vorliegenden Forschungsarbeit ist es, zu klären, bis zu welchem Grade diese verfeinerte Auswertung von Sondierergebnissen möglich ist und wo ihre Grenzen liegen. Die Untersuchungen stützen sich auf mehrere tausend lfdm Sondierungen, die mit den im Laboratorium ermittelten Festigkeitseigenschaften mehrerer hundert ungestörter Bodenproben mit Hilfe statistischer Methoden verglichen werden. Insgesamt wurde mit neun Sondentypen sondiert. Ihre Ergebnisse werden einander gegenübergestellt, um den Einfluß konstruktiver Einzelheiten der Sonden auf das Sondierergebnis festzustellen und zu prüfen, ob Eichungen und Auswertungsverfahren, die für einzelne Geräte vorliegen, auch auf andere übertragen werden können. Schließlich soll die Brauchbarkeit und die Wirtschaftlichkeit einzelner Sondiergeräte betrachtet und ihre Zuverlässigkeit in der Anzeige und auftretende Fehlerquellen untersucht werden.

2. Einteilung der Sondierverfahren

Die heute gebräuchlichen Sondierverfahren lassen sich trotz mancher Unterschiede in drei Gruppen einteilen:

a) Rammsondierungen
b) Drucksondierungen
c) Drehsondierungen

In der Entwicklung der Sondiergeräte wurden in den einzelnen Ländern verschiedene Wege eingeschlagen, vor allem bedingt durch die unterschiedlichen geologischen Verhältnisse, denen die Sondiermethode angepaßt werden mußte. Die Rammsondierungen haben sich in Ländern mit harten grobkörnigen Böden und stark wechselnder Schichtenfolge als vorteilhaft erwiesen. In überwiegend weichen feinkörnigen Alluvialböden, wie sie in Skandinavien, Holland und Belgien fast durchweg angetroffen werden, haben sich hingegen mehr die Druck- und Drehsondierungen bewährt.

2.1 Rammsondierungen

Zu den einfachsten Sondiergeräten gehören die Rammsonden. Bei ihnen werden Stahlstäbe durch ein Schlaggewicht mit konstanter Fallhöhe in den Boden getrieben. Die Vorläufer der heutigen Sondiergeräte bestanden aus einfachen Stangen, Röhren oder Schienen, die mit gleichbleibenden Schlägen in den Boden eingetrieben wurden. Dadurch sollte eine ergänzende Beurteilung der oft unbefriedigenden subjektiven Bezeichnung von Bohrergebnissen erreicht werden.

In Deutschland wurden die ersten heute noch nachweisbaren Rammsondierungen von KUMM [57] ausgeführt, um bei den Erdarbeiten für den Mittellandkanal einen Anhaltswert für die Bodenklasse zu erhalten (KRIPPNER [54]). Eine größere Verbreitung hat jedoch erst ein von KÜNZEL [56] seit 1934 benutztes Gerät gefunden, das 1935 patentiert wurde. Das Patent wurde später von PAPROTH in Lizenz genommen, und in Zusammenarbeit mit KÜNZEL entstand die unter dem Namen Prüfstab KÜNZEL-PAPROTH bekannt gewordene Sonde, die auch heute noch vielfach benutzt wird (PAPROTH [74]), (Abb.3). Das Patent ist inzwischen abgelaufen. Das ursprüngliche Gerät besaß ein Stahlgestänge mit stumpfer Spitze von 16 bis 20 mm Durchmesser und konnte für Sondierungen bis in Tiefen von 5 bis 8 m benutzt werden. Der heutige Prüfstab KÜNZEL-PAPROTH besteht aus einem Gestänge von 20 mm Durchmesser mit stumpfer Spitze, das durch ein Schlaggewicht von 10 kg bei einer Fallhöhe von 50 cm in den Boden getrieben wird.

Unter dem Namen Künzelstab sind heute eine größere Zahl leichter Rammsonden in Gebrauch, die jedoch im Gegensatz zum Originalgerät meist eine verdickte kegelförmige Spitze besitzen. Hierdurch soll versucht werden, die Mantelreibung möglichst auszuschalten, die das Sondierergebnis besonders bei großen Sondiertiefen völlig verfälschen kann.

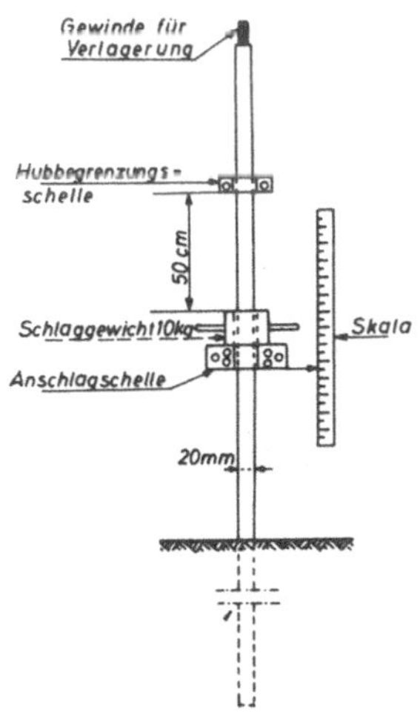

A b b i l d u n g 3
Prüfstab KÜNZEL-PAPROTH (aus [74])

A b b i l d u n g 4
Die leichte Rammsonde im Einsatz
(Archiv Institut Aachen)

Eine solche Sonde wird z.B. im Institut für Verkehrswasserbau, Grundbau und Bodenmechanik der Technischen Hochschule Aachen seit einigen Jahren benutzt (Anl. 1). Die Sonde besitzt eine kegelförmige Spitze mit einem

Öffnungswinkel von 60° und einem Durchmesser von 35,7 mm (Querschnitt 10 cm^2). Als Gestänge werden Rundstahlstäbe von 20 mm Durchmesser und 1 m Länge verwendet, die an beiden Enden Gewindebohrungen zur Aufnahme der Verbindungsnippel und Schlüsselflächen besitzen, um das Gestänge fest anziehen zu können. Zusätzlich sind die Gestängeenden konisch abgedreht, um eine bessere Verspannung zu gewährleisten. Trotzdem lockert sich die Gewindeverbindung durch die Erschütterung während des Sondierens. Daher ist ein Handgriff vorgesehen, der beim Sondieren von Zeit zu Zeit im Uhrzeigersinn gedreht wird, damit die Stangen stets fest aufeinandersitzen. Dies ist wesentlich, da sonst die Nippel überlastet werden und brechen. Sowohl bei dieser als auch bei allen übrigen Sonden sind die Nippel die schwachen Stellen der Geräte. Sie müssen sorgfältig ausgebildet sein, da sonst häufig Brüche vorkommen. Meist ist damit ein Gestängeverlust verbunden. Während es genügt, für das Gestänge, Schlaggewicht und Amboß St 37 oder St 52 zu wählen, werden Nippel zweckmäßiger aus hochwertigem Stahl hergestellt. Die für dieses Gerät verwendeten losen Nippel ohne Bund haben sich bewährt. Sie tragen ein Gewinde M 14, sind 6 cm lang und auf ihrer ganzen Länge durchbohrt. Dies erleichtert das Herausschrauben eines gebrochenen Nippels. Dem Dreiecksgewinde ist gegenüber dem Trapezgewinde entschieden der Vorzug zu geben, da es weit weniger schmutzempfindlich ist. Die Kegelspitze der Sonde hat eine größere Lebensdauer, wenn die Oberfläche gehärtet ist. Die Härtung kann in einem Kalibad vorgenommen werden, wodurch eine Härte von 400 bis 500 Brinell erreicht wird. Wird die Sondenspitze mit 2 oder mehreren Kerben versehen, so kann man bei einiger Erfahrung aus dem Geräusch beim Drehen des Gestänges schließen, ob sich die Sondenspitze im fein- oder grobkörnigen Boden befindet. In jedem Fall setzt die Spitze dann dem Drehen des Gestänges einen größeren Widerstand entgegen, wodurch ein gründlicheres Anziehen der Gewindeverbindungen während des Sondierens gewährleistet wird. In manchen Bodenarten gelingt die Entnahme einer gestörten Bodenprobe, wenn statt der Kegelspitze ein mit einer langen Rille versehener Stab (Geologenstab) benutzt wird.

Die leichte Rammsonde ist ein einfaches und billiges Gerät, das sich in weichen und lockeren Böden für Sondierungen bis zu 12 m Tiefe eignet. Durch das geringe Gesamtgewicht von 95 kg des fertig verpackten Gerätes kann es leicht im Personenkraftwagen transportiert werden. Die Einfachheit der Konstruktion und die Tatsache, daß zu seiner Bedienung nur zwei Mann erforderlich sind, machen dieses Gerät für Untersuchungen in geringen Tiefen und nicht zu harten Böden geeignet (Abb. 4).

Diese beiden letzten Einschränkungen führten im gleichen Institut zur Konstruktion einer mittleren Rammsonde, die mit Erfolg auch dort angewendet werden kann, wo das Eindringvermögen der leichten Rammsonde erschöpft ist. Bei einem Schlaggewicht von 30 kg und einer Fallhöhe von 20 cm kann das Gerät ebenfalls von 2 Mann bedient werden. Gestänge, Spitze und Amboß sind dieselben wie bei der leichten Rammsonde (Anl. 1). Da die Schlagarbeit für die mittlere Rammsonde etwas größer ist als für die leichte, erfordert die mittlere Rammsonde zum Durchfahren der gleichen Schicht weniger Schläge wie später noch ausführlicher gezeigt wird. Der Rammfortschritt ist jedoch für beide Geräte etwa gleich, da vom Bedienungspersonal bei der mittleren Rammsonde wegen des größeren Schlaggewichtes pro Zeiteinheit weniger Schläge geleistet werden können.

Die Anregung zum Bau der mittleren Rammsonde gab ein Gerät, das mit dem gleichen Schlaggewicht und gleicher Fallhöhe arbeitet. Es wurde 1949 im Erdbauinstitut der ETH Zürich zu seiner endgültigen Form entwickelt, nachdem in jahrelangen Vorversuchen theoretische Grundlagen und der Einfluß konstruktiver Einzelheiten auf das Sondierergebnis untersucht wurden (HAEFELI, AMBERG, MOOS [33]). Die Sonde besitzt ein Rundstahlgestänge mit einem Durchmesser von 22 mm und einer Kegelspitze von 10 cm^2 Querschnitt bei einem Öffnungswinkel von 30° (Abb. 5).

Der Wunsch, durch die einfachen Sondierverfahren den Untergrund bis in größere Tiefen zu untersuchen, war der Anlaß, schwerere Geräte zu entwickeln, die auch grobkörnige harte Schichten zu durchfahren vermögen. In Aachen wird hierfür eine Sonde mit einem Schlaggewicht von 50 kg bei einer Fallhöhe von 50 cm verwendet, die für Sondiertiefen bis 25 m geeignet ist (Anl. 2). Bei der Entwicklung dieses Gerätes hat die schweizer Sonde der Stadtverwaltung Luzern Pate gestanden (MAAG). Das Gerät erfordert einen Dreibock und drei Mann Bedienungspersonal. Das Schlaggewicht ist mit einer automatischen Ausklinkvorrichtung versehen (Abb.6) Entsprechend den größeren Beanspruchungen ist das Gestänge mit einem Durchmesser von 32 mm kräftiger gewählt. Die 2 m langen Stangen sind aus Kardanwellenstahl (St 90). Amboß und Schlaggewicht sind jedoch aus gewöhnlichem Baustahl, um gefährliche Splitterwirkung während des Sondierens zu vermeiden. Die Kegelspitze hat einen Öffnungswinkel von 90° bei einem Querschnitt von 15 cm^2. Das Herausziehen des Gestänges erfordert meist beachtliche Zugkräfte. Hierzu wird ein Flaschenzug oder eine Winde von mindestens 5 t Zugkraft benötigt. Eine bedeutende Verringerung

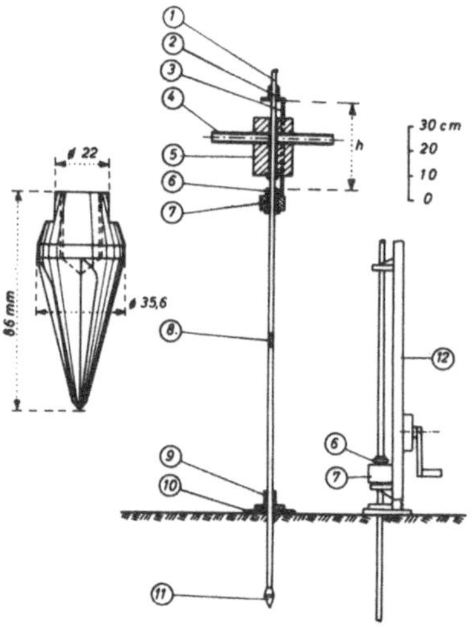

A b b i l d u n g 5
Die mittlere Rammsonde der ETH Zürich (HAEFELI, AMBERG, MOOS) (aus [33])

A b b i l d u n g 6
Die schwere Rammsonde in Einsatz (Archiv Institut Aachen)

der Zugkräfte wird erreicht, wenn die mit einem Zapfen ohne Gewinde versehene Spitze in ein Übergangsstück gesteckt und nur durch einen Stift gegen Herausfallen gesichert wird. In den meisten Bodenarten schert dieser Stift beim Ziehen des Gestänges ab, und die Spitze bleibt im Boden. Das Gestänge allein kann dann fast immer leicht und schnell gezogen werden. Für ein einwandfreies Arbeiten ist es ferner wesentlich, daß die Ausklinkvorrichtung eine auswechselbare Gleitbuchse aus Messing erhält und daß die Bohrung des Schlaggewichtes bis auf geringe Führungsflächen von 30 mm Länge an beiden Enden hinterdreht wird. Über die Ausbildung der Gewindeverbindungen und der Nippel gilt das gleiche wie für die leichte Rammsonde.

Da die Ausschaltung der Mantelreibung durch die Verwendung einer verdickten Spitze nicht in allen Bodenarten zuverlässig gelingt, sind eine Reihe von Sonden entwickelt worden, bei denen das eigentliche Sondiergestänge durch ein Mantelrohr abgeschirmt wird. Die Geräte werden durch das meist hohe Gewicht schwerfällig und sind mehr für die maschinelle

Bedienung als für den Handbetrieb geeignet. In Böden, in denen große Mantelreibung erzeugt wird, werden Tiefen von über 20 m nur mit großem Arbeitsaufwand erreicht. Demgegenüber stehen die Vorteile einer sauberen Trennung von Spitzenwiderstand und Mantelreibung, die eine zuverlässigere Auswertung des Sondierergebnisses mit sich bringt. Die Kenntnis der Mantelreibung ist außerdem nicht selten für die Beurteilung der Bodenschichtung aufschlußreich. Dies wird jedoch besonders bei den einfachen Geräten häufig überschätzt. Aus diesem Grunde lohnt es sich, zugunsten der Wirtschaftlichkeit auf die Auswertung der Mantelreibung zu verzichten und auch bei den unverrohrten Sonden mit einer Spitze zu arbeiten, deren Durchmesser größer ist als der des Mantelrohres.

Im Rahmen der Untersuchungen des vorliegenden Forschungsauftrages konnte durch das freundliche Entgegenkommen zweier schweizer Firmen, der Firma Bauunternehmung Brunner & Co., Zürich und der Firma Stump, Bohr-AG., Zürich, an einigen Stellen die verrohrte Brunner-Rammsonde und die ebenfalls verrohrte Stump'sche Sonde eingesetzt werden.

A b b i l d u n g 7
Die schwere verrohrte Brunnersonde im Einsatz
(Archiv Institut Aachen)

Die Brunner-Sonde ist mit einem Vierkantgestänge (Stangenlänge rund 1 m) von 30 mm Seitenlänge und einer Kegelspitze (Öffnungswinkel 90°, Querschnitt 30 cm^2) ausgerüstet. Das Schlaggewicht beträgt 50 kg und die Fallhöhe 33 cm (Anl. 3). Der Außendurchmesser des Mantelrohres ist mit 60 mm um 2 mm geringer als der Spitzendurchmesser. Abbildung 7 zeigt die Sonde im Einsatz. Gestänge und Mantelrohr werden unter Verwendung besonderer Aufsatzstücke abwechselnd eingetrieben. Die Mantelreibung wird aus der Torsionsreibung abgeleitet, die mittels einer Federwaage beim Drehen des Mantelrohres gemessen wird (Abb. 8). Das Gerät erfordert drei, besser vier Mann Bedienungspersonal, die möglichst eingearbeitet sein müssen. Die Ausklinkvorrichtung muß während des Sondierens von einem Mann bedient werden, was nicht ganz ungefährlich ist. Für Mantelrohr und Gestänge wird das schmutzempfindliche Trapezgewinde verwandt. Dies hat sich im Gebrauch als unpraktisch erwiesen. Es muß darauf geachtet werden, daß das Gewinde vollkommen sauber ist, was für ein Baustellengerät nicht immer einfach ist. Außerdem ist die Gewindesteigung größer als beim normalen metrischen Gewinde. Bei gleicher Drehung klafft das Gestänge daher weiter auseinander. Es läßt sich schwerer anziehen, löst sich aber auch nicht so leicht. Das Trapezgewinde hat mehr Kanten als das Dreiecksgewinde, wodurch der Einfluß der Kerbspannungen erhöht wird. Die Vielzahl von Einzelteilen, aus der das Gerät besteht, ist für ein Feldgerät nicht zweckmäßig und einer der Gründe, die für eine eingespielte Bedienungsmannschaft sprechen. Der mit der Sonde im Handbetrieb erzielte Rammfortschritt ist je nach den Bodenverhältnissen wenig befriedigend. So waren z.B. in Borken (Anl. 17) für eine Eindringung von 20 cm 300 Schläge erforderlich. Wenn aber das Einrammen des Mantelrohres schon mühselig und aufwendig ist, so wird das Herausziehen problematisch. An der gleichen Stelle wurden dafür ein Flaschenzug und vier schwere Bauwinden benötigt. Eine weitere Erschwernis ist das hohe Transportgewicht von rund 900 kg. Die Vorteile einer genaueren Anzeige erfordern beim Handbetrieb einen erheblichen wirtschaftlichen Aufwand. Ein rationelles Arbeiten mit diesem schweren Gerät ist daher ohne maschinelle Bedienung und unter Verwendung eines kräftigen Dreibockes nicht sinnvoll. Die Anschaffung derartiger Zusatzgeräte ist jedoch teuer und kommt wohl nur für größere Bodenaufschlußfirmen in Betracht.

Ein leichteres Gerät ist die verrohrte Rammsonde von STUMP [100]. Zu seiner Bedienung werden zwei Mann benötigt, ein Dreibock ist nicht erforderlich. Das Gerät arbeitet mit einem Gestänge von 20 mm Durchmesser

A b b i l d u n g 8

Die Messung der Mantelreibung mittels einer Federwaage bei der Brunnersonde (Archiv Institut Aachen)

und einem Mantelrohrdurchmesser von 30 mm (Anl. 4). Die Größe der Mantelreibung kann beim Drehen der Vorrohrung mittels einer Federwaage gemessen werden (Abb. 9). Gerammt wird mit einem Fallgewicht von 25,4 kg bei einer Fallhöhe von 20 cm. Die gehärtete Spitze ist pyramidenförmig und hat bei einer Seitenlänge von 35 mm eine quadratische Grundfläche von 12,3 cm^2. Durch diese Pyramidenspitze soll erreicht werden, daß aus dem Geräusch beim Drehen des Gestänges auf die Bodenart geschlossen werden kann, in der sondiert wird. Außerdem wird durch den größeren Torsionswiderstand der Spitze im Boden ein gründlicheres Nachziehen der Gewindeverbindungen gewährleistet. Die Führungsstange für das Schlaggewicht besitzt keinen festen oberen Anschlag, sondern nur zwei Rillen, die die Fallhöhe markieren. Im praktischen Gebrauch hat sich dies als ungenau erwiesen, da die Fallhöhe beim raschen Schlagen von den Leuten häufig um mehr als 2 cm überschritten wird. Die Gewinde sind wie bei der Brunner-Sonde Trapezgewinde. Nachteilig ist, daß beim Gestänge ohne losen Nippel gearbeitet wird. Bei Gewindebruch muß das Gewinde neu geschnitten werden. Die Stangen werden hierdurch verkürzt und eine wertvolle Kontrolle über die Eindringtiefe geht so verloren. Günstig ist das geringe Transportgewicht von 187 kg, wodurch das Gerät im praktischen Einsatz beweglich und wirtschaftlich ist.

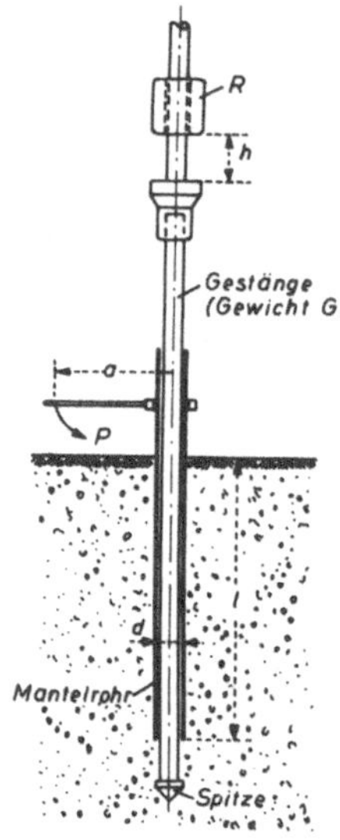

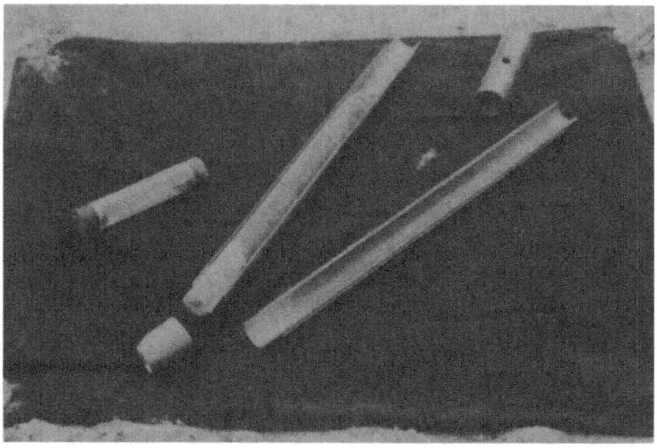

A b b i l d u n g 9
Schematische Darstellung der verrohrten Stump'schen Rammsonde (aus [100])

A b b i l d u n g 10
Entnahme einer gestörten Probe mit der amerikanischen Standardsonde (Archiv Institut Aachen)

Ein anderer Weg, die störende Mantelreibung weitgehend auszuschalten, wird bei der Verwendung der Bohrlochsonden beschritten, die von der Sohle eines Bohrloches aus in den Boden getrieben werden. Bei der nach diesem Prinzip arbeitenden amerikanischen Standardsonde wird eine Hohlsonde von 5,1 cm äußerem Durchmesser (innerer Durchmesser 3,5 cm) bei einer Fallhöhe von 76,2 cm durch ein 63,5 kg schweres Schlaggewicht bis in eine Tiefe von 45 cm unter die Bohrlochsohle getrieben (TERZAGHI und PECK [105], PECK, HANSON, THORNBURN [77], HVORSLEV [43], U.S. BUREAU OF RECLAMATION [106]). Die ersten 15 cm werden nicht beachtet, da angenommen wird, daß der Boden bis in diese Tiefen durch den Bohrvorgang gestört ist. Aus der Anzahl der Schläge, die für die Eindringung der letzten 30 cm erforderlich sind, wird auf die Bodeneigenschaften geschlossen. Ein Vorteil dieses Verfahrens ist, daß durch die aufklappbare Hohlsonde beim Sondieren gleichzeitig eine gestörte Bodenprobe gewonnen wird (Abb. 10). Dadurch kann der Wassergehalt und die Bodenart, in der sondiert wird, eindeutig festgelegt werden. In steinigen Böden, in denen die Schneide der Hohlsonde zerstört würde, wird auf das Sondenrohr eine Spitze aufgeschraubt, so daß dann auch die Entnahme der Bodenprobe entfällt.

Das Verfahren erfordert eine Bohrung. Dies ist wohl sein größter Nachteil, da es sich dadurch für eine Reihe von Aufgaben, für die normale Sonden eingesetzt werden können, z.B. rasche Voruntersuchungen, wenig eignet. Andererseits werden für größere Bauvorhaben ohnehin einige Bohrungen abgeteuft, so daß dieser Nachteil nicht so sehr ins Gewicht fällt. Außerdem kann die Sonde in einem sehr engen verrohrten Bohrloch von 8 cm Durchmesser noch eingesetzt werden, wenn, wie es in der Regel geschieht, mit einem Gestänge gearbeitet wird. Für die Durchführung der Einzelsondierungen in Tiefenabständen von ca. 1 m muß der Bohrvorgang für 20 bis 30 min unterbrochen werden.

Im Aachener Institut wurde die Sonde mit einer automatischen Ausklinkvorrichtung versehen und mit einem geschlossenen wasserdichten Mantel umgeben, wodurch das Gerät ohne Gestänge in jeder beliebigen Tiefe, auch unter Grundwasser, eingesetzt werden kann (Anl. 5, Abb. 11). Die

A b b i l d u n g 11
Die Standardsonde im Einsatz
(Archiv Institut Aachen)

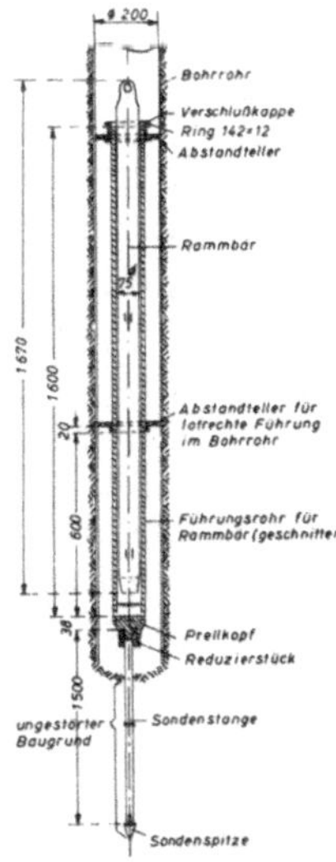

A b b i l d u n g 12
Die Bohrlochsonde der Forschungsanstalt für Schiffahrt, Wasser- und Grundbau(SCHUBERT)(aus[85])

vom Schlaggewicht in seinem freien Fall verdrängte Luft hat keine Bremswirkung, da genügend freier Raum für den Druckausgleich vorgesehen ist. Allerdings kann die Schlagenergie durch in die Sonde eingedrungenes Wasser stark herabgesetzt werden. Dies ist trotz sorgfältiger Konstruktion bei sehr großen Sondiertiefen und hohen Wasserdrücken nicht immer zu vermeiden. Sondierungen bei denen Wasser in die Sonde eingedrungen ist, werden als fehlerhaft ausgeschieden.

Ein anderes zum Typ der Bohrlochsonde gehörendes Gerät wurde während der letzten 10 Jahre in der Forschungsanstalt für Schiffahrt, Wasser- und Grundbau, Berlin entwickelt (SCHUBERT [85], JÄNKE und MARTIN [47]). Die Sonde von 34 mm Durchmesser und 1,45 m Länge hat eine 45°-Kegelspitze von 35,6 mm Durchmesser und wird durch ein 57,2 kg schweres Schlaggewicht, das in einem durchlöcherten Führungsrohr von 100 mm läuft, bis zu einer Tiefe von 1,5 m unter Bohrlochsohle getrieben (Abb. 12). Eine Probenentnahme findet nicht statt. Die Fallhöhe ist auf 64 cm begrenzt. Das Gewicht der Sonde einschließlich Führungsrohr beträgt 32,2 kg. Das Gerät erfordert einen Bohrlochdurchmesser von 20 cm. Auf die Wasserdichtigkeit des Führungsmantels wird hierbei verzichtet, wodurch der Wert, der mit diesem Gerät unter Wasser erzielten Sondierergebnisse, zweifelhaft erscheint, da dies eine bedeutende Fehlerquelle ist.

2.2 Drucksondierungen

Bei den Rammsondierungen wird der Boden dynamisch beansprucht, wodurch komplizierte Spannungs- und Verformungsverhältnisse entstehen, die die Interpretierung der Ergebnisse erschweren. Daher wird in weichen, wenig wasserdurchlässigen Böden vorzugsweise die Drucksondierung angewendet, bei der das Gestänge mit verhältnismäßig geringer Geschwindigkeit durch Pressen oder Winden in den Boden eingedrückt wird. Diese Art der Beanspruchung kommt der statischen Belastung des Bodens durch die Bauwerke viel näher. Trotz der in der Regel komplizierten Gerätekonstruktion hat die Entwicklung der Drucksonde wegen dieses Vorzuges schon früh eingesetzt.

Die neben dem später beschriebenen schwedischen Sondenbohrer wohl älteste Drucksonde für Tiefensondierungen wurde von TERZAGHI [104] im Jahre 1929 entworfen und dazu benutzt, die Lagerungsdichte von wassergesättigten Sandschichten beim Bau der New Yorker Untergrundbahn zu prüfen (Abb. 13). Zur Ausschaltung der Mantelreibung besitzt die Sonde eine Verrohrung.

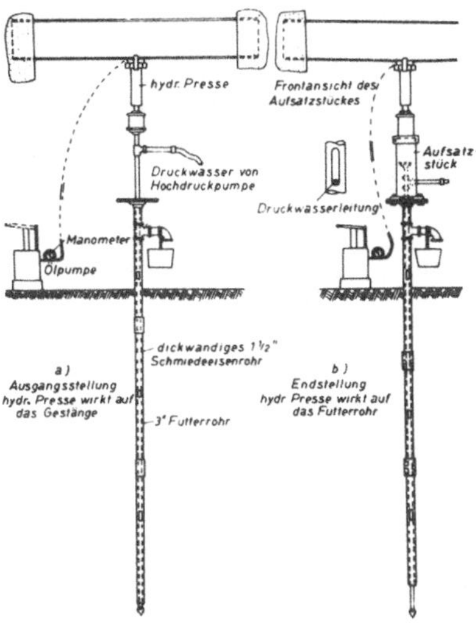

A b b i l d u n g 13
Drucksonde nach TERZAGHI
(aus [104])

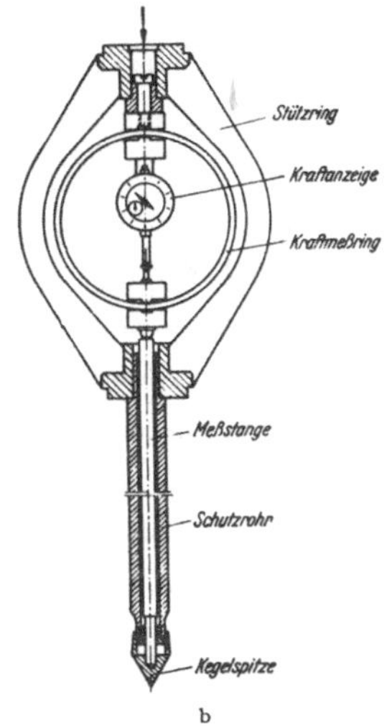

A b b i l d u n g 14
Vorrichtung zur Messung des
Eindringwiderstandes bei der
holländischen Drucksonde
(aus [78])

Das eigentliche Gestänge ist hohl und kann mit Druckwasser gefüllt werden, das aus der 45°-Kegelspitze von rund 70 mm Durchmesser aus 6 Öffnungen austritt. Hierdurch soll der Einfluß der Erdauflast ausgeschaltet und die Mantelreibung beim Nachtreiben der Verrohrung verringert werden. Das Gestänge wird mittels einer Öldruckpresse rund 25 cm unter die Verrohrung gedrückt und aus der hierzu erforderlichen Kraft auf die Lagerungsdichte des Sandes geschlossen. Abschließend wird das Mantelrohr nachgetrieben und der Vorgang wiederholt.

Eine besonders weite Verbreitung hat die Drucksondierung in Holland und Belgien erfahren, wo Drucksondiergeräte seit 1936 entwickelt wurden. Sie dienten von Anfang an zu Ermittlung einer Vielzahl von bodenmechanischen Eigenschaften, unter anderem zur Bestimmung der erforderlichen Länge und der zulässigen Tragkraft von Pfählen für die in diesen Ländern sehr häufig notwendigen Pfahlgründungen (LABORATORIUM VOOR GRONDMECHANICA [58], DE BEER [14], HUIZINGA [38]). Die ursprünglichen Geräte sind nach jahrelangem praktischen Einsatz in konstruktiven Einzelheiten ständig verbessert worden (PLANTEMA [78], MIERLO und KOPPEJAN [63]).

Heute wird eine verrohrte Sonde mit einer Kegelspitze von 36 mm Durchmesser (10 cm^2 Querschnitt) benutzt. Die erforderlichen Eintreibkräfte werden mit Hilfe einer elektrischen Meßdose oder einem Meßring aus Stahl an der Erdoberfläche gemessen (Abb. 14). Diese Art der Messung hat trotz geschickter Spitzenausbildung immer den Nachteil, daß zwischen Gestänge und Mantelrohr Boden eindringen kann und Reibung verursacht. Davon abgesehen kann auch Reibung zwischen Mantelrohr und Gestänge besonders bei tiefen Sondierungen und abwechselnder Lagerung von harten und weichen Schichten entstehen, da das Gestänge dann nicht immer gerade bleibt. Diese Fehlerquelle wird durch die von HOFFMANN (MUHS [65]) bei der DEGEBO während des zweiten Weltkrieges entwickelte Spitzendrucksonde vermieden. Bei diesem Gerät wird der Spitzendruck nicht an der Geländeoberfläche, sondern unmittelbar in der Spitze durch ein elektrisches Meßelement gemessen. Dadurch wird erreicht, daß der Spitzendruck selbst bei sehr tiefen Sondierungen zuverlässig und unbeeinflußt von

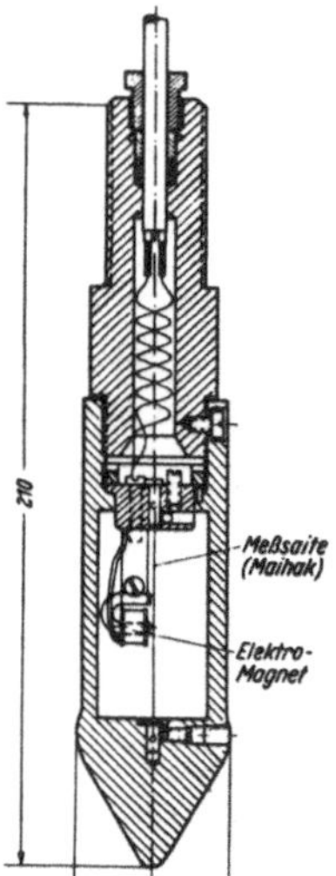

A b b i l d u n g 15
Spitze der Maihak-Drucksonde (HOFFMANN und MUHS), (aus [66])

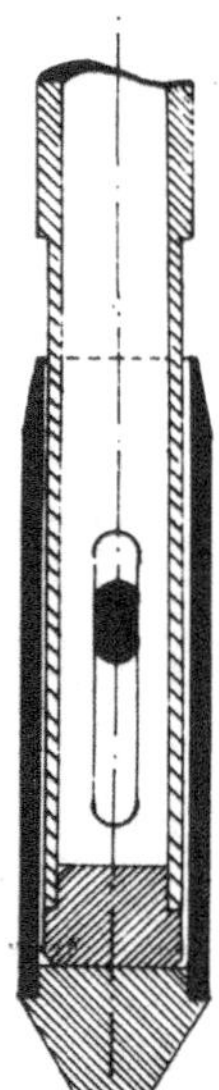

A b b i l d u n g 16
Spitze der Druck-Rammsonde mit Reibungshülse nach HAEFELI und FEHLMANN (aus [31])

Fehlern bleibt. Die Sondenspitze wurde später durch KAHL und MUHS [50] in Zusammenarbeit mit der Firma Maihak verbessert. Sie besteht in ihrer heutigen Form aus einem Stahlzylinder, in dessen Achse eine schwingfähig gespannte Saite angebracht ist, deren Eigenfrequenz vom jeweiligen Spitzendruck abhängt (Abb. 15). Ein Empfangsgerät an der Geländeoberfläche ist mit der Spitze durch ein Meßkabel verbunden und wird in Resonanz zu der Spitzenfrequenz gebracht. Aus dieser Abstimmung ergibt sich eine Geräteablesung, die mit dem Eichfaktor der benutzten Spitze multipliziert unmittelbar den Spitzendruck in kg/cm^2 ergibt. Das Gestänge hat einen Durchmesser von 32 mm und ist zur Aufnahme des Meßkabels mit einer Bohrung versehen. Durch den gegenüber der Spitze um 4 mm geringeren Gestängedurchmesser wird die Mantelreibung zum Teil ausgeschaltet. Es werden lose Nippel mit metrischem Gewinde verwendet.

Obwohl die Meßsaite selbst nicht überlastet werden kann, da sie bei Belastung entlastet wird und die Spitze selbst bei einer Überbeanspruchung von 50 % ihrer Nennlast im elastischen Bereich bleibt, ist es nicht zu empfehlen, sie dort einzusetzen, wo plötzlich harte grobkörnige Schichten zu erwarten sind. Ein Bruch des Gestänges in größeren Tiefen, der dadurch erleichtert wird, daß kein Mantelrohr vorhanden ist, das gegen Ausknicken sichert, hat meist den Verlust der kostbaren Spitze zur Folge (Anschaffungspreis ca. 1 000.- DM). Deshalb muß für Gestänge und Nippel hochwertiges und einwandfrei bearbeitetes Material benutzt werden. Für das Gestänge hat sich der zähe Kardanwellenstahl bewährt, der gleich mit einer Bohrung zur Aufnahme des Meßkabels geliefert wird.

Da für die Tragfähigkeit von Pfählen die Mantelreibung eine Rolle spielt, wird versucht, diese mit Hilfe von Sondierungen zu messen. Es ist unzweckmäßig, hierfür Messungen der Mantelreibung einfacher Sondiergeräte zu benutzen, selbst dann, wenn Sondenspitze und Mantelrohr den gleichen Durchmesser besitzen. Es kann häufig beobachtet werden, daß die Mantelreibung beim Eintreiben der Verrohrung plötzlich abnimmt anstatt zuzunehmen, da während des Vortreibens zwischen Boden und Mantelrohr ein Schmierfilm entsteht, der die Mantelreibung ganz erheblich herabsetzt.

Durch die Anwendung von kurzen Reibungshülsen unmittelbar hinter der Spitze der Sonde wurde von HAEFELI und FEHLMANN [31] und BEGEMANN [2] versucht, die Mantelreibung in geringen Tiefenabständen zu messen und so für die einzelnen Bodenschichten kontinuierliche Werte für die Adhäsion zu erhalten.

Die Druck-Rammsonde von HAEFELI und FEHLMANN kann in harten Schichten als Rammsonde, in weichen Schichten als Drucksonde verwendet werden. Der maximale Spitzendruck beträgt hierbei 70 kg/cm^2 bei 25 cm^2 Querschnitt der 60°-Kegelspitze. Zur Messung der Mantelreibung wird das Gestänge angehoben, dabei bleibt die Spitze mit der Reibungshülse zunächst in Ruhe. Erst wenn der im Gestänge eingelassene Bolzen den oberen Anschlag des Schlitzes in der Reibungshülse berührt, wird diese mitgenommen (Abb. 16). Aus dem Anwachsen der Zugkraft ergibt sich dann die Mantelreibung.

Den gleichen Grundgedanken verwendet die Tiefensonde von BEGEMANN (Abb. 17). Die Sondenspitze wird jeweils um eine kurze Strecke in den Boden vorgetrieben. Nach einer bestimmten Eindringung wird die Reibungshülse mitgenommen. Aus dem Anwachsen der Druckkraft kann auf die Mantelreibung geschlossen werden.

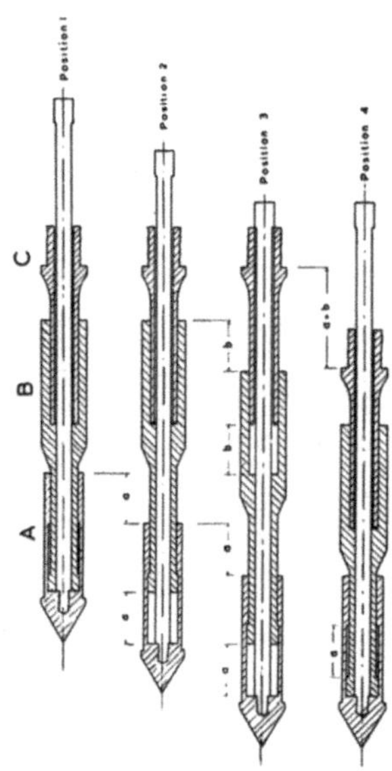

A b b i l d u n g 17
Spitze der Drucksonde mit Reibungshülse nach BEGEMANN (aus [2])

A b b i l d u n g 18
Gerüst der Drucksonde für 4 Erdanker zur Erzeugung der Widerlagerkraft (Archiv Institut Aachen)

So plausibel die Arbeitsweise dieser beiden Geräte auf den ersten Blick auch scheint, so muß man doch die Zuverlässigkeit der Anzeigen bei näherem Betrachten bezweifeln (VAN DER VEEN [109]). Bei dem Verfahren von HAEFELI-FEHLMANN ist zu beachten, daß die Mantelreibung beim Drücken und Ziehen stark verschieden sein kann. Dieser Unterschied ist besonders bei Sand beachtlich und kann bei jedem Drucksondierdiagramm beobachtet werden. Eine weitere Unsicherheit liegt im Zeiteinfluß [31]. Allerdings wird der gemessene Wert wohl auf der sicheren Seite liegen. Die Reibungshülse nach BEGEMANN hat bei einer vorgeschlagenen Länge von 10 cm bei 3,6 cm Durchmesser eine Oberfläche von 113 cm^2. Wenn die Differenz zwischen dem Spitzendruck von Spitze allein und Spitze und Mantel zusammen nur 1 kg/cm^2 beträgt, sc ergibt dies bereits einen Unterschied in der Mantelreibung von rund 1 t/m^2. Die Schwankungen im Spitzendruck sind jedoch selbst dann, wenn diese nur zentimeterweise vorwärts bewegt wird erfahrungsgemäß größer. Daher sind die Messungen ungenau.

Allen Drucksonden ist gemeinsam, daß sie ein Widerlager benötigen, gegen das die Pressen oder Winden abgestützt werden. Hierzu wird meist ein zerlegbares Sondiergerüst verwendet, das beim Sondieren in losen Böden mit zwei meist aber mit vier Erdankern im Boden verankert werden muß (Abb. 18). Der Auf- und Abbau des Gerüstes, vor allem aber das Einbringen der Erdanker ist mühselig und zeitraubend. Selten werden mehr als 7 t Widerlagerkraft erreicht. Daher werden die Drucksonden häufig unmittelbar auf einen schweren Spezialwagen montiert, dessen Eigengewicht als Widerlager dient (Abb. 19). Das Gelände, auf dem sondiert werden

A b b i l d u n g 19
Sondierwagen der Franki-Pfahl Baugesellschaft
(Archiv Franki-Pfahl Baugesellschaft)

soll, muß jedoch für den Wagen befahrbar sein. Die hohen Anschaffungskosten rentieren sich nur dann, wenn laufend derartige Sondierungen ausgeführt werden; im allgemeinen also nur für größere Baufirmen oder große Versuchsanstalten.

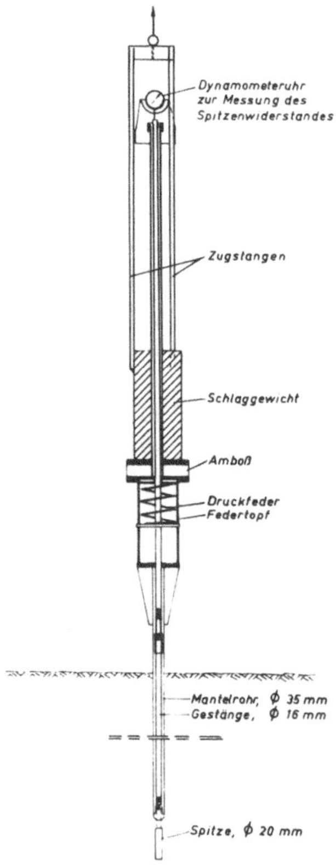

A b b i l d u n g 20
Verrohrte Federdrucksonde nach PAPROTH

Bei der verrohrten Federdrucksonde nach PAPROTH wird die Mantelreibung geschickt dazu ausgenutzt, als Widerlager für das Eindrücken des Künzelstabgestänges mit einer Spitze von 2 cm Durchmesser zu dienen. Das Mantelrohr wird mit einem Schlaggewicht in den Boden getrieben (Abb. 20). Aus der Zusammendrückung der geeichten Feder im Federtopf ergibt sich der Spitzenwiderstand. Das Gerät stellt gegenüber der während des 2. Weltkrieges verwendeten Federdrucksonde von PAPROTH [20] eine Verbesserung dar, bei der das Mantelrohr fehlte. Die Mantelreibung wurde dadurch bestimmt, daß die zum Anheben des Gestänges erforderliche Zugkraft gemessen und von der zum Eindrücken benötigten Druckkraft abgezogen wurde (Abb. 21). Da die Mantelreibung jedoch beim Drücken und Ziehen, wie schon erwähnt,erheblich voneinander abweichen kann, ergeben sich dadurch ungenaue Messungen.

Das wohl schwerste Drucksondiergerät wurde von HVORSLEV [44] und seinen Mitarbeitern in der Waterways Experiment Station, Vicksburg, Mississippi entwickelt. Als Sondiergerüst wird das Gerüst einer Rotary-Bohrmaschine verwendet, das auf einen Lastwagen montiert ist. Das Mantelrohr besteht aus dem Standardbohrgestänge für Rotary-Bohrungen an dessen unterem Ende ein Spiralbohrer befestigt ist, der beim Vortreiben des Mantelrohres rotiert. Das gelöste Erdreich wird durch eine Spülflüssigkeit zur Erdoberfläche gefördert, wodurch die Mantelreibung vollständig ausgeschaltet wird. Die eigentliche Sondenspitze (60°-Kegel, Querschnitt 10 cm^2) wird mit der Verrohrung bei einer konstanten Geschwindigkeit von rund 30 cm/min vorgetrieben, wobei jedoch die Spitze dem Bohrer um 65 cm vorauseilt, um Störungen durch den Bohrvorgang und durch den Druck der Bohrflüssigkeit zu vermeiden. Bei den Sondierungen sind Tiefen von 50 bis 60 m erreicht worden, die unter günstigen Umständen aber noch überschritten werden können.

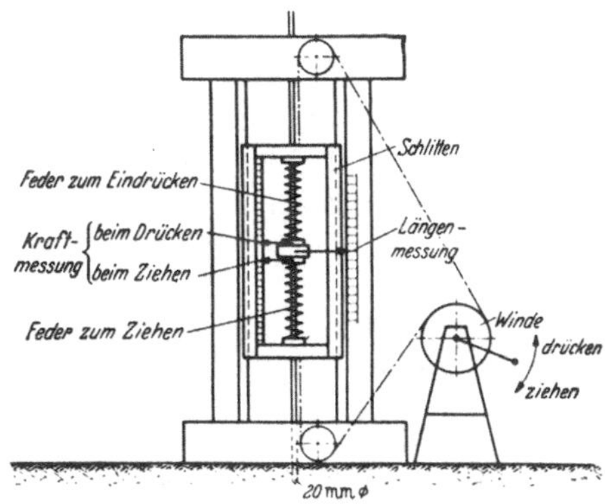

Abbildung 21
Federdrucksonde nach PAPROTH (aus [74])

Zu den Drucksonden müssen auch noch einige einfache Handsondiergeräte gezählt werden, die sich in erster Linie zur Untersuchung oberflächennaher Schichten eignen, und die eine objektivere Beurteilung der Bodeneigenschaften ermöglichen als es etwa durch das manuelle Abfühlen erreicht werden kann. Eines der ältesten dieser einfachen Prüfgeräte dürfte wohl der dänische Federwaagenkegel sein, mit dem die Beschaffenheit von Baugrubensohlen oder ungestörter bindiger Bodenproben untersucht wird. Hierbei wird ein 60°-Kegel 1 cm tief in den Boden gedrückt. Die für ein normales Wohnhaus zulässige Bodenpressung ist nach der mit diesem Gerät nach mehr als 20jährigem Einsatz gemachten Erfahrung etwa halb so groß wie die für das Eindrücken des Kegels erforderliche Kraft, vorausgesetzt, daß sich im Bereich der Einflußtiefe der Fundamente keine weichen Schichten befinden (GODSKESEN [28]).

Ein ähnliches Gerät ist das amerikanische Pocket-Penetrometer, das an einer großen Anzahl von Tonproben geeicht wurde, so daß die Druckablesung der Zylinderdruckfestigkeit der untersuchten Probe in kg/cm^2 entspricht.

Zur Überprüfung der Verdichtung von Schüttungen wie sie bei Straßen- und Dammbauten vorkommen, wird häufig die sogenannte Proctor-Nadel benutzt. Bei ihr werden Nadeln, deren Querschnitt sich nach der Bodenart richtet, mit konstanter Geschwindigkeit von 1 cm/s 7,6 cm in den Boden gedrückt (Abb. 22). Die hierbei auftretende Kraft wird mit einer Druckfeder gemessen und mit einem Sollwert verglichen. Eine einfache verrohrte Sonde ist die Drucksonde von BARENTSEN [1], mit der in weichen Böden Tiefen von mehreren Metern erreicht werden. Ähnlich ist die Drucksonde für Handbetrieb der WES konstruiert, bei der nach einer japanischen Quelle 14 bis 20 % des kleinsten Spitzendruckes als Bodenpressung zugelassen werden können (IKEDA und MUROMACHI [45]).

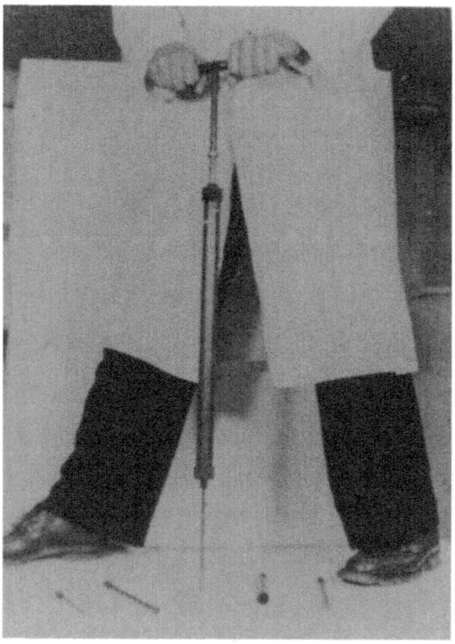

A b b i l d u n g 22
Die Proctornadel
(Archiv Institut Aachen)

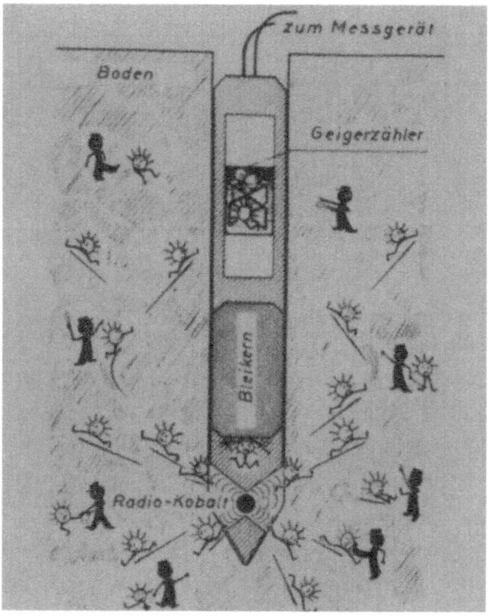

A b b i l d u n g 23
Prinzip einer Radioisotopen-Sonde
(aus [8])

Eine vielversprechende Entwicklung hat sich in den letzten Jahren in Amerika und Europa durch den Einsatz von Isotopensonden angebahnt (BELCHER, CUYKENDALL, SACK [4], BELCHER [3], CARLTON, BELCHER, CUYKENDALL, SACK [12], HOSTICA [37], HORONJEFF, GOLDBERG [35], HORONJEFF, GOLDBERG, TRESCONY [36], BROCARD [8], JACQUESSON [46], FACKLER [21], WENDT [117], LORENZ [59], NEUBER [69], WOLTERS, WENDT [118], GRUHLE [30], SKOPECK [98].

Bei den meisten dieser Sonden befindet sich in der Spitze des Gestänges ein radioaktives Präparat, in der Regel Radiokobalt 60 (Co^{60}), darüber ist von diesem durch Blei abgeschirmt ein Geigerzählrohr angebracht. Nur ein Teil der vom Präparat ausgehenden Strahlung erreicht den Geigerzähler (Abb. 23). Der Verlust entsteht durch die Absorption von Gammaphotonen durch ein Zusammenwirken von vier Erscheinungen:

Compton-Effekt
Photoelektrischer Effekt
Paarbildung
Photonucleare Reaktion

Durch die Größe der Absorption läßt sich das Feuchtraumgewicht des bestrahlten Bodenvolumens mit einer Genauigkeit von besser als 1 % ermitteln. Die Grundgleichung für die Strahlungsabsorption lautet

$$I = I_o \cdot e^{-\mu \cdot x} \qquad \ldots.(1)$$

hierin ist

I = Endstrahlungsintensität, gemessen mit dem Geigerzählrohr
I_o = Anfangsstrahlungsintensität
x = Dicke der Absorptionsschicht
μ = Absorptionskoeffizient

Wird als Präparat Co^{60} benutzt, welches Gammaphotonen von 1,33 und 1,17 MeV ausschickt, so kann diese Quelle als monoenergetisch mit einer mittleren Photonenenergie von 1,25 MeV betrachtet werden. Für diesen Bereich und für Elemente von niedrigem Atomgewicht ist die Absorption fast ausschließlich vom Compton-Effekt abhängig, so daß gesetzt werden kann

$$\mu = \sigma \cdot r \qquad \ldots.(2)$$

wobei

σ = Massenabsorptionskoeffizient
r = Dichte des Materials

für 1,25 MeV beträgt σ für

Wasser	0,055 cm^2/g
Luft	0,054 "
Silikon	0,057 "

Die Anwendung von Co^{60} erlaubt die Messung des Feuchtraumgewichtes, was in rolligen Böden ausreichend ist, in denen der Wassergehalt keine Rolle spielt. In bindigen Bodenarten ist auch die Kenntnis des Wassergehaltes erwünscht. Die Messung des Wassergehaltes wird ermöglicht, wenn als Präparat Radiumberyllium benutzt wird. Dieses Präparat sendet schnelle Neutronen aus, die im wesentlichen nur von den Wasserstoffatomen gebremst werden. Die Anzahl der verlangsamten Elektronen ist proportional dem Wassergehalt des bestrahlten Bodenvolumens. Die hierbei erreichte Genauigkeit beträgt etwa 2 %.

Leider ist es bis jetzt noch nicht gelungen, die Sonden für die Dichtebestimmung und den Wassergehalt zu kombinieren. Dies dürfte jedoch der nächste Schritt in der Entwicklung sein. Wenn er gelingt, stellen die Isotopensonden ein wertvolles Hilfsmittel zur Baugrunduntersuchung dar, da sie wie normale Sonden den Eindringwiderstand des Bodens messen, außerdem aber noch zwei wichtige Eigenschaften, das Raumgewicht und den Wassergehalt,des Bodens anzeigen. Nicht genügend geklärt sind eine Reihe von Fehlerquellen, die das Meßergebnis entscheidend beeinflussen können. So muß z.B. der Abstand zwischen Präparat und Geigerzählrohr auf ± 0,5 mm konstant gehalten werden; zwischen Sonde und Boden darf kein Luftspalt entstehen; bei zu schwachen Strahlungsintensitäten werden zu hohe Werte für die Dichte gemessen, da nur der im Bereich der Sonde verdichtete Boden erfaßt wird.

Trotz der ausgezeichneten Ergebnisse, die mit Isotopensonden bereits erzielt wurden, eignen sie sich in ihrem bisherigen Entwicklungszustand mehr für Forschungsaufgaben als für die Zwecke der praktischen Baugrunduntersuchung.

2.3 Drehsondierungen (Vane-Test)

Überall dort,wo es darauf ankommt, die Scherfestigkeit von bindigen Böden bei schneller Belastung (Undrained Shear Strength), wie sie unter Fundierungen, Baugrubenböschungen u.a. benötigt wird, zu bestimmen, haben sich die Drehsondierungen bewährt.

Bei ihnen wird ein Gestänge, meist durch ein Mantelrohr geschützt, in den Boden gedrückt, an dessen Spitze 4 um 90^{0} versetzte Flügel angebracht sind. Gemessen wird das zum Drehen der Flügelspitze im Baugrund erforderliche Torsionsmoment. Die Drehgeschwindigkeit der Flügel beträgt hierbei 6^{0}/min (Abb. 24). Um Störungen möglichst gering zu halten,

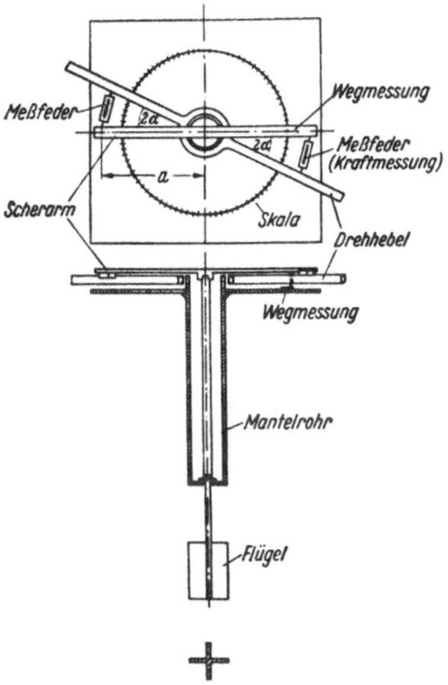

A b b i l d u n g   24
Schema der Flügelsonde
(aus [66])

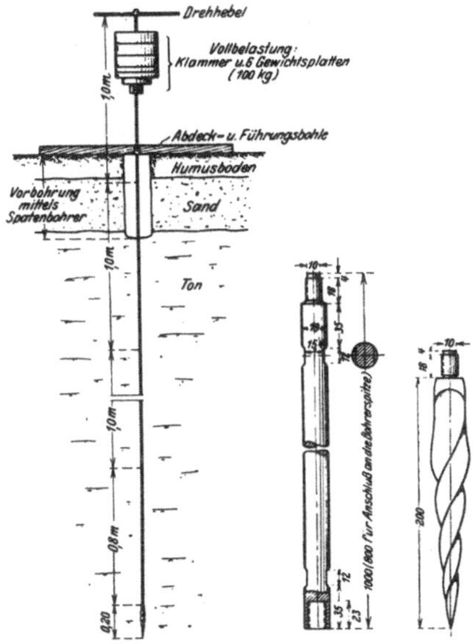

A b b i l d u n g   25
Sondenbohrer der schwedischen
Staatsbahnen (aus [34])

hat sich das Verhältnis von Höhe der Flügel H zum Durchmesser der Flügelspitze D von H/D = 2 als zweckmäßig erwiesen. Um sicher zu sein, daß das Abscheren im ungestörten Bodenbereich erfolgt, soll der Abstand zwischen Sondenspitze und der Unterkante des Mantelrohres mindestens dem 5fachen Mantelrohrdurchmesser entsprechen (CADLING, ODENSTADT [15], MURPHY [68]).

Zur Auswertung des Versuches wird angenommen, daß sich die Scherfestigkeit gleichmäßig über die Oberfläche des abgescherten Bodenzylinders verteilt. Dann errechnet sich die Haftfestigkeit c_u aus dem gemessenen Torsionsmoment M_t zu

$$c_u = \frac{2\, M_t}{D^2 \cdot H \left(1 + \frac{1}{3} \cdot \frac{D}{H}\right)} \qquad \text{....(3)}$$

Diese Scherfestigkeit kann überall dort verwandt werden, wo für Standsicherheits- und Stabilitätsberechnungen die einfache φ = 0-Analyse zugrunde gelegt werden kann. Hier ist ihre Anwendbarkeit erwiesen. Andererseits haben Nachrechnungen von Rutschungen in natürlichen Böschungen ergeben, daß die Ergebnisse der Drehsondierungen für die Berechnung der Dauerstandsfestigkeit von Böden nicht brauchbar sind, da bei diesen die Scherfestigkeit des Bodens bei langandauernder Belastung (Drained Shear Strength) das Festigkeitsverhalten des Bodens bestimmt, die bei den Drehsondierungen nicht gemessen wird. Hier liefert der Vane-Test in den meisten Fällen viel zu hohe Werte, so daß die Ergebnisse der Standsicherheitsberechnung erheblich auf der unsicheren Seite liegen (BJERRUM u. KJAERNSLI [7]).

Die wohl älteste Sonde für Tiefensondierungen ist der in den 20er Jahren entwickelte Sondenbohrer der schwedischen Staatsbahnen, der auch heute noch häufig benutzt wird. In seiner Arbeitsweise stellt er ein Mittelding zwischen Druck- und Drehsondierung dar. Das unverrohrte Gestänge besitzt zur Ausschaltung der Mantelreibung eine gegenüber dem Gestänge stark verbreiterte Bohrspitze (Abb. 25). Belastet wird durch stufenweises Auflegen von Stahlplatten. Nachdem die Setzungen unter der Höchstlast von 100 kg abgeklungen sind, wird das Gestänge gedreht. Die nach 25 halben Umdrehungen gemessene Eindringung dient zur Beurteilung der Tragfähigkeit des Bodens (HOFFMANN [34]).

3. Wirtschaftlichkeitsvergleich einiger Sondentypen

Jedes Sondiergerät sollte in erster Linie nach der Zuverlässigkeit des damit erzielten Meßergebnisses beurteilt werden. Da aber Baugrunduntersuchungen häufig unter Zeitdruck ausgeführt werden müssen, sollte auch der mit den einzelnen Sonden erreichte Sondierfortschritt bei der Beurteilung eines Sondiergerätes nicht übersehen werden. Außerdem sind für die Kosten von Sondierungen die Arbeitsstunden/lfdm Sondierung maßgebend. Zu Hilfeleistungen bei den Sondierungen werden ungelernte Arbeiter benötigt, wenn diese durch einen erfahrenen Laboranten, der gleichzeitig das Protokoll führt, beaufsichtigt werden.

In Tabelle 1 sind die für die Beurteilung der Wirtschaftlichkeit maßgebenden Daten für einige Sondiergeräte zusammengestellt. Besonders beachtlich sind die starken Unterschiede in der Rammleistung zwischen den verrohrten und den unverrohrten Sonden. Verhältnismäßig günstig ist der Sondierfortschritt der Drucksonde, die jedoch für jede Sondierung zum Auf- und Abbau des Gerätes rund 3 Stunden Zeit erfordert. Bei der Verwendung eines Sondierwagens wird diese Zeit auf etwa 10 min reduziert. Welcher Sondentyp für eine bestimmte Bodenuntersuchung eingesetzt wird,

Tabelle 1

Zeitbedarf für verschiedene Sondentypen[1)]

Sondentyp	Auf- und Abbau des Gerätes	Hilfs-kräfte	Labo-ranten	Sondier-fortschr. im Mittel	Ziehen des Gestänges im Mittel
	min	-	-	m/std.	m/std.
schwere Rammsonde	40	3	1	5,5	12
mittlere Rammsonde	15	2	1	6	12
leichte Rammsonde	15	2	1	6	12
verrohrte schwere Sonde (BRUNNER)	50	4	1	1	3
verrohrte mittl. Sonde (STUMP)	25	2-3	1	1,5	9
Standard-Sonde		3	1	25-30 min/Einzelsondierung	
MAIHAK-Drucksonde	170	3	1	4	4

richtet sich ganz nach dem Zweck der Untersuchung und den örtlichen Verhältnissen. So genügt es z.B. vollauf, in sandigen und schluffigen Schichten, die praktisch keine Mantelreibung erzeugen, mit der leichten oder mittleren unverrohrten Sonde zu sondieren, da deren Ergebnisse nicht mehr oder weniger zuverlässig sind als die der verrohrten Rammsonden. Der Einsatz von verrohrten Sonden lohnt sich nur dann, wenn die Mantelreibung in weichen tonigen Schichten mit Sicherheit ausgeschaltet werden soll.

1. nach: SCHULTZE und KNAUSENBERGER [91]

Die Entwicklung von Sondiergeräten, die sich im praktischen Einsatz bewähren, erfordert Erfahrung in der Ausbildung konstruktiver Einzelheiten. Schlagenergie, Gestängedurchmesser und Spitzendurchmesser müssen aufeinander abgestimmt werden, um einen optimalen Erfolg zu erzielen. Gegenwärtig werden im Arbeitskreis "Sonden" der Deutschen Gesellschaft für Erd- und Grundbau Richtlinien über die Vereinheitlichung der Ramm- und Drucksondiergeräte ausgearbeitet, die wertvolle Empfehlungen für die zweckmäßige Ausbildung von Sondiergeräten enthalten [61].

4. Auftragung der Sondierergebnisse

Bei den Rammsonden wird in der Regel die Eindringung der Sondenspitze nach einer Hitze von 10 Schlägen auf der Baustelle gemessen. Zur Auswertung wird dieser Wert jedoch auf die Schlagzahl umgerechnet, die zum Durchfahren einer bestimmten Bezugstrecke erforderlich wäre, und in einem Diagramm in Abhängigkeit von der Tiefe aufgetragen. Für die gebräuchlichen Sonden hat sich eine Bezugstrecke von 20 cm als zweckmäßig erwiesen. Hin und wieder wird jedoch für leichte Sonden 10 cm und für schwere Sonden eine Bezugstrecke von 30 cm gewählt. Für eine Eindringung von e (cm) bei einer Hitze von 10 Schlägen und einer Bezugstrecke von l (cm) ergibt sich der Sondierwert n zu

$$n = \frac{l \cdot 10}{e} \quad \text{(Schläge/l cm Eindringung)} \qquad \text{....(4)}$$

Zusätzlich kann man auch die Rammenergie je Volumeneinheit des von der Sondenspitze verdrängten Bodens in Abhängigkeit von der Tiefe auftragen [61].

Der Wert n kann aus Tafeln abgelesen werden, die für eine bestimmte Bezugstrecke ausgerechnet sind. Weniger zweckmäßig ist es, die Schläge zu zählen, die zum Durchrammen einer bestimmten Strecke erforderlich sind. Hierdurch gehen die Feinheiten des Versuches verloren, da die aufgetragene Schlagzahl einem Mittelwert entspricht, ohne Rücksicht auf die Verteilung der Schläge über die gewählte Strecke.

Die Ergebnisse der Bohrlochsonden, bei denen meist in Tiefenabständen von etwa 1 m Einzelsondierungen ausgeführt werden, kann man in Abhängigkeit von der Tiefe als breite Striche auftragen, deren Breite die Tiefe der Sondierung im Maßstab der Zeichnung angibt und deren Länge der Anzahl der Schläge entspricht, die dazu erforderlich war, die Sonde um die Bezugstrecke einzutreiben (bei der Standardsonde 30 cm). War die Hohlsonde geschlossen, wird das Ergebnis als unterbrochener Strich oder durch einen Doppelstrich dargestellt.

Bei den Drucksonden wird der Eindringungswiderstand in kg durch die Querschnittsfläche dividiert und der so erhaltene Spitzendruck in kg/cm^2 in einem Diagramm in Abhängigkeit von der Tiefe aufgetragen. Außerdem kann noch der Gesamtwiderstand in t und die Mantelreibung in kg/cm^2 dargestellt werden [119]. Für die Drehsondierungen mit der Flügelsonde wird die ermittelte Scherfestigkeit in t/m^2 aufgetragen.

Die Meßergebnisse werden am besten auf der Baustelle in vorgedruckte Formulare eingetragen.

5. Hinweise für die Auswertung von Sondierdiagrammen

Für die richtige Auslegung von Sondierdiagrammen ist es in der Regel erforderlich, die Bodenarten zu kennen, in denen sondiert wurde. Hierzu genügt oft eine einzige Schlüsselbohrung neben der eine Sondierung ausgeführt wird. Aber auch aus einem sorgfältig ausgewerteten und aufgetragenem Sondierdiagramm kann der geübte Betrachter häufig eine Reihe von Schlußfolgerungen über den grundsätzlichen Schichtenaufbau ziehen. Dies ist besonders dann möglich, wenn vom Laboranten im Sondierprotokoll Bemerkungen über den Verlauf der Sondierung eingetragen werden. So kann man z.B. aus dem Geräusch beim Drehen des Gestänges schließen, ob in grobkörnigem Sand und Kies oder in feinkörnigem Schluff sondiert wurde. Bei Erreichen des Grundwasserspiegels tritt in locker bis mitteldicht gelagerten Sand- und Kiesböden oft ein deutlich erkennbarer Rückgang der Schlagzahlen ein (Abb. 46). Diese Böden weisen außerdem meist stark schwankende Schlagzahlen mit charakteristischen Spitzen auf (Anl. 17). Mit Ausnahme des Feinsandes unter Wasser, bei dem das Sondierloch nicht offen bleibt, ist die Mantelreibung in Sand und Kies vernachlässigbar gering.

Bei Sondierdiagrammen von unverrohrten Sonden, die eine stetige Zunahme des Eindringwiderstandes mit der Tiefe zeigen, ist in der Regel Vorsicht geboten, da es sich nur in Ausnahmefällen um einen echten Festigkeitszuwachs, meistens aber um Mantelreibung handelt (Abb. 102). Die Festigkeit des Baugrundes kann dadurch erheblich überschätzt werden. Derartige Sondierdiagramme sind für weiche stark plastische Schluffe und Tone und für organische Böden typisch (Anl. 46). Umgekehrt kann man sagen, daß, falls die Sondierungen keine oder nur geringe Mantelreibung in Schluff oder Ton zeigen, der Boden steif oder stark überverdichtet ist. Der Laborant kann das Vorhandensein von Mantelreibung auf der Baustelle daran erkennen, daß sich beim Drehen des Gestänges in unterschiedlichen Tiefen ein wachsender Widerstand bemerkbar macht. Er sollte angehalten werden, diese Beobachtung als Bemerkung in das Sondierprotokoll einzutragen. Die Größe des Widerstandes beim Drehen des Gestänges läßt sich am besten durch Verwendung einer Federwaage beurteilen, wie es bei der Brunner- oder der Stump'schen Sonde geschieht. Im Gegensatz zu den Verhältnissen in Sand und Kies sind die Schlagzahlen in Schluff und Ton wesentlich gleichbleibender und überschreiten z.B. für die Standardsonde selten den Wert von 30. Sehr oft kann daher die Schichtgrenze zwischen den bindigen und nichtbindigen Bodenarten durch einen starken Anstieg der Schlagzahlen festgestellt werden.

6. Die heutigen Anschauungen über die Auswertung von Sondierungen

Da die Sondierungen gegenüber anderen Versuchsverfahren zur Baugrunduntersuchung eine Reihe von Vorzügen aufweisen, ist man seit langem bemüht, aus ihren Ergebnissen quantitative Angaben über die Festigkeitseigenschaften des Baugrundes zu gewinnen. Die über Sonden veröffentlichte Literatur ist umfangreich. Trotzdem enthält sie nur wenige grundsätzliche und allgemein verwertbare Auswertungsverfahren. In den beiden folgenden Abschnitten werden daher zunächst nur die Veröffentlichungen beschrieben, die sich mit der zahlenmäßigen Auswertung von Sondierungen beschäftigen.

6.1 Die Ermittlung der zulässigen Bodenpressung

Für den Standard-Penetration-Test haben TERZAGHI und PECK [105, 77] für Sand eine Abhängigkeit der Schlagzahl N von der relativen Lagerungsdichte gefunden. Diese wurde von ihnen dazu benutzt, eine Tafel aufzustellen (Abb. 26), aus der die Bodenpressung in Abhängigkeit von der Fundamentbreite und der Schlagzahl für 2,5 cm zulässige Setzung abgelesen werden kann. Die Tafel ist auf Grund von Lastplattenversuchen und Erfahrungswerten zusammengestellt worden. Eine ähnliche Tafel wurde für den Grundbruch unter Fundamenten aufgestellt (Abb. 27). Der Einfluß der Auflast wird nicht berücksichtigt. Beide Tafeln gelten für Sand über Wasser. Bei wassergesättigtem Sand soll die Hälfte der angegebenen Werte in Ansatz gebracht werden. Wegen der geringen Durchlässigkeit von feinem

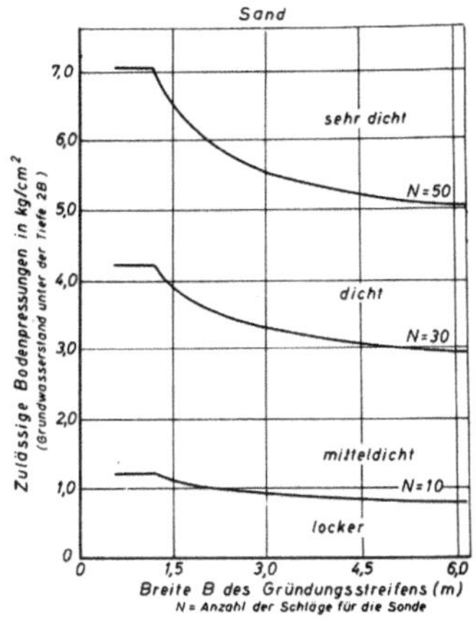

A b b i l d u n g 26
Zulässige Bodenpressung in Abhängigkeit von der Schlagzahl der Standardsonde für eine zulässige Setzung von 2,5 cm (nach [77])

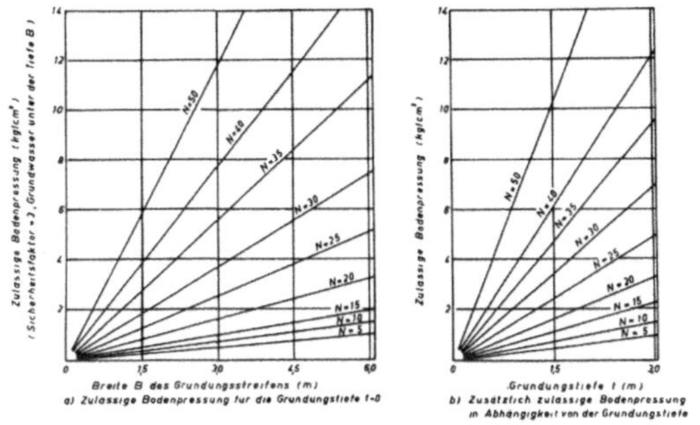

A b b i l d u n g 27
Zulässige Bodenpressung in Abhängigkeit von der Schlagzahl der Standardsonde für eine Sicherheit gegen Grundbruch von 3 (nach [77])

oder schluffigem Sand unter Wasser wird vorgeschlagen, bei diesen die Schlagzahl N unter Wasser zu reduzieren, falls sie größer als 15 ist. Die für die Dichte eines solchen Sandes maßgebende Schlagzahl N' errechnet sich aus

$$N' = 15 + 1/2\,(15 - N) \qquad \ldots.(5)$$

Genau das Gegenteil aber zeigen Versuche, die im Bureau of Reclamation, Denver, Colorado [106, 24] für einen Fein_ und einen Mittelsand (Abb. 28) ausgeführt wurden. Die Ergebnisse sind in kg/cm² umgerechnet und in Abbildungen 29 und 30 dargestellt. Beiden Abbildungen ist zu entnehmen, daß für den amerikanischen Standard-Penetration-Test bei gleicher Schlagzahl die Ergebnisse im wassergesättigten Boden günstiger zu beurteilen sind als im trockenen. Die Schlußfolgerungen, die sich aus den umfangreichen Versuchsserien ziehen lassen, können folgendermaßen zusammengefaßt werden:

a) Einfluß der Auflast

Der Eindringwiderstand nimmt mit der Auflast und der relativen Lagerungsdichte zu.

Die Auflast hatte auf beide untersuchte Sande den gleichen Einfluß. Die Zunahme des Eindringwiderstandes ist so groß, daß sie bei der Festlegung der Tragfähigkeit von Böden unbedingt berücksichtigt werden muß.

b) Einfluß der Gestängelänge

Die Gestängelänge ist von geringem Einfluß auf den Eindringwiderstand.

Die Gestängelänge scheint von untergeordneter Bedeutung auf die Ergebnisse zu sein. Für den Grobsand nahm der Eindringwiderstand geringfügig mit der Gestängelänge zu, beim Feinsand nahm er ab. Das ist einleuchtend, wenn man bedenkt, daß der Einfluß der Gestängelänge im Vergleich zur Wirkung der Auflast gering ist. Er kann außer acht gelassen werden.

c) Einfluß des Gestängegewichtes

Das Gewicht des Gestänges wirkt sich in einer Verkleinerung des Eindringwiderstandes aus.

Zwei verschiedene Methoden wurden für die Anwendung der Gestängegewichte benutzt:

1. In den Grobsand-Serien wurden Bleigewichte an der Sonde angebracht, auf die die Schläge des Fallgewichtes wirkten.

2. In den Feinsandserien wurde das Gestänge, das über das Fallgewicht herausragte, als Gewicht benutzt.

Es hat wenig Zweck, die Ergebnisse beider Methoden zu vergleichen. Da angenommen werden muß, daß die Bleigewichte die Schläge dämpfen, ist die zweite Methode geeigneter, ein genaueres Bild der tatsächlichen Wirkung des Gestängegewichtes zu geben. Die Ergebnisse dieser Methode zeigen ein Abnehmen des Eindringungswiderstandes mit zunehmendem Gestängegewicht.

d) Einfluß der Wassersättigung

Laborversuche zeigten, daß eine Wasserstättigung bei Feinsand den Eindringwiderstand herabsetzt.

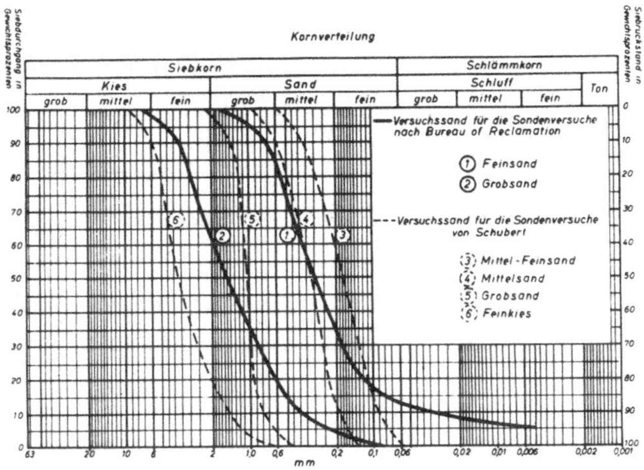

A b b i l d u n g 28

Kornverteilung der bei den Sondenversuchen des BUREAU OF RECLAMATION und von SCHUBERT benutzten Sande [85, 106]

Wassersättigung bewirkte ein Abnehmen des Eindringungswiderstandes für beide Sande. Die Abnahme war deutlicher bei Feinsand als bei Grobsand ersichtlich. Dies wird vermutlich durch den langsameren Abfluß in Feinsand und den daraus resultierenden Porenwasserdruck verursacht, der sich um die Sondenspitze entwickelt und dabei den wirkenden "Korn-auf-Korn-Druck" im Sand verringert. Da die Bodenverhältnisse in großen Tiefen unterhalb des Grundwasserspiegels durch die Laborversuche nicht einwandfrei wiedergegeben werden konnten, wird vorgeschlagen, dies durch Versuche im natürlichen Baugrund zu untersuchen.

Der Einfluß der Wassersättigung auf die Schlagzahl nimmt mit geringer werdender Durchlässigkeit zu. Dennoch scheint es berechtigt, für die meist wassergesättigten bindigen Böden eine Abhängigkeit des Eindringwiderstandes von der Zylinderdruckfestigkeit aufzustellen. Die Beanspruchung des Bodens im Zylinderdruckversuch und beim Sondieren ist ähnlich. Bei beiden wird die Festigkeit bei schneller Belastung geprüft (Undrained Shear Strength). SOWERS [99] hat auf Grund von Erfahrungswerten für den Standard-Penetration-Test zwischen der Schlagzahl N und der Zylinderdruckfestigkeit folgenden Zusammenhang gefunden:

T a b e l l e   2

Bodenart	Festigkeit in kg / cm^2		
	Minimum	Mittel	Maximum
Homogener hoch plastischer Ton	0,15 N	0,24 N	0,34 N
Mittelplastisch. Ton	0,10 N	0,15 N	0,20 N
Sehr gering plast. Ton, " Schluff, Ton m. Bruchflächen	0,05 N	0,07 N	0,10 N

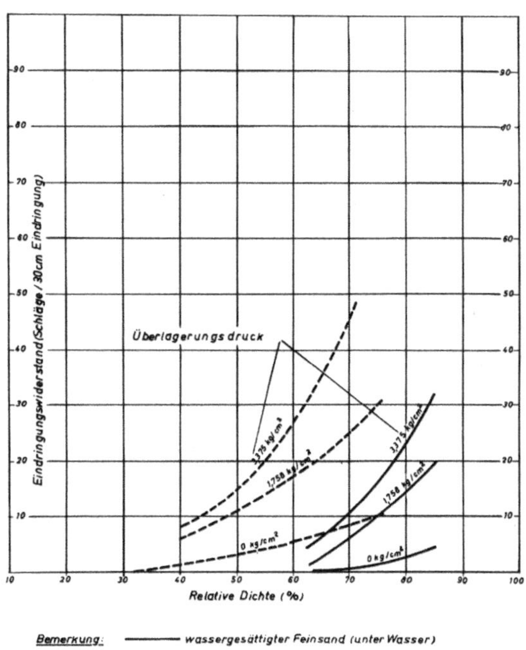

A b b i l d u n g   29

Eindringungswiderstand der Standardsonde in Abhängigkeit von der Lagerungsdichte und der Rammtiefe (lotrechte Geländeauflast), (Versuche vom Bureau of Reclamation [106])

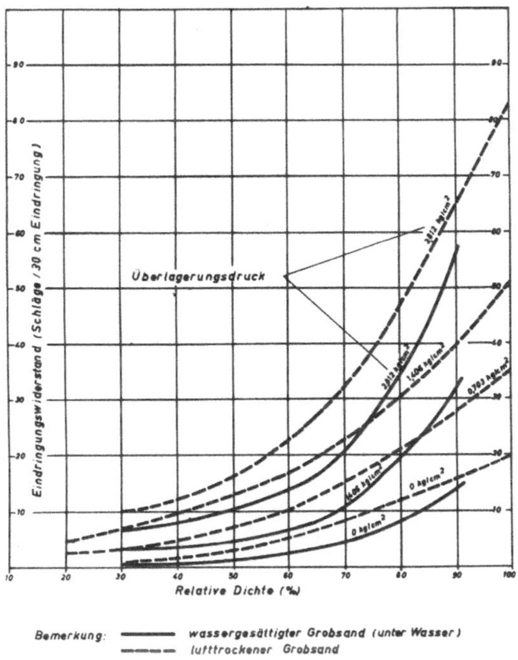

A b b i l d u n g 30
Eindringungswiderstand der Standardsonde in Abhängigkeit von der Lagerungsdichte und der Rammtiefe (lotrechte Geländeauflast), (Versuche vom Bureau of Reclamation [106])

Auch von SOWERS wurde nach der Untersuchung von mehr als 50 Bodenproben eine Beziehung zwischen der Bodenart, der Schlagzahl N und der zulässigen Bodenpressung angegeben (Abb. 31). Dabei wird nicht erwähnt, für welches Kriterium, Grundbruch oder Setzung, und für welche Fundamentbreite diese Tafel gilt. Sie ist damit völlig wertlos und kann außerdem zu bedauernswerten Gründungsfehlschlägen führen, wenn sie kritiklos angewendet wird. Das gleiche gilt für eine Reihe von anderen Tafeln, die nach dem gleichen Prinzip aufgebaut sind.

PALMER und STUART [73] haben durch eine große Anzahl von Vergleichsversuchen bewiesen, daß es für die Schlagzahl beim Standard-Penetration-Test in Sand keine Rolle spielt, ob mit der offenen oder geschlossenen Sonde sondiert wird.

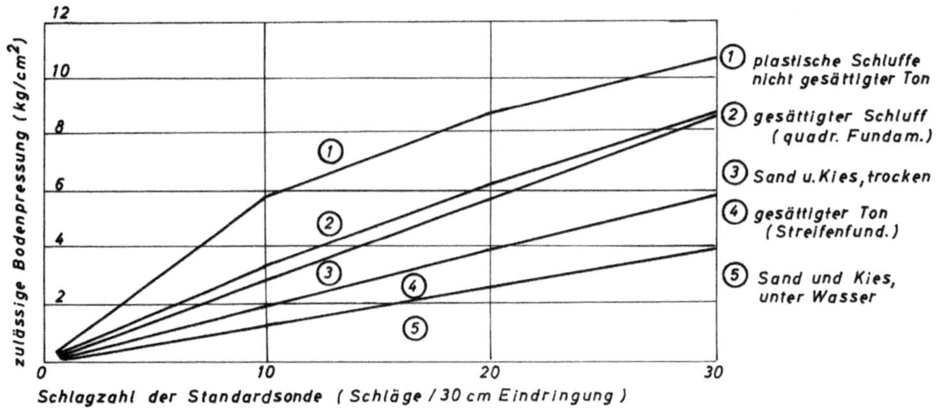

A b b i l d u n g 31

Zulässige Bodenpressung in Abhängigkeit von der Schlagzahl der Standardsonde (nach [99])

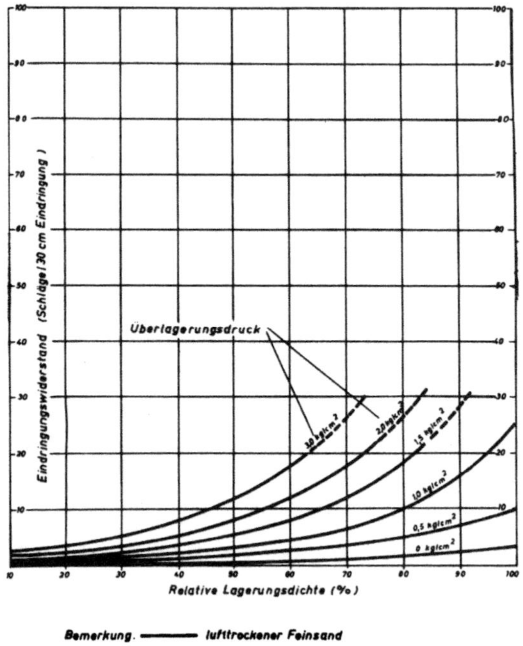

A b b i l d u n g 32

Eindringungswiderstand in Abhängigkeit von der Lagerungsdichte und der Rammtiefe (lotrechte Geländeauflast),(Versuche von SCHUBERT [85])

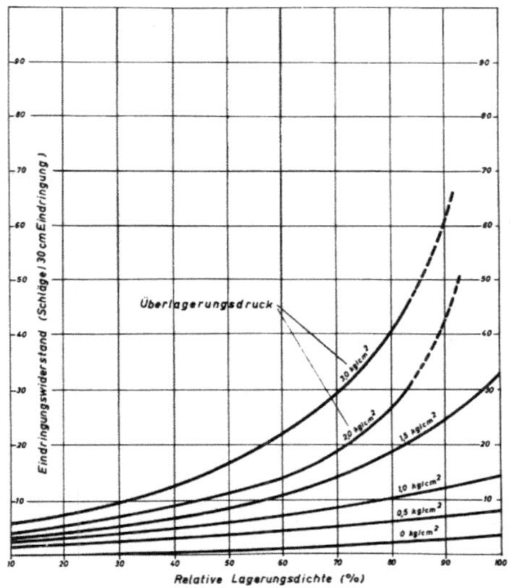

Bemerkung: ——— lufttrockener Mittelsand

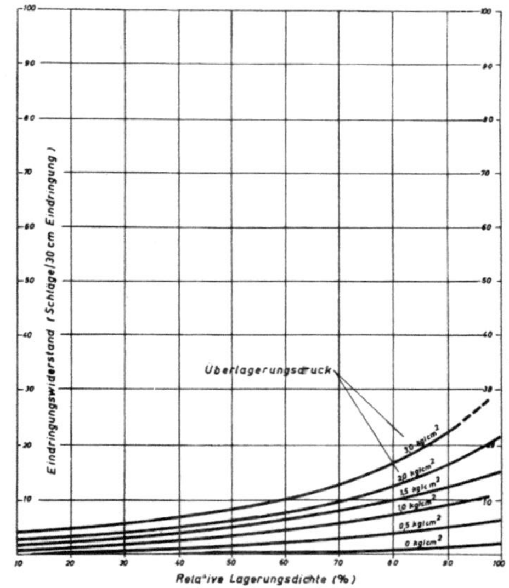

Bemerkung: ——— lufttrockener Grobsand

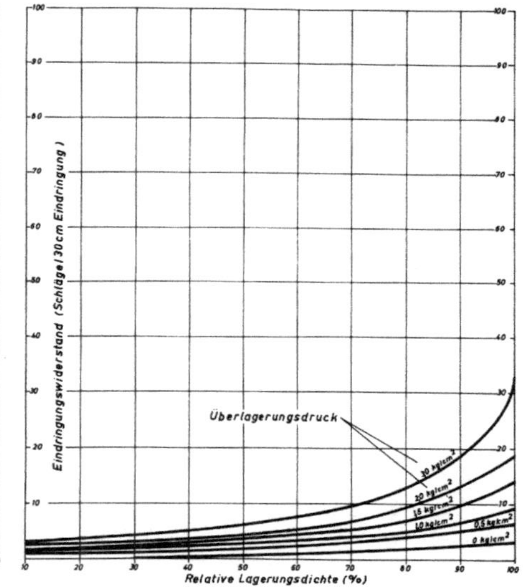

Bemerkung: ——— lufttrockener Feinkies

A b b i l d u n g 33 **A b b i l d u n g 34** **A b b i l d u n g 35**

Eindringungswiderstand in Abhängigkeit von der Lagerungsdichte und der Raumtiefe (lotrechte Geländeauflast), (Versuche von **SCHUBERT** [85])

Auch die Versuche von SCHUBERT [85], die mit vier verschiedenen Sanden (Abb. 28) ausgeführt wurden, zeigen einen eindeutigen Zusammenhang zwischen der Schlagzahl, der Auflast und der relativen Lagerungsdichte (Abb. 32 bis 35). Zur Durchführung der Versuche benutzte SCHUBERT eine nach den Angaben von OHDE und BRENDEL entworfene Versuchsanlage, die es gestattet, nahezu natürliche Baugrundverhältnisse zu schaffen. Obwohl die Anlage es grundsätzlich ermöglicht, auch unter Wasser zu sondieren, beziehen sich die Versuchsangaben wohl nur auf die Versuche über Wasser, da das Grundwasser die Schlagenergie bei diesem Sondiergerät erheblich reduziert.

Auch für Drucksonden liegen eine Reihe von Auswertungsvorschlägen vor. Hier ist vor allem das Verfahren von BUISMAN (DE BEER [17]) zu erwähnen, mit Hilfe dessen die Zusammendrückbarkeit von nichtbindigen Böden mit befriedigender Genauigkeit ermittelt werden kann. Ist w der mittlere Spitzendruck aus dem Sondierdiagramm in kg/cm^2, so errechnet sich der Steifezahlbeiwert des Bodens v aus folgender Beziehung

$$v = \frac{3\ w}{2\ p'} \qquad \text{....(6)}$$

wobei p' der wirksame lotrechte Druck z.B. aus Auflast in kg/cm^2 ist. Aus dem Steifezahlbeiwert v ergibt sich die Steifezahl E_s, die dem Elastizitätsmodul entspricht, zu $E_s = v \cdot p'$.

Das BUISMANsche Auswertungsverfahren wird in Holland und Belgien häufig für die Ermittlung der Zusammendrückbarkeit nichtbindiger Böden verwandt (DE BEER [18]). Durch Vergleich von Setzungen, die an fertigen Bauwerken gemessen wurden, mit vorausberechneten Setzungen wurde erwiesen, daß es für praktische Zwecke durchaus brauchbar ist (DE BEER [15, 19]).

HAEFELI und FEHLMANN [32] versuchen, auf Grund eines theoretischen Ansatzes über die Spannungsverhältnisse an der Spitze von Drucksonden Aussagen über die Zusammendrückbarkeit des Bodens unter der Sondenspitze zu machen. Da die abgeleiteten Gleichungen an weiteren systematischen Labor- und Feldversuchen geeicht werden sollen, muß die praktische Brauchbarkeit der interessanten Schlußfolgerungen abgewartet werden.

Auch die Ergebnisse der umfangreichen Versuche von KAHL und MUHS zeigen, daß die Drucksonden sehr empfindlich auf Änderungen in der Lagerungsdichte von Sanden reagieren [65, 49, 51]. Die Versuche wurden in trockenem und erdfeuchtem Fein- und Mittelsand ausgeführt (Abb. 36) und mit den Lagerungsdichten von ungestört entnommenen Proben verglichen. Als zusammenfassendes Ergebnis ergab sich aus den Versuchen:

T a b e l l e 3

Spitzendruck w (kg/cm^2)	< 50	50-100	100-150	150
Lagerungsdichte	sehr locker bis locker	locker bis mitteldicht	mittel-dicht	dicht

Die Angaben der Tabelle 3 gelten in einer Tiefe von 1,5 bis 2,0 m. Bis zu dieser Tiefe nimmt der Spitzendruck geradlinig zu. Nach den in den angegebenen Quellen enthaltenen Sondierdiagrammen wurden die mittleren Sondierdiagramme gezeichnet (Abb. 37) und aus diesen eine Abhängigkeit von Spitzendruck und der Lagerungsdichte aufgestellt (Abb. 38).

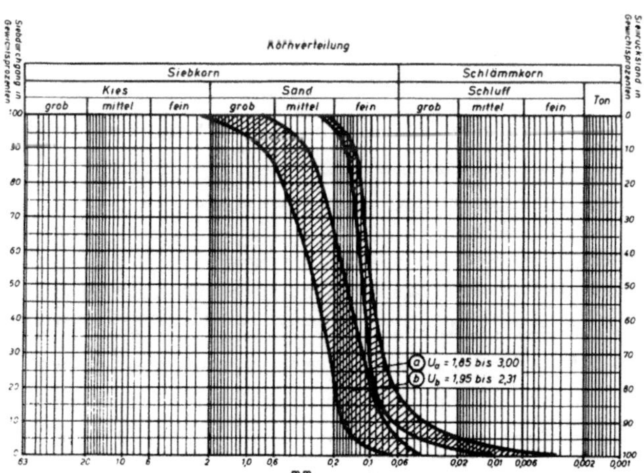

A b b i l d u n g 36

Kornverteilungsbereiche der bei den Sondenversuche von KAHL und MUHS benutzten Sande

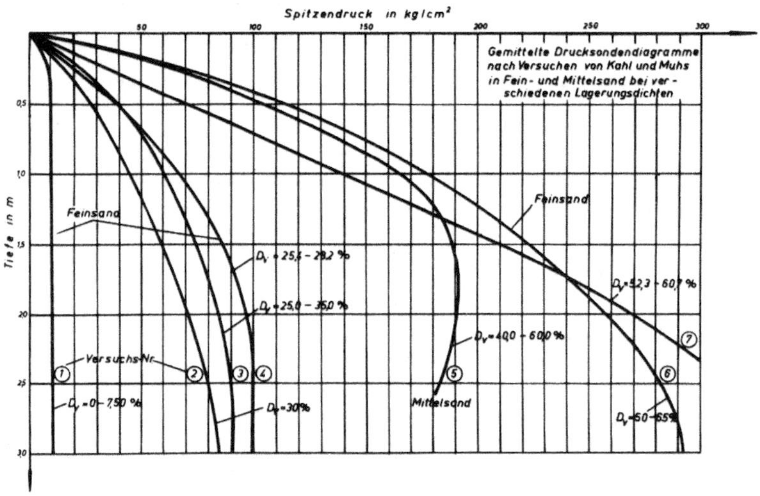

A b b i l d u n g 37

Mittlere Sondierdiagramme nach den Ergebnissen von KAHL und MUHS

6.2 Die Ermittlung der zulässigen Pfahlbelastung

Auch zur Beantwortung der Frage nach der zulässigen Tragkraft und Länge von Pfählen werden Sondierungen herangezogen. Dieses Problem taucht nahezu für jede Pfahlgründung aufs neue auf.

Bei Rammpfählen kann die zulässige Pfahllast auf Grund von Erfahrungswerten näherungsweise aus der Eindringung pro Hitze ermittelt werden. Rammformeln sind nur in Ausnahmefällen erlaubt (DIN 1054). Für die zulässige Tragkraft von Bohrpfählen lassen sich aber nahezu keine Richtwerte angeben. Hier ist fast immer eine kostspielige und zeitraubende Probebelastung erforderlich. Es ist daher verständlich, daß man seit langem bemüht ist, Prüfverfahren zu entwickeln, die gewissermaßen als Modellversuch für den Pfahl betrachtet werden können. Am geeignetsten scheint hierfür die Drucksonde zu sein. In einigen Ländern wird sie auch schon seit langem für diesen Zweck benutzt [58, 14, 38, 39, 108]. VAN DER VEEN [111] hat erst kürzlich durch den Vergleich von 14 Pfahlprobebelastungen, neben denen Drucksondierungen ausgeführt worden sind, folgende Auswertung vorgeschlagen:

Wird angenommen, daß für die Tragfähigkeit des Pfahles ein Gleitflächenbereich von a·D (D=Pfahldurchmesser) oberhalb und b·D unterhalb der

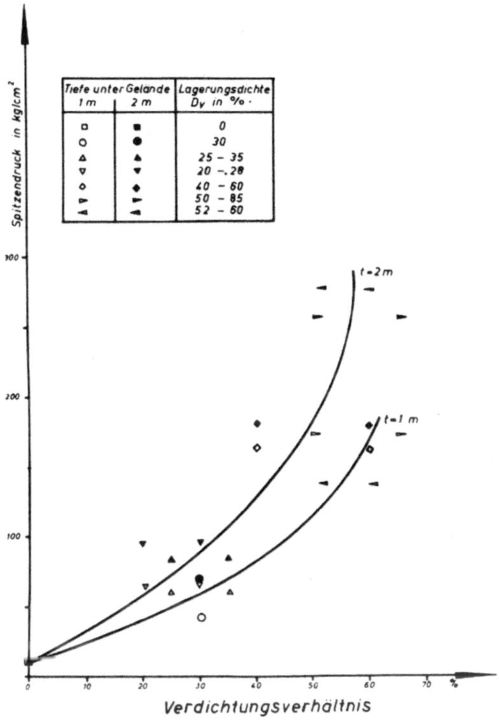

A b b i l d u n g   38

Abhängigkeit des Spitzendrucks der MAIHAK-Sonde von der Lagerungsdichte (nach [65,49,51])

Spitze maßgebend ist, so läßt sich die zulässige Belastung an der Pfahlspitze aus dem gemittelten Spitzendruck der Sondierung (Sondierwert) im Bereich (a + b) · D ermitteln (Abb. 39). Aus den Versuchen ergaben sich als wahrscheinlichste Werte für a = 3,75 und b = 1,0. Weiterhin wurde gefunden, daß nur in wenigen Fällen der Spitzendruck mehr als das 1,5-fache der Bruchspannung unter dem Pfahlfuß bei der Probebelastung betrug. Läßt man nun noch 60 % der Bruchlast als zulässige Pfahlbelastung zu [110], so ergibt sich ein Sicherheitsfaktor von

$$\nu_s = \frac{1,5}{0,6} = 2,5$$

und die zulässige Spitzenbelastung des Pfahles wird

$$P_{zul} = \frac{w \cdot F}{2,5} \quad (kg) \qquad \ldots.(7)$$

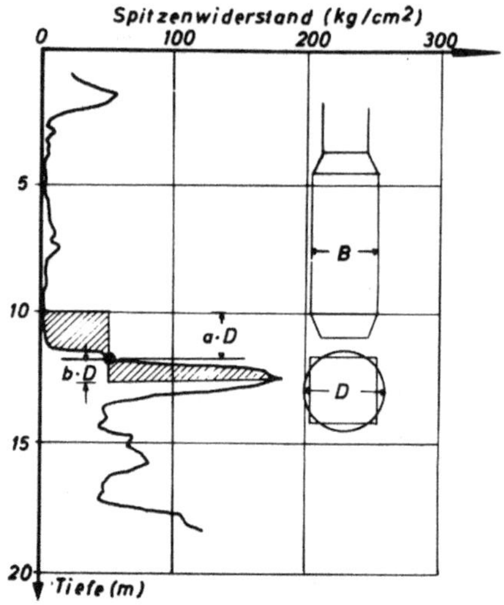

A b b i l d u n g 39

Ermittlung des mittleren Spitzendrucks aus dem Sondierdiagramm für die zulässige Tragfähigkeit von Pfählen (nach [111])

—— Spitzenwiderstand der Drucksonde

● Bruchspannung des Bodens unter dem Pfahlfuß
(a + b)·D = Gleitflächenbereich am Pfahlfuß beim Überschreiten der Bruchspannung des Bodens

darin ist

P_{zul} = zulässige Spitzenbelastung des Pfahles = 60 % der Bruchspannung des Bodens unter dem Pfahlfuß

w = gemittelter Spitzendruck der Drucksonde im Bereich (a + b)·D in kg/cm^2

F = Pfahlquerschnitt in cm^2.

Die Kenntnis der zulässigen Belastung von Pfählen ist für die praktische Gründungstechnik so wichtig, daß es dem Verfasser angebracht schien, den Auswertungsvorschlag von VAN DER VEEN näher zu betrachten. Es wurden daher die Ergebnisse sämtlicher in der erreichbaren Literatur beschriebenen Probebelastungen, für die Drucksondierungen ausgeführt worden sind, gesammelt und in Tabelle 4 zusammengestellt. Dabei ergab sich eine Gesamtzahl von 70 Probebelastungen. Bei fast allen ist der Boden in der Pfahlspitzenebene nichtbindig. Die Fußfläche des Pfahles scheint für das Versuchsergebnis von untergeordneter Bedeutung zu sein (Abb. 40). Zu dem gleichen Ergebnis kam GEUZE [25] auf Grund von Ver-

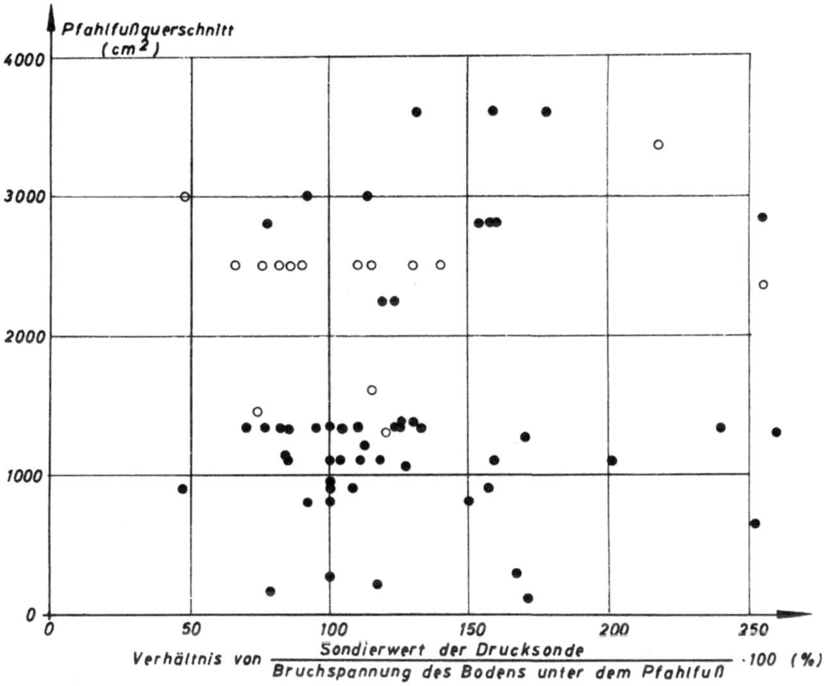

A b b i l d u n g 40

Abhängigkeit des Spitzendruckverhältnisses w/W von der Fußfläche des Pfahles

● Versuchsergebnis bezogen auf Sondierwert aus der Kurve der minimalen Spitzendruckwerte

○ Versuchsergebnis bezogen auf Sondierwert nach dem Vorschlag von VAN DER VEEN [111]

suchen mit Modellpfählen verschiedenen Querschnitts und die Firma Frankipfahl [22] auf Grund von Probebelastungen. KERISEL [52] fand jedoch bei Versuchen mit 6 Sonden mit einem Spitzendurchmesser von 0,5 bis 8 cm, daß der Grundbruchwiderstand unter der Sondenspitze nicht unabhängig von dem Spitzenquerschnitt ist. Das Verhältnis von Sondierwert der Drucksonde w zur Bruchspannung des Bodens unter dem Pfahlfuß W läßt sich in Form einer ausgeprägten Glockenkurve auftragen, d.h. bei den 70 zur Verfügung stehenden Meßwerten sind die Abweichungen von einem Mittelwert $x'_m = \frac{1}{70} \cdot \Sigma x'_i$ derart, daß größere Abweichungen seltener auftreten als

Additional material from *Die Anwendbarkeit von Sonden zur Prüfung der Festigkeitseigenschaften des Baugrundes,*
ISBN 978-3-663-12832-8, is available at http://extras.springer.com

kleinere. Dieser Umstand soll dazu benutzt werden, um die Abweichung von einem Mittelwert mit Hilfe der Wahrscheinlichkeitsrechnung zu untersuchen [82, S. 8]. Die Abweichung vom Mittel ist

$$x_i = x'_i - x'_m \quad . \qquad ....(8)$$

Der Mittelwert x'_m aus allen Meßwerten beträgt 1,19. Wird dieser als Ursprung eines Koordinatensystems gewählt, von dem nach rechts und links für jedes Intervall dx die Anzahl dz_i der Gesamtmessungen n aufgetragen werden (Abb. 41), so wird nach der Wahrscheinlichkeitsrechnung

$$y_i = \frac{n \cdot h}{\sqrt{\pi}} \cdot e^{-h^2 \cdot x^2} \qquad ....(9)$$

worin h die Streuungszahl ist. Für $x' = x'_m$ bzw. $x = 0$ wird

$$h = (\sqrt{\pi} \cdot dz^*) : (n \cdot dx) \quad .$$

Die Wahrscheinlichkeit Δ, daß Meßwerte um mehr als $\pm x$ vom Mittelwert abweichen, errechnet sich zu

$$\Delta = \left(1 - \Phi(h,x)\right) \cdot 100 = \left(1 - \frac{h}{\sqrt{\pi}} \cdot \int_{-x}^{+x} e^{-h^2 \cdot x^2} \cdot dx\right) \cdot 100 \ (\%) \qquad ....(10)$$

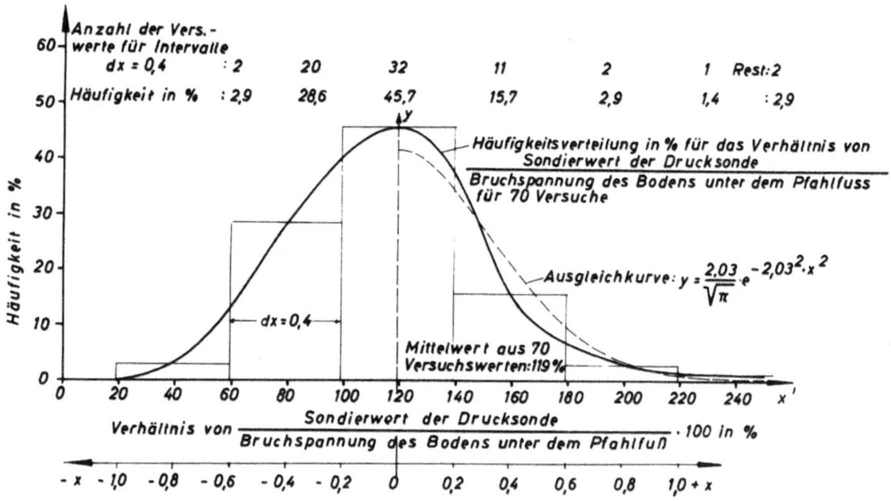

A b b i l d u n g 41

Häufigkeit des Spitzendruckverhältnisses w/W in %

Für die vorliegende Aufgabe ist nur der positive Wert von x maßgebend, da Abweichungen in negativer Richtung auf der sicheren Seite liegen. Dann ist

$$\Delta_{pos} = \left(0{,}5 - \Phi_{pos}(h,x)\right) \cdot 100 = \left(0{,}5 - \frac{h}{\sqrt{\pi}} \cdot \int_0^{+x} e^{-h^2 \cdot x^2} \cdot dx\right) \cdot 100\ (\%) \cdots \quad (10a)$$

Für ein Intervall von $dx = 0{,}4$ wird

$$h = (\sqrt{\pi} \cdot 32) : (70 \cdot 0{,}4) = 2{,}03$$

Die mit diesem Wert zu berechnende Ausgleichskurve ist in Abbildung 41 gestrichelt eingetragen.

Maßgebend für die Festlegung des Sicherheitsfaktors ist die Wahrscheinlichkeit für die die Bruchspannung des Bodens unter dem Pfahlfuß bei einem bestimmten Verhältnis w/W unterschritten wird. Hierzu soll das von VAN DER VEEN vorgeschlagene Verhältnis von 1,5 : 1 betrachtet werden. In diesem Fall ist $x = +0{,}31$.

$$\Phi_{pos} = \frac{2{,}03}{\sqrt{\pi}} \int_0^{+0{,}31} e^{-2{,}03^2 \cdot x^2} \cdot dx$$

Substitution: $z = 2{,}03 \cdot x \qquad dx = \frac{1}{2{,}03} \cdot dz$

Lösung des Gauß'schen Fehlerintegrals

$$\Phi_{pos} = \frac{1}{\sqrt{\pi}} \cdot \int_0^{+0{,}63} e^{-z^2} \cdot dz = \frac{1}{\sqrt{\pi}} \cdot \left[z - \frac{1}{3} \cdot \frac{z^3}{1!} + \frac{1}{5} \cdot \frac{z^5}{2!} - \frac{1}{7} \cdot \frac{z^7}{3!} + - \cdots\right]_0^{+0{,}63}$$

$$\Delta_{pos} = \left(0{,}5 - \frac{1}{\sqrt{\pi}} \cdot 0{,}555\right) \cdot 100 = \underline{\underline{18{,}7\,\%}}$$

Nach den Regeln der Wahrscheinlichkeitsrechnung fällt also in rund 1/5 aller Fälle das Spitzendruckverhältnis größer als 1,5 : 1 aus. Das läuft darauf hinaus, daß die Spitzentragkraft zu mehr als 60 % der Bruchlast angesetzt wird.

Für die Beurteilung des Ergebnisses interessiert bis zu welchem Grad die Bruchlast im äußersten Fall ausgenützt wird. Die Wahrscheinlichkeit, daß das Spitzendruckverhältnis größer als 2 : 1 wird, ist nach dem gleichen Ansatz nur rund 2 %. Damit ergibt sich bei einem Sicherheitsfaktor von $\nu_s = 2{,}5$ die maximale Beanspruchung zu

$$\frac{2}{2{,}5} \cdot 100 = 80\ \%$$

In Anbetracht der Tatsache, daß 4/5 aller Pfähle mit weniger als 60 % ihrer Bruchlast belastet werden und daher über Tragreserven verfügen, dürfte dies für praktische Zwecke durchaus vertretbar sein. Ein Sicherheitsfaktor von 3,0, der früher von VAN DER VEEN empfohlen wurde [110], ist also für die Auswertung von Drucksondierungen nach Gl. (7) nicht erforderlich.

Da die zulässige Tragkraft von Pfählen in befriedigender Weise auf Grund von Drucksondierungen vorausbestimmt werden kann, hat MEYERHOF [62] diese Auswertung auch auf die Standardsonde ausgedehnt, indem er damit rechnet, daß der Spitzendruck der Drucksonde w (kg/cm^2) etwa 4mal so groß ist wie die Schlagzahl N (Schläge/30 cm Eindringung) der Standardsonde. Bei einem Sicherheitsfaktor von 3 ergibt sich für die zulässige Spitzenbelastung des Pfahles

$$P = \frac{4 \cdot N \cdot F}{3} \quad (kg) \qquad \ldots.(11)$$

Für die Mantelreibung empfiehlt MEYERHOF bei Pfählen mit großer Bodenverdrängung

$$f_s = \frac{\bar{N}}{50} \quad (kg/cm^2)$$

und bei solchen mit geringer Bodenverdrängung

$$f_s = \frac{\bar{N}}{100} \quad (kg/cm^2)$$

wobei $\bar{N}$ die mittlere Schlagzahl der Standardsonde über die Pfahllänge ist.

Die zulässige Gesamttragfähigkeit ergibt sich zu

$$P = \frac{4 \cdot N \cdot F}{3} + \frac{\bar{N} \cdot F_M}{150} \quad (kg)$$

bzw.

$$P = \frac{4 \cdot N \cdot F}{3} \qquad \frac{\bar{N} \cdot F_M}{300} \quad (kg) \qquad ....(12)$$

F_M = Mantelfläche des Pfahles in cm^2.

Beim Vergleich der Ergebnisse dieses Auswertungsverfahrens mit Probebelastungen ergaben sich Schwankungen [20]. Die Gründe dafür sind in erster Linie im Übersetzungsverhältnis von 4 : 1 von Drucksonde zu Standardsonde zu suchen. Dies ist nicht immer zutreffend, wie später noch gezeigt wird.

Teil II

Die Ergebnisse von Sondierungen und ihre Auswertung

1. Allgemeine Gesichtspunkte zur Eichung der Sonden

Der Umfang der Veröffentlichungen, die sich mit der zahlenmäßigen Auswertung von Sondierergebnissen zur Ermittlung der Festigkeitseigenschaften des Baugrundes beschäftigen, ist gering. Die Gründe hierfür sind in der Vielzahl von Faktoren, die das Sondierergebnis beeinflussen können, zu suchen. Sie lassen sich im einzelnen nur schwer abschätzen, da sie sich nicht voneinander trennen lassen. Die Lösung des Problems auf Grund von theoretischen Überlegungen und reinen Modellvorstellungen erreichen zu wollen, scheint wenig erfolgversprechend, da die komplizierten Spannungs- und Verformungsverhältnisse unter der Sondenspitze, der Einfluß des Porenwasserdruckes, der Kornform und Kornabstufung, der Durchlässigkeit, der geologischen Vorgeschichte des Bodens und vieles andere mehr keine brauchbare theoretische Ausgangsbasis schaffen. Aber selbst wenn es durch sinnvolle Vereinfachungen gelingen würde, Beziehungen abzuleiten, so müssen sich diese erst durch den Vergleich mit den tatsächlich gemessenen Festigkeitseigenschaften der Böden praktisch bewähren. Wenn aber derartige Meßwerte zur Verfügung stehen, dürfte der umgekehrte Weg von der gemessenen Größe, unbeeinflußt von irgendwelchen theoretischen Vorurteilen, zu den Beziehungen zwischen Sondierung und den Festigkeitseigenschaften zu gelangen, der richtigere sein.

In diesem Sinne wurde die vorliegende Arbeit ausgeführt. Sie stützt sich ausschließlich auf Meßwerte, aus denen mit Hilfe der mathematischen Methoden der Ausgleichsrechnung die Zusammenhänge abgeleitet werden.

Grundsätzlich gibt es zwei Möglichkeiten, Sonden an den Bodeneigenschaften zu eichen:

1. Eichversuche in Behältern, in die der zu untersuchende Boden unter genau bekannten Bedingungen eingebaut wird [53, 74].
2. Vergleich von Untersuchungsergebnissen an ungestörten Bodenproben mit Sondierungen, die unmittelbar neben oder in den Bohrungen ausgeführt werden, aus denen die Proben entnommen werden.

Beide Methoden besitzen Vor- und Nachteile. Die erste Eichmethode läßt sich mit erträglichem Aufwand nur in verhältnismäßig kleinen Behältern an einigen wenigen Böden anwenden. Der Einfluß der Auflast muß durch

Belastung der Bodenoberfläche erfolgen, wobei die Unsicherheit darin liegt, ob die Spannungsverteilung innerhalb des Behälters richtig erfaßt werden kann. In engen und hohen Behältern tritt der Siloeffekt auf [106]. Dieser kann durch den Aufbau des Behälters in einzelnen Ringen vermieden werden [85]. Der Vorzug dieses Eichverfahrens liegt jedoch darin, daß die Zustandsform des Bodens zuverlässiger erfaßt werden kann und Störungen, die bei der Entnahme von Proben aus Bohrungen besonders in sandigen Böden unvermeidlich sind, weitgehend ausgeschaltet werden.

Andererseits hat die zweite Eichmethode den Vorzug, daß die Sondierungen unter den natürlichen Spannungsbedingungen ausgeführt werden und die ganze Skala der Kornabstufung und Kornform der Böden erfaßt wird, wie sie praktisch immer vorkommt. Der Idealfall eines völlig gleichkörnigen Bodens ist selten gegeben, daher kommt die zweite Methode den wirklichen Verhältnissen viel näher. Andererseits liegt im Einfluß der Probenstörung eine gewisse Unsicherheit, die je nach Bodenart verschieden ist. In bindigen Böden ist sie im allgemeinen vernachlässigbar gering, wenn sorgfältig gebohrt wird und für die Entnahme der Proben zweckentsprechende Entnahmegeräte zur Verfügung stehen. Für die Beurteilung von Entnahmegeräten geben die Empfehlungen von HVORSLEV [43] Aufschluß, die auf Grund umfangreicher Forschungsarbeiten aufgestellt wurden, um Störungen bei der Probenentnahme möglichst gering zu halten. Die Zuverlässigkeit einer Probenuntersuchung hängt zum größten Teil von der Entnahme der Proben ab, so daß es zweckmäßig ist, hierauf große Sorgfalt zu verwenden. Einzelheiten über in Deutschland gebräuchliche Entnahmegeräte und über die bei der Probenentnahme auftretenden Fehlerquellen sind von MUHS [66] und SCHULTZE und MUHS [92] beschrieben.

Der Einfluß der Probenstörung wird bei der Eichung der Sonden zum großen Teil dadurch aufgehoben, wenn wie im vorliegenden Fall eine große Anzahl von Meßwerten zur Verfügung stehen. Diese lassen sich mit den Methoden der Ausgleichsrechnung so in mathematische Beziehung kleiden, daß die Abweichungen von der Gesamtheit der zum Ausgleich vorhandenen Meßwerte ein Minimum wird. Die so ermittelten Zusammenhänge dürften die natürlichen Verhältnisse in einer für praktische Zwecke durchaus ausreichenden Genauigkeit wiedergeben. Dies wird für die Beziehungen, die zwischen Sondenanzeige und Zusammendrückbarkeit des Bodens gefunden werden, dadurch überprüft, daß Setzungen von Bauwerken, für die Setzungsbeobachtungen vorliegen, mit Hilfe der für die Zusammendrückbarkeit abgeleiteten Gleichungen errechnet und mit den tatsächlich gemessenen verglichen werden. Dabei liegt die einzige Unsicherheit in der Ermittlung der Spannungsausbreitung unter der Fundierung, die auf der Annahme eines idealelastisch- isotropen Halbraumes beruht [89, S. 131], der in Wirklichkeit nicht vorhanden ist. Dieser Fehler ist jedoch nicht sehr bedeutend, so daß die Überprüfung in dieser Form als zuverlässig angesehen werden kann.

2. Messungen

Im Rahmen des Forschungsauftrages wurden 2000 lfdm. Sondierungen mit insgesamt 9 verschiedenen Sondiergeräten durchgeführt und 150 ungestörte Proben untersucht. Die Daten der verwendeten Sondentypen sind in Tabelle 5 zusammengestellt [91]. Eine wertvolle Bereicherung dieser Arbeiten bestand in den Ergebnissen jahrelanger praktischer Institutsuntersuchungen, wodurch für die Auswertung noch mehrere tausend lfdm. Sondierungen und einige hundert Untersuchungen an ungestörten Bodenproben zur Verfügung standen. Ohne die Ergebnisse dieser Untersuchungen, die die eigentliche Grundlage dieser Auswertung bilden, wäre die Forschungsarbeit in der vorliegenden Form nicht möglich gewesen. Die mit den Mitteln des Forschungsauftrages durchgeführten Arbeiten konnten sich daher auf die Klärung interessanter Einzelfragen beschränken und zwar auf Versuchsfeldern, deren Bodenaufschlüsse fast in allen Fällen durch früher durchgeführte Bohrungen und Sondierungen bereits bekannt waren. Tabelle 6 enthält eine Zusammenstellung der Versuchsfelder, auf denen Forschungsuntersuchungen ausgeführt wurden. Gleichzeitig ist aus ihr zu entnehmen, auf welchen Anlagen die Sondierergebnisse aufgetragen sind. Aus Platzersparnis werden in den Anlagen nur eine begrenzte Anzahl ausgewählter Sondierungen wiedergegeben, die in den einzelnen Bodenarten besonders typische Sondierergebnisse zeigen.

3. Einteilung der Böden

Die charakteristischen bodenmechanischen Eigenschaften der Böden werden in erster Linie durch ihre Kornverteilung bestimmt. Zur Auswertung der Sondierergebnisse erscheint es zweckmäßig, die Böden in vier Bodengruppen einzuteilen, nämlich:

Sand und Kies
Schluff
Ton
Schlick und Torf

Tabelle 5

Technische Daten der bei den Untersuchungen verwendeten Sondiergeräte[2)]

Sondentyp	Sondenspitze			Gestängedurchmesser	Mantelrohrdurchmesser	Schlaggewicht	Fallhöhe	Sondiergeschwindigkeit	Gew.d. verpackten Ger. +20m Gest.	Gewicht des Zubehörs	Arbeitsweise	Abkürzung auf den Anlagen
	Durchmesser	Querschnitt	Spitzenwinkel									
-	mm	cm^2	°	mm	mm	kg	cm	cm/min Schl./min	kg	kg	-	-
1	2	3	4	5	5	7	8	9	10	11	12	13
Maihak-Drucksonde	36	10,2	60°	30	-	-	-	40	138	Belastgs. vorrichtg. mit Winde: 643	Widerstand d. Maihak-Meßsaite in d. Sondenspitze gem.	MDS
holländische Drucksonde	36	10,2	60°	36	-	-	-	45			Widerst. d. Dynamometer an Erdoberfläche gemessen	HDS
Franki-Drucksonde	35	9,6	120°	35	-	-	-	"	Sondierwagen: 10 000 kg		"	FDS
Brunner-Rammsonde	62	30	90°	42 ø bzw. 30 □	60	50	33		898	Dreibock: 178 2 Winden: 52	verrohrt	BRS
Stump'sche Rammsonde	35 x 35	12,3	62°	20	30	25,4	20		187	Winde: 32	"	STRS
Standard-Sonde	innen: 34,9 außen: 50,8	offen: 10,7 geschl.: 20,2	geschlossen: 60°	-	-	63,5	76,2		350	Dreibock mit Seilwinde: 284	Sondier. im Bohrloch	STS
schwere Rammsonde	43,7	15	90°	32	-	50	50	13	326	Dreibock: 178 2 Winden: 32	unverrohrt	SRS
mittlere u. leichte Rammsonde	35,7	10	60°	20	-	30 10	20 50	16 30	123 95	Winde: 32	"	MRS LRS

2. Angaben aus: SCHULTZE u. KNAUSENBERGER (1957) Experience with Penetrometers, Proc. 4. Int.Conf. Soil Mech.Found.Eng.Bd. 1

T a b e l l e   6

Zusammenstellung der Versuchsfelder

lfd. Nr.	Versuchs-feld	Boden-art	eingesetzte Sonden*) S R S	M R S	L R S	S T S	M D S	H D S	B R S	S T R S	Sondier-ergebnis auf Anlage	Bemerkungen
1	2	3	4	5	6	7	8	9	10	11	12	13
1	Kraftwerk Borken	sgKi sT	+	+	+	+	+		+	+	16-25	*)Bedeutung d. Abkürzungen s. Tabelle 5
2	Kraftwerk Frimmers-dorf	S+Ki fS	+	+	+	+	+		+	+	26-32	
3	Nord-Süd-Bahn	S,Ki,L Su	+			+	+	+			33-35 u.Abb. 111-140	
4	K.F.B.E. Frechen	Su	+	+	+	+				+	36	
5	Bahndamm Stommeln	Su	+			+	+				37	
6	T.H.Aachen Mensa	Su	+						+		38	
7	Schloßturm Bloemersh.	tfsL sKi fS	+		+	+					39u.40	
8	T.H.Aachen Starkstrom Labor	SuT	+	+	+		+			+	41-43	
9	Brücke Kierberg	T	+	+	+	+					44	
10	Rotterdam	slS Sl,Tf	+	+	+	+		+	+	+	45u.46	
11	Kippe Fortuna	S+Ki L	+			+	+	+			47	

Jede Gruppe soll getrennt behandelt werden, da für die Auswertung innerhalb einer Gruppe etwa die gleichen Überlegungen gelten. Diese Unterteilung wird noch verfeinert und zwar für die sandigen und kiesigen Böden in einer Form, daß die Unterscheidung bei einiger Erfahrung durch bloßes Abfühlen erfolgen kann. Bei den bindigen Bodengruppen wird die Feineinteilung nach CASAGRANDE vorgenommen, der diese Böden auf Grund der Atterberg'schen Plastizitätsbereiche einteilt, was mit dem Vorteil verbunden ist, daß die "Aktivität" des Tonanteiles richtig beurteilt wird.

4. Auswertung von Sondierungen in sandigen und kiesigen Böden

4.1 Bodenmechanische Eigenschaften der sandigen und kiesigen Böden

In der Gruppe der sandigen und kiesigen Böden sind die "nichtbindigen" Böden zusammengefaßt. Geologisch gesehen handelt es sich meist um junge Wassersedimente des Alluviums und Diluviums. Ihre Wasserdurchlässigkeit liegt zwischen 10^{-4} und 10^{-2} m/s. Die Festigkeitseigenschaften eines solchen Bodens werden vom Verdichtungsverhältnis D_v beeinflußt:

$$D_v = \frac{n_o - n}{n_o - n_d} \cdot 100 \quad (\%) \qquad \ldots.(13)$$

n_o = Porengehalt in lockerster Lagerung

n = Porengehalt in natürlicher Lagerung

n_d = Porengehalt in dichtester Lagerung

Die Werte n_o und n_d werden in einem Laborversuch ermittelt [102, S. 197]. In der Natur werden Böden, die lockerer als D_v = 0 % oder dichter als D_v = 100 % gelagert sind, sehr selten angetroffen. Die Schlagzahl N, das Verdichtungsverhältnis D_v, die Zusammendrückbarkeit E_s und der Reibungsbeiwert $tg\varphi$ sind miteinander verknüpft (Abb. 42). Dies läßt sich durch Versuche leicht nachweisen, ist aber auch einleuchtend, da beim Belasten des Bodens die Einzelkörner selbst nicht zerstört werden. So bilden sich z.B. beim Abscheren Gleitflächen, in denen die Körner aneinander vorbeigleiten. Zuvor müssen sie jedoch aus ihrer Verspannung gelöst werden, die um so größer ist, je dichter der Sand gelagert ist. Um den Scherwiderstand zu wecken, ist eine Verschiebung erforderlich (Abb. 43). Im dichten Sand wird nach geringer Verschiebung ein Größtwert der Scherspannung erreicht, die mit zunehmender Ausbildung einer Gleitfläche auf den Gleitwiderstand abfällt, der nahezu mit dem des völlig lockeren

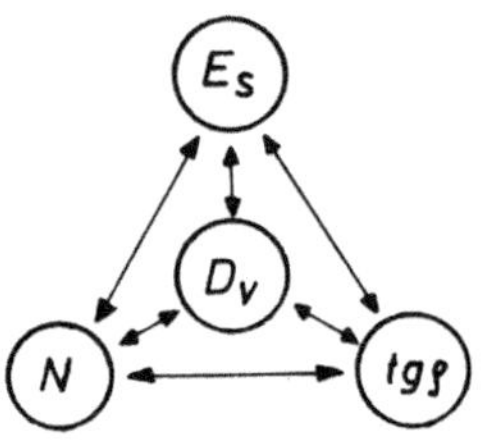

Abbildung 42
Zusammenhang zwischen Schlagzahl, Verdichtungsverhältnis, Zusammendrückbarkeit und Reibungsbeiwert

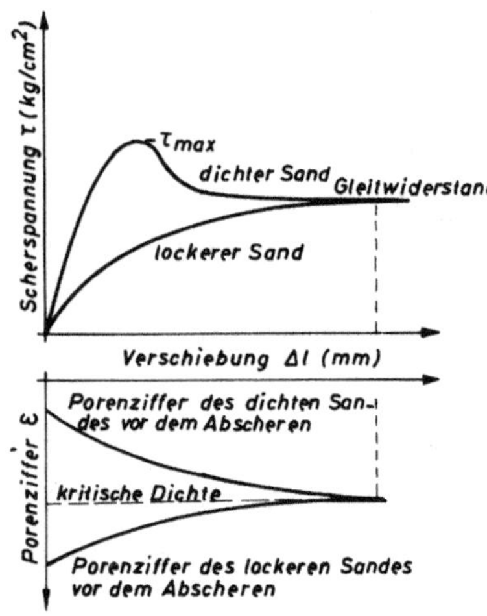

Abbildung 43
Abhängigkeit der Scherspannung von der Lagerungsdichte und dem Scherverschiebungsweg (nach[92])

Bodens übereinstimmt. Das Abscheren des dichten Sandes erfolgt unter Auflockerung, das des lockeren unter Verdichtung des Bodens. Für den Gleitwiderstand sind die Dichten beider gleich der kritischen Dichte, die dadurch definiert ist, daß der Boden bei Störung weder dichter noch lockerer wird. Die Abhängigkeit des Reibungswertes $tg\varrho$ von D_v für drei Sande (Kornverteilungen Abb. 44) zeigt Abbildung 45. Es ist

$$\tau = c + (\sigma - p_w) \cdot tg\varrho = c + \sigma' \cdot tg\varrho \qquad \text{....(14)}$$

τ = Scherwiderstand
σ = totale Normalspannung in der Scherfuge
p_w = Porenwasserspannung in der Scherfuge
σ' = wirksame Normalspannung in der Scherfuge

Die Festigkeitseigenschaften eines Bodens werden entscheidend von den Spannungsverhältnissen im Porenwasser beeinflußt. Diese Tatsache war zumindest gefühlsmäßig den Konstrukteuren von Erdbauwerken seit einigen hundert Jahren bekannt. Formelmäßig wurden die Zusammenhänge für die Zusammendrückbarkeit von Böden jedoch erst von TERZAGHI in seinem für die Bodenmechanik grundlegenden Werk "Erdbaumechanik" [103] und später

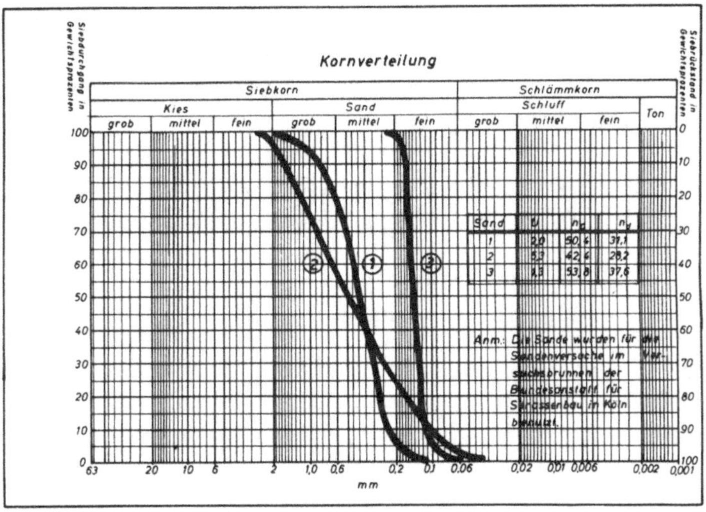

A b b i l d u n g 44
Kornverteilung und Verdichtungskennwerte
dreier untersuchter Sande

für die Scherfestigkeit von HVORSLEV [42] erfaßt. Auf Grund neuerer Forschungsergebnisse weiß man heute ziemlich genau, welchen Einfluß die Porenwasserspannungen auf das mechanische Verhalten der Böden ausüben. Ganz allgemein kann festgestellt werden, daß Versuche bei denen nur die totalen Spannungen gemessen werden können, nur sehr begrenzt Auskunft über die wahren Festigkeitseigenschaften des Bodens geben.

Obwohl nennenswerte Porenwasserspannungen nur in den weniger durchlässigen bindigen Bodenarten auftreten, kann bei den Rammsonden durch die plötzliche Schlagbeanspruchung auch in sandigen Böden trotz ihrer verhältnismäßig großen Durchlässigkeit ein Porenwasserdruck entstehen, der vielleicht nur für den Bruchteil einer Sekunde in voller Größe wirksam bleibt. Dennoch kann dadurch das Ergebnis der Sondierungen beeinflußt werden. Dies läßt sich, wie später gezeigt wird, besonders bei dem weniger durchlässigen Feinsand nachweisen.

Der Zusammenhang zwischen der Zunahme der auf ein Bodenelement wirkenden Hauptspannungen $\Delta\sigma_1$, $\Delta\sigma_2$ und $\Delta\sigma_3$ und der Größe des dabei entstehenden Porenwasserdruckes Δp_w läßt sich am einfachsten mit Hilfe der Porenwasserdruckparameter A und B ausdrücken (SKEMPTON [95]).

Ihre theoretische Berechtigung ergibt sich aus den Elastizitätsgesetzen. Betrachtet man ein Element eines "idealelastischen" Bodens, so ist dessen Volumenänderung $\frac{\Delta V}{V}$ bei Änderung der wirksamen dreiachsigen Hauptspannung $\Delta\sigma_1'$, $\Delta\sigma_2'$ und $\Delta\sigma_3'$

$$-\frac{\Delta V}{V} = \frac{1-2\mu}{E}\left[\Delta\sigma_1' + \Delta\sigma_2' + \Delta\sigma_3'\right] \qquad \ldots.(15)$$

μ = Poisson-Konstante

E = Elastizitätsmodul

Für $\Delta\sigma_1' = \Delta\sigma_2' = \Delta\sigma_3' = \Delta\sigma'$ ist

$$\frac{\Delta V}{V} = C_c \cdot \Delta\sigma' \qquad \ldots.(16)$$

$$C_c = \frac{3(1-2\mu)}{E}$$ Zusammendrückbarkeit der Kornstruktur

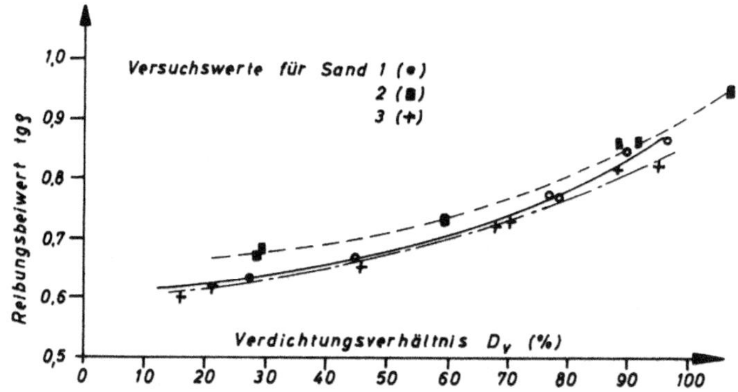

A b b i l d u n g 45

Abhängigkeit des Reibungsbeiwertes vom Verdichtungsverhältnis für die 3 Sande aus Abbildung 44

Die wirksamen Spannungsänderungen $\Delta\sigma_1'$, $\Delta\sigma_2'$ und $\Delta\sigma_3'$ setzen sich zusammen aus den totalen Spannungsänderungen und den Porenwasserspannungen.

$$\Delta\sigma_1' + \Delta\sigma_2' + \Delta\sigma_3' = \Delta\sigma_1 + \Delta\sigma_2 + \Delta\sigma_3 - 3\cdot\Delta p_w$$

Daher ist mit den totalen Spannungen

$$- \frac{\Delta V}{V} = C_c \cdot \frac{1}{3} \cdot \left[\Delta\sigma_1 + \Delta\sigma_2 + \Delta\sigma_3\right] - \Delta p_w \quad . \qquad ....(17)$$

Die Änderung im Volumen des Porenwassers unter Δp_w beträgt

$$- \frac{\Delta V}{V} = n \cdot C_w \cdot \Delta p_w \quad . \qquad ....(18)$$

n = Porenvolumen des Bodens

C_w = Zusammendrückbarkeit des Wassers

Bevor infolge der Spannungsänderungen eine Porenwasserströmung einsetzt, müssen diese beiden Volumina gleich sein. Daraus errechnet sich

$$\Delta p_w = \frac{1}{1 + n \cdot \frac{C_w}{C_c}} \cdot \frac{1}{3} \left[\Delta\sigma_1 + \Delta\sigma_2 + \Delta\sigma_3\right] = B \cdot \frac{1}{3} \left[\Delta\sigma_1 + \Delta\sigma_2 + \Delta\sigma_3\right] \; .$$

Betrachtet man ein Bodenelement unter der Sondenspitze, so sind zwei Hauptspannungen einander gleich

$$\Delta\sigma_3 = \Delta\sigma_2$$

$\Delta\sigma_1$ = lotrechte Hauptspannung

$\Delta\sigma_3$ = waagerechte Hauptspannung

$$\Delta p_w = B \cdot \left(\Delta\sigma_3 + \frac{1}{3} \cdot (\Delta\sigma_1 - \Delta\sigma_3)\right) \; . \qquad ....(19)$$

Für einen natürlichen Boden, dessen Struktur kein elastisches Verhalten zeigt, muß der Ausdruck in der allgemeineren Form

$$\Delta p_w = B \cdot \left(\Delta\sigma_3 + A \; (\Delta\sigma_1 - \Delta\sigma_3)\right) \qquad ....(20)$$

geschrieben werden.

A = Parameter, abhängig von der Bodenart und der geologischen Vorgeschichte.

B = Parameter, abhängig von der Bodenart, der geologischen Vorgeschichte und dem Sättigungsgrad.

Für wassergesättigte Böden kann B = 1 gesetzt werden. A kann je nach Lagerungsdichte positive oder negative Werte annehmen. Zunächst interessiert, unter welchen Bedingungen überhaupt positiver Porenwasserdruck geweckt wird. Setzt man Gl. (20) zu Null, so ergibt sich mit B = 1 und $\Delta\sigma_3/\Delta\sigma_1 = \lambda$

$$A = -\frac{\lambda}{1-\lambda} \quad . \qquad \qquad ....(21)$$

Gl. (20) und Gl. (21) zeigen, daß ein positiver Porenwasserdruck geweckt wird, wenn $A > -\lambda : (1-\lambda)$ ist. Zur Abschätzung der Größenordnung soll λ = 0,3 gesetzt werden. Dann ist A = -0,43. Experimentell wurde für lockeren Sand A = +0,08 und für dichten Sand A = -0,32 gefunden (Versuchswerte aus dem Laboratorium für Bodenmechanik, Imperial College, London). Daraus ist ersichtlich, daß im allgemeinen ein positiver Porenwasserdruck entsteht. Das stimmt auch mit den Erfahrungen überein, die beim Sondieren gemacht werden. Insbesondere bei kleinen und mittleren Schlagzahlen tritt in sandigen Böden häufig ein Rückgang der Schlagzahlen ein (Abb. 46). Dies beruht auf der Verringerung der wirksamen Kontaktspannungen zwischen den Bodenkörnern und der infolge des positiven

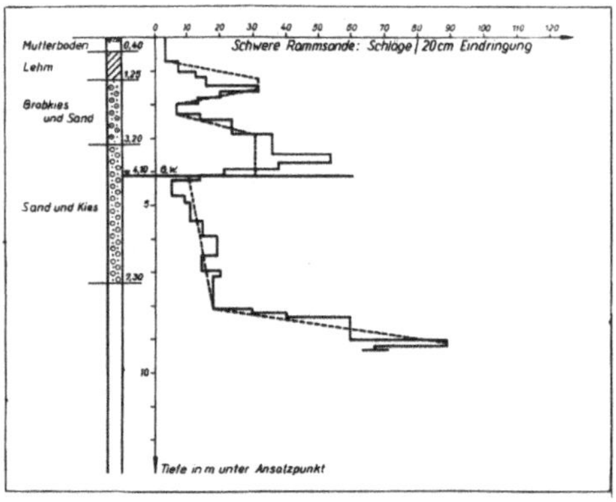

A b b i l d u n g   46

Rückgang der Schlagzahlen bei Erreichen des Grundwasserspiegels

Porenwasserdruckes entstehenden Porenwasserströmung, die besonders in feinen Böden eine Auflockerung der Kornstruktur nach sich zieht. In dichtgelagerten Böden ist andererseits eine Zunahme der Schlagzahlen an keiner Stelle beobachtet worden. Für die Drucksonde konnte ein Einfluß des Grundwassers weder in lockeren noch in dichten Böden festgestellt werden. Dies ist erklärlich, da in sandigen Böden bei der verhältnismäßig geringen Vortriebsgeschwindigkeit der Sondenspitze ein nennenswerter Porenwasserdruck nicht entstehen kann.

Obwohl die Spannungsverhältnisse in Wirklichkeit weit komplizierter sind, da die Richtungen der Hauptspannungen Funktionen des zeitlichen Verlaufs des Stoßvorganges sind, kann aus den vorangegangenen Überlegungen doch der allgemeingültige Schluß gezogen werden, daß die Schlagzahlen in sandigen und kiesigen Böden unter Wasser günstiger zu beurteilen sind als über Wasser. Die Zusammenhänge zwischen Schlagzahl und Festigkeitseigenschaften, die für nicht wassergesättigte sandige Böden abgeleitet werden, dürfen daher auch auf die wassergesättigten übertragen werden, wobei die erhaltenen Ergebnisse auf der sicheren Seite liegen.

Ebenso wie die Scherfestigkeit ist auch die Zusammendrückbarkeit stark vom Verdichtungsverhältnis abhängig. Dies zeigen die Kompressionsversuche an den gleichen drei Sanden (Abb. 44), für die auch die Abhängigkeit des Reibungswinkels vom Verdichtungsverhältnis bestimmt wurde (Abb. 47 bis 52). Die Zusammendrückbarkeit entsteht hauptsächlich durch Verringerung des Porenvolumens, also in einer Umgruppierung der Kornstruktur. Dabei müssen in den Kontaktpunkten der Bodenpartikel Reibungsspannungen überwunden werden, die wie gezeigt, von der Lagerungsdichte abhängen, so daß zwischen Zusammendrückbarkeit, Scherfestigkeit und Verdichtungsverhältnis ein unmittelbarer Zusammenhang besteht.

4.2 Störungen und Fehlerquellen bei der Entnahme von Proben aus sandigen und kiesigen Böden

Da die Sonden in erster Linie an den Untersuchungsergebnissen ungestörter Bodenproben geeicht werden, soll betrachtet werden, welche Störungen bei der Entnahme der Proben in sandigen Böden auftreten können. Neben der Verwendung eines schlechten Entnahmegerätes sind die größten Fehlerquellen das Auflockern des Bodens in der Bohrlochsohle durch eine Porenwasserströmung, wenn nicht unter Wasserauflast gebohrt wird und die Auflockerung durch die Saugwirkung des Ventilbohrers, besonders dann, wenn Bohrgerät und Verrohrung fast den gleichen Durchmesser haben. In kiesigen Böden kann ferner ein einzelner größerer Stein, der mit der Schneide der Entnahmebuchse vorgetrieben wird, die Probe ganz beachtlich auflockern. In allen diesen Fällen wird der Boden aufgelockert und die Ergebnisse der Probenuntersuchung liegen auf der sicheren Seite. In

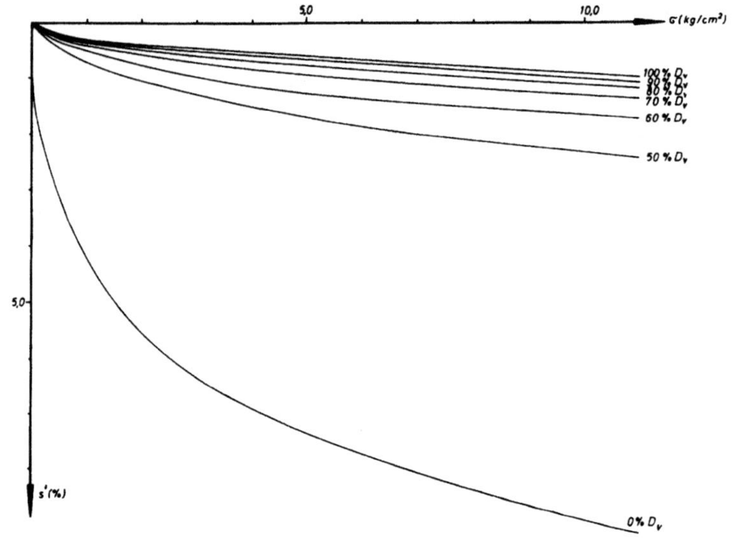

A b b i l d u n g 47

Drucksetzungslinien in Abhängigkeit von der Lagerungsdichte für Sand 1 der Abbildung 44

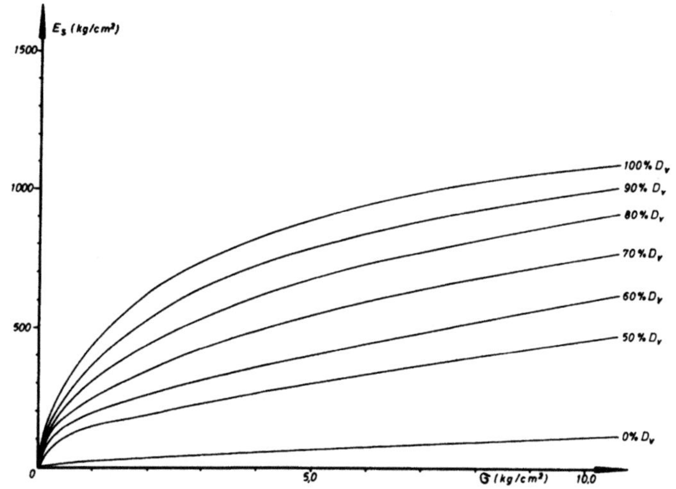

A b b i l d u n g 48

Abhängigkeit der Steifezahl von der Lagerungsdichte für Sand 1 der Abbildung 44

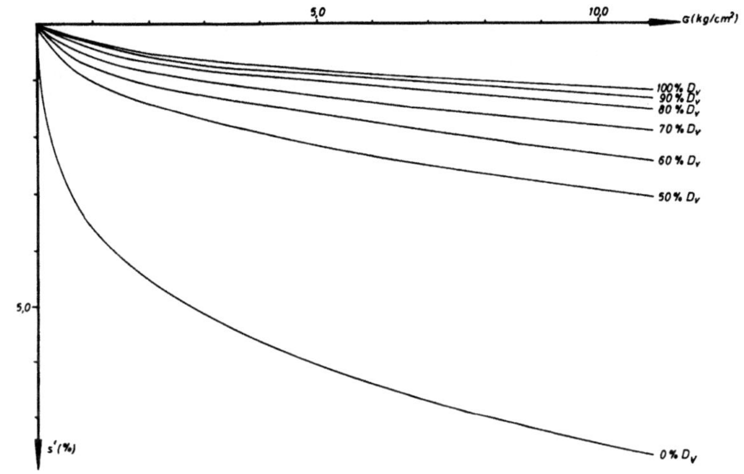

A b b i l d u n g 49

Drucksetzungslinien in Abhängigkeit von der Lagerungsdichte für Sand 2 der Abbildung 44

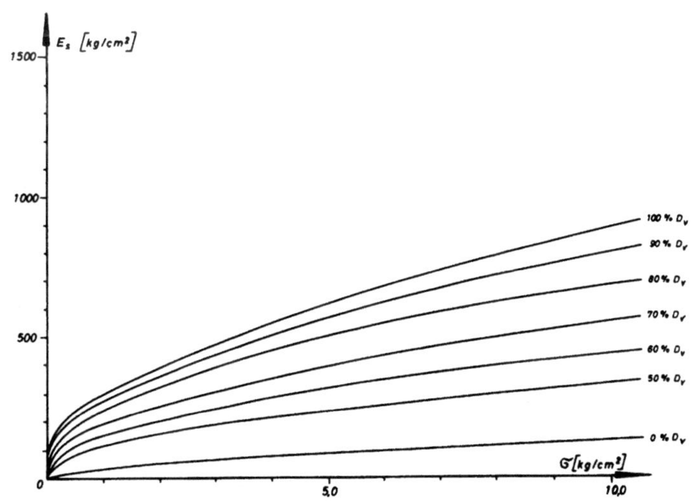

A b b i l d u n g 50

Abhängigkeit der Steifezahl der Lagerungsdichte für Sand 2 der Abbildung 44

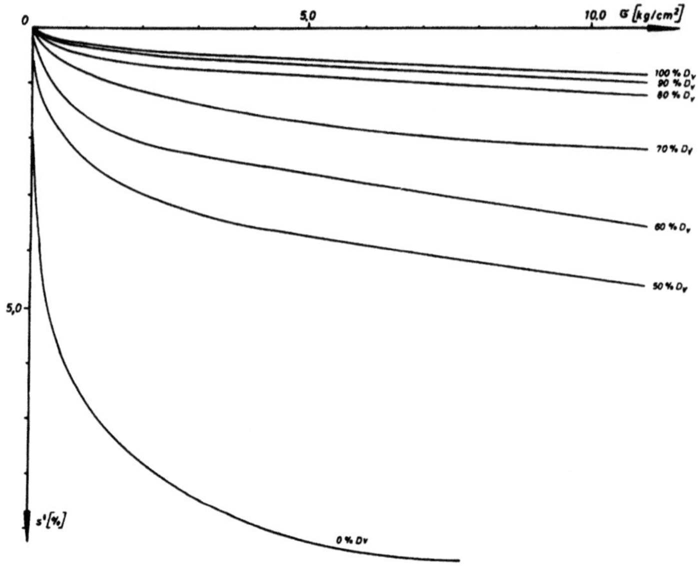

A b b i l d u n g 51

Drucksetzungslinien in Abhängigkeit von der Lagerungsdichte für Sand 3 der Abbildung 44

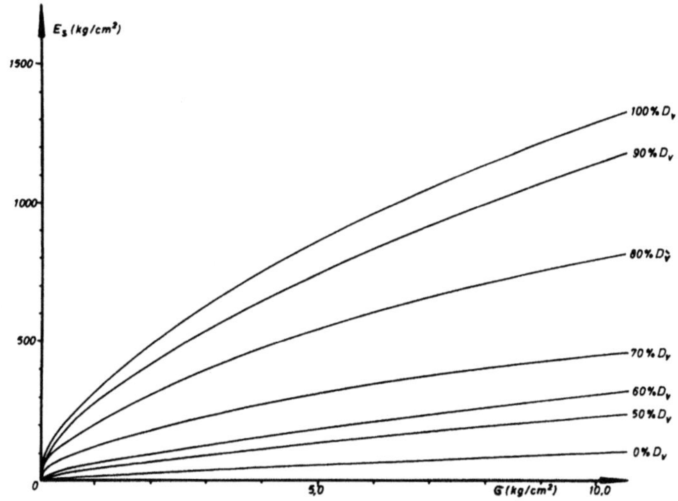

A b b i l d u n g 52

Abhängigkeit der Steifezahl von der Lagerungsdichte für Sand 3 der Abbildung 44

Böden unterhalb der kritischen Dichte ist die Probenentnahme mit einer Verdichtung verbunden. Dieses ist eine aus dem zuvorgesagten erklärbare Erscheinung. Sie wurde von SHOCKLEY und GARBER [93] an einem natürlichen Alluvialsand durch eine große Anzahl von Versuchsergebnissen überprüft, woraus der in Abbildung 53 dargestellte Zusammenhang zwischen der Probenstörung und dem Verdichtungsverhältnis aufgestellt wurde.

Als allgemeine Regel gilt, daß die Probenentnahme um so weniger zuverlässig ist, je grobkörniger der Boden ist. Es ist daher insbesondere für die sandigen und kiesigen Böden erwünscht, in den Sonden eine Prüfmethode zur Untersuchung des Baugrundes zu finden, da die Entnahme von wirklich ungestörten Bodenproben in diesen Böden immer mit großem Aufwand verbunden ist.

4.3 Zusammenhang zwischen dem Eindringwiderstand der Sonden und dem Verdichtungsverhältnis sandiger Böden

Da die Störungen der Probenentnahme sich besonders in sandigen Böden in einer unvermeidlichen Schwankung der Meßwerte ausdrücken, wurden einige Versuchsserien mit drei Sanden (Abb. 44) im Versuchsbrunnen der Bundesanstalt für Straßenbau in Köln durchgeführt. Diese Untersuchungen, die von Herrn Dipl.-Ing. H. KNAUSENBERGER geleitet und überwacht wurden, sind durch das freundliche Entgegenkommen des Leiters der Abteilung Grundbau der Bundesanstalt Herrn Oberregierungsbaurat P. SIEDEK und seines ehemaligen Mitarbeiters Herrn Dipl.-Ing. F.J. DÜCKER ermöglicht worden.

Der Versuchsbrunnen besitzt 2,50 m Durchmesser und 2,80 m Tiefe. Der Sand wurde in Schichten von 20 bis 30 cm Stärke eingebracht und mit einem Handstampfer oder einem leichten Rüttler verdichtet. Die erzielte Verdichtung wurde nach Abschluß der Sondierungen durch Entnahme von 20 bis 30 ungestörter Bodenproben aus jeder Schicht ermittelt. Die hierbei auftretenden Schwankungen betrugen ± 1 % des mittleren Porenvolumens. Nach den ersten Einbauten stand eine Isotopensonde zur Überprüfung der Lagerungsdichte von Zentimeter zu Zentimeter Tiefe zur Verfügung, deren Ergebnisse zeigten, daß die Verdichtungswirkung der leichten Geräte selbst innerhalb einer Schicht keine befriedigende Gleichmäßigkeit der Verdichtung schaffen konnten. Trotz sorgfältigen Arbeitens waren also auch bei diesen Untersuchungen bei der Auswertung der Ergebnisse Schwankungen zu erwarten. Der Ein- und Ausbau des Versuchssandes dauerte

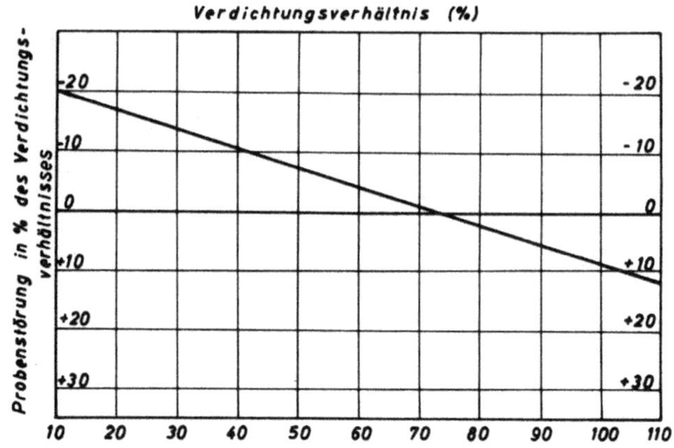

A b b i l d u n g 53
Probenstörung sandiger Böden in % des Verdichtungsverhältnisses (nach [93])

mehrere Wochen, weshalb die Gesamtzahl der Versuche auf 10 beschränkt blieb. Diese teilen sich wie folgt auf

Sand	Versuchs-anzahl	Anlage
1	7	6 - 12
2	1	13
3	2	14 u. 15

Für den ersten Versuch mit Sand 1 wurde der Sand eingesiebt. Das erzeugte eine so lockere Lagerung, daß alle Sonden allein unter ihrem Eigengewicht eindrangen. Insgesamt stehen von Sand 1 sieben Einzelversuche für die Auswertung zur Verfügung. Obwohl dies nicht sehr viel ist, sind die Ergebnisse wegen der Einheitlichkeit des Sandes und der verhältnismäßig genauen Kenntnis der Lagerungsdichte dennoch dazu geeignet, einige grundsätzliche Überlegungen an sie anzuknüpfen.

Das Ziel der Untersuchungen war es, Zusammenhänge zwischen den Schlagzahlen der Sonden N und dem Verdichtungsverhältnis D_v zu finden. Hierzu wurde die mittlere Schlagzahl der Sonden für eine Schicht in Abhängigkeit vom Verdichtungsverhältnis und der Tiefe in Diagrammen aufgetragen (Abb. 54 bis 57). Es zeigte sich dabei, daß sämtliche Sonden besonders bei den mitteldichten und dichten Lagerungen außerordentlich empfindlich auf die Lagerungsdichte reagieren, und daß ferner bei gleichbleibender Lagerungsdichte die Schlagzahl mit der Tiefe d.h. mit den Spannungen in Höhe der Sondenspitze zunimmt. Daraus kann der Schluß gezogen werden, daß für die Auswertungen von Sondierungen unbedingt beachtet werden muß, unter welchen wirksamen Spannungen die Sondierung stattgefunden hat.

Mathematisch können diese Kurven durch Logarithmus- oder Parabelfunktionen gut wiedergegeben werden.

$$D_v = a_1 + a_2 \cdot N + a_3 \cdot N^2 \qquad \ldots.(22)$$

$$D_v = a' \cdot \ln N \quad . \qquad \ldots.(23)$$

Die Konstanten $a_{1,2,3}$ bzw. a' werden nach der Methode der kleinsten Quadrate so aus den Fehlergleichungen

$$v_i = a_1 + a_2 \cdot N_i + a_3 \cdot N_i^2 - D_{vi} \qquad \ldots.(24)$$

$$v_i = a' \cdot \ln N_i - D_{vi} \qquad \ldots.(25)$$

bestimmt, daß $[v^2]$[3] ein Minimum wird (ROSEMANN [82, S. 6]), d.h.

$$\frac{\partial}{\partial a_1}[v^2] = 0 \qquad \frac{\partial}{\partial a_2}[v^2] = 0 \qquad \frac{\partial}{\partial a_3}[v^2] = 0 \qquad \ldots.(26)$$

bzw.

$$\frac{d}{da'}[v^2] = 0 \quad . \qquad \ldots.(27)$$

---

3. Die eckige Klammer bedeutet hier die <u>Summe aller</u> Fehlerquadrate

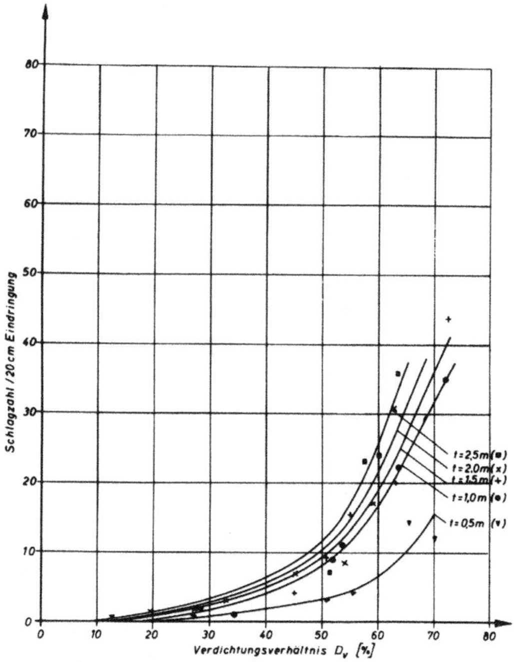

A b b i l d u n g   54

Schlagzahl in Abhängigkeit vom Verdichtungsverhältnis für die schwere Rammsonde in Sand 1 (Ergebnisse der Sondierungen im Versuchsbrunnen der Bundesanstalt für Straßenbau, Köln)

Für den Ausgleich nach Gl. (23) lauten die dann entstehenden Normalgleichungen, wenn die Anzahl der Versuchswerte mit n bezeichnet wird

$$
\begin{aligned}
n \cdot a_1 + [N] \cdot a_2 + [N^2] \cdot a_3 - [D_v] &= 0 = [v] \\
[N] \cdot a_1 + [N^2] \cdot a_2 + [N^3] \cdot a_3 - [N \cdot D_v] &= 0 = [N \cdot v] \\
[N^2] \cdot a_1 + [N^3] \cdot a_2 + [N^4] \cdot a_3 - [N^2 D_v] &= 0 = [N^2 v] \quad . \qquad \ldots .(28)
\end{aligned}
$$

Aus diesen können die Konstanten $a_{1,2,3}$ ermittelt werden.

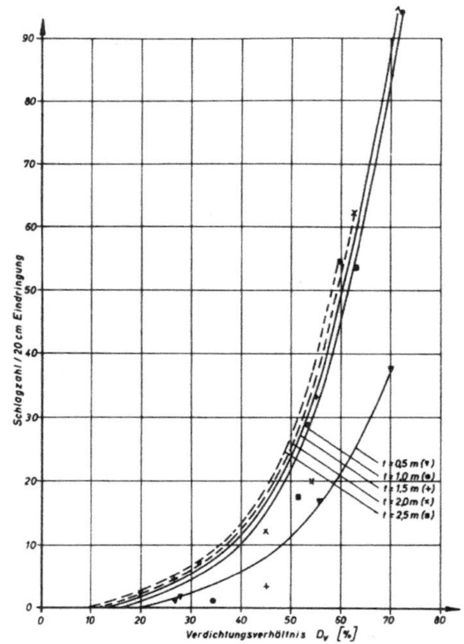

A b b i l d u n g 55

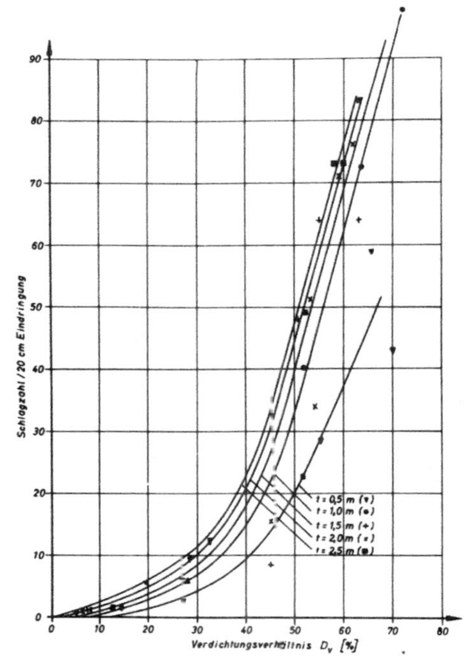

A b b i l d u n g 56

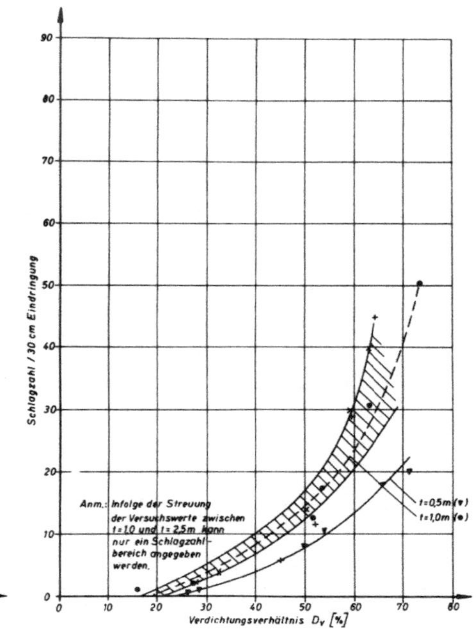

A b b i l d u n g 57

Schlagzahl in Abhängigkeit von Verdichtungsverhältnis für die mittlere und leichte Rammsonde und die Standardsonde in Sand 1 (Ergebnisse der Sondierungen im Versuchsbrunnen der Bundesanstalt für Straßenbau, Köln)

Tabelle 7

D_v	51,8	63,5	53,5	72,0	27,7	34,5	
N	8,5	22,5	11,5	35,0	1,4	0,9	
a'=25	53,6	77,9	.61,1	89,0	8,4	~ 25	
22	47,2	68,6	53,8	78,3	7,4	22	
21	45,0	65,5	51,3	74,4	7,1	21	
20	42,9	62,3	48,8	71,2	6,7	20	
19	40,7	59,2	46,4	67,6	6,4	19	
$v_{i(25)}$	1,6	14,4	7,6	17,0	19,3	9,5	
(22)	4,6	5,1	0,3	6,3	20,3	12,5	
(21)	6,8	2,0	2,2	2,8	20,6	13,5	
(20)	8,9	1,2	4,7	0,8	21,1	14,5	
(19)	11,1	5,3	7,1	4,4	21,3	.15,5	Summe $[v^2]$:
$v_{i(25)}^2$	3	208	58	289	372	90	1020
(22)	20	26	-	40	412	156	654
(21)	46	4	5	8	423	182	668
(20)	79	1	22	1	445	210	758
(19)	122	18	50	19	454	240	903

Für die Logarithmusfunktion läßt sich die Differentiation der Summe $[v^2]$ besser graphisch durchführen. Da beide Funktionen für den Ausgleich der Meßwerte gleich gut geeignet sind, ist der Logarithmusfunktion der Vorzug zu geben, da sie im praktischen Gebrauch einfacher zu handhaben ist. Für die schwere Rammsonde ergaben sich in 1m Tiefe in Sand 1 die in Tabelle 7 aufgeführten Meßwerte.

Aus Abbildung 58 ergibt sich

$$D_v = 21{,}8 \cdot \ln N. \qquad \ldots.(29)$$

Für die gleichen Meßwerte liefert die Ausgleichung durch eine Parabelfunktion die Beziehung

$$D_v = 12 + 4{,}2 \cdot N - 0{,}07 \cdot N^2 . \qquad \ldots.(30)$$

Beide Kurven sind in Abbildung 59 dargestellt.

Trägt man die Schlagzahlen in Abhängigkeit von der Tiefe für gleiches Verdichtungsverhältnis auf (Abb. 60), so wird deutlicher, welchen Einfluß die Auflast auf das Sondierergebnis ausübt. Die dabei erhaltenen Kurven können durch zwei Geraden wiedergegeben werden, die sich in der "Grenztiefe" schneiden. Diese beträgt etwa 1 m und ist für die praktische Auswertung aus diesem Grunde bedeutungslos. Bemerkenswert ist, daß

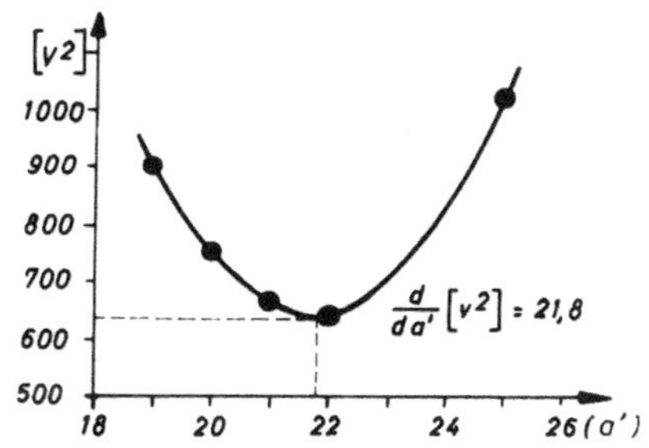

A b b i l d u n g 58

Graphische Ermittlung des kleinsten Fehlerquadrates

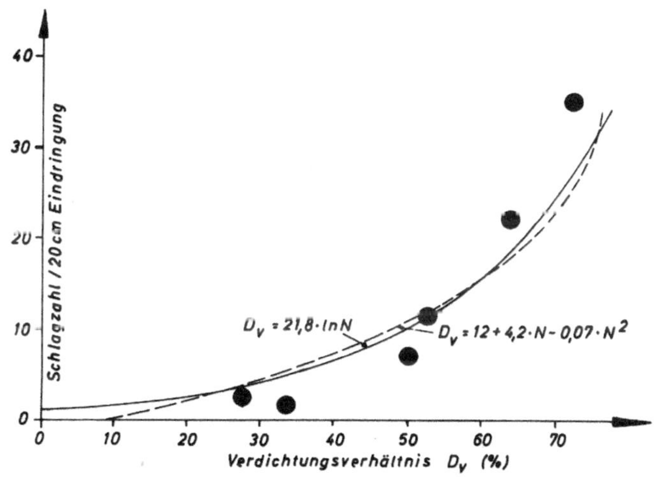

A b b i l d u n g 59

Verlauf der rechnerisch ermittelten Ausgleichsfunktionen für die Abhängigkeit der Schlagzahl der schweren Rammsonde in 1 m Tiefe vom Verdichtungsverhältnis in Sand 1

die Zunahme der Schlagzahl unterhalb dieser Tiefe gradlinig ist und daß die Größe der Zunahme $dN/dt = tg\alpha$ offenbar vom Verdichtungsverhältnis abhängig ist. Beides ist auch theoretisch zu erwarten. Für gleiches Verdichtungsverhältnis und gleichen Boden ist der Reibungsbeiwert $tg\varrho$ konstant. Der Verdrängungswiderstand, den der Boden dem Eindringen der Sondenspitze entgegensetzt, wächst linear mit den Kontaktspannungen, also mit der Auflast, an. Wie Abbildung 45 zeigt, ist $tg\varrho$ eine Funktion des Verdichtungsverhältnisses. Die Zunahme $dN/dt = tg\alpha$ kann also für

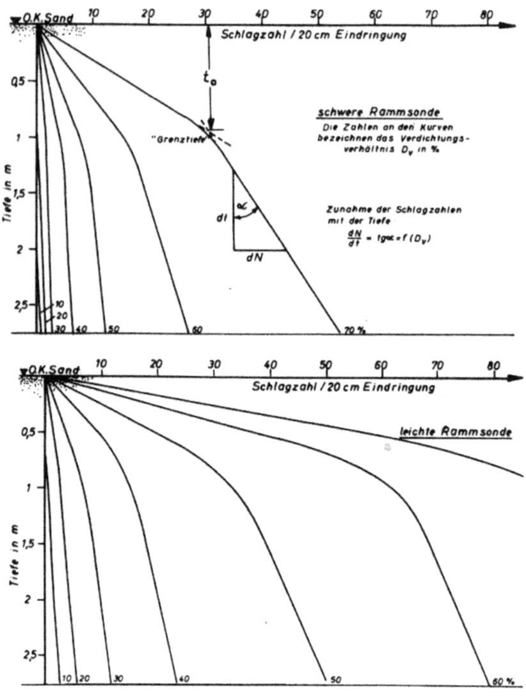

A b b i l d u n g 60

Abhängigkeit der Schlagzahlen der schweren und leichten Rammsonde von der Tiefe und dem Verdichtungsverhältnis in Sand 1

unterschiedliches Verdichtungsverhältnis nicht konstant sein. Sie ist am geringsten für sehr lockere Lagerung, da bei dieser nur ein sehr begrenzter Bereich beim Eindringen der Sondenspitze beansprucht wird. Die Zusammenhänge sind ähnlich denen bei Grundbruch unter Fundamenten, wo sich die Bruchlast P_{max} aus den Faktoren N_q, N_γ und N_c errechnet (Abb. 61), die sich aus dem Ansatz von Grundbruchfiguren ergeben. Eine gradlinige Zunahme des Eindringwiderstandes mit der Tiefe und die Abhängigkeit des Zunahmewinkels von der Lagerungsdichte wurde auch von PLANTEMA [79] für die Drucksonde bei Eichversuchen mit 5 Sanden in einem verhältnismäßig kleinen Eichbehälter gefunden.

Wird $tg\alpha$ in Abhängigkeit von D_v aufgetragen (Abb. 62), so ergibt sich, daß D_v mit $tg\alpha$ in Form einer Logarithmusfunktion anwächst. Diese Tatsache kann nun dazu benutzt werden, das Verdichtungsverhältnis für eine

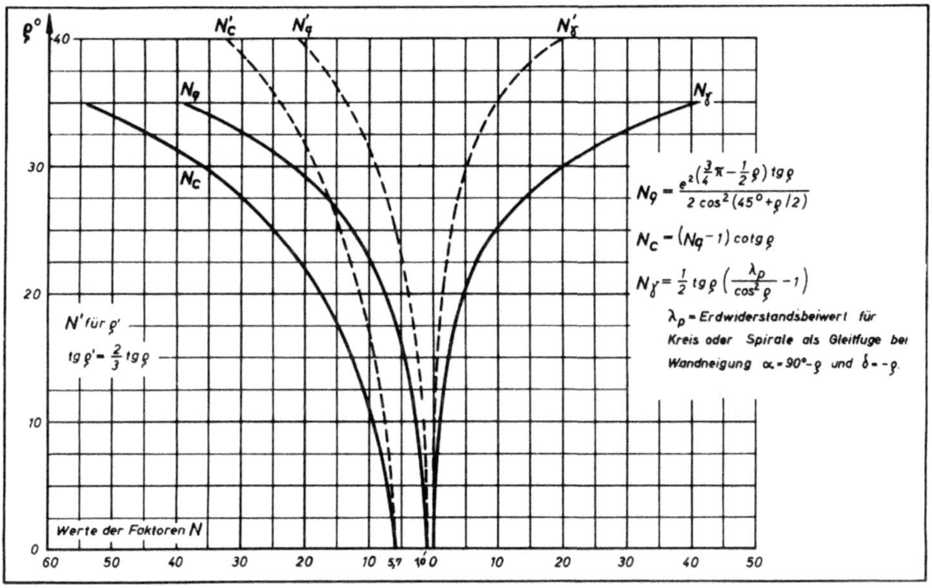

A b b i l d u n g 61

Faktoren N_q, N_γ und N_c in Abhängigkeit vom Reibungsbeiwert zur Ermittlung der Grundbruchsicherheit

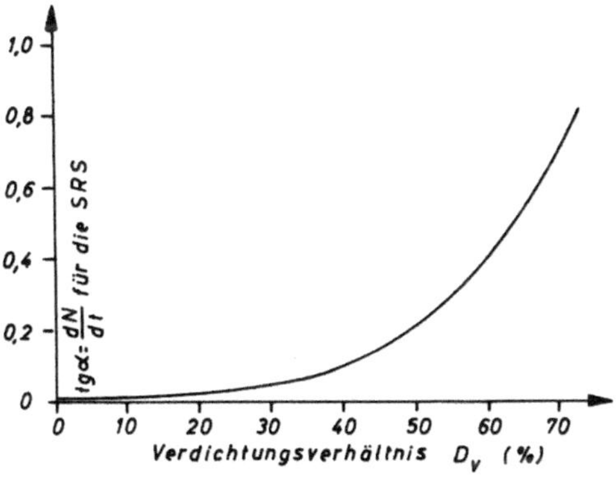

A b b i l d u n g 62

Zunahme der Schlagzahlen mit der Tiefe in Abhängigkeit vom Verdichtungsverhältnis für die schwere Rammsonde in Sand 1

beliebige Tiefe näherungsweise durch folgende einfache Beziehung auszudrücken:

$$D_v = a' \cdot \ln \frac{N}{1 + a''(p' - \gamma \cdot t_o)} \quad ....(31)$$

darin ist

a' = Konstante für die Ausgleichung der Meßwerte D_{vi} ; N_i in der Tiefe $t_o \geq$ der Grenztiefe

a'' = Konstante für die Zunahme dN/dt

p' = wirksame lotrechte Spannung in der betrachteten Tiefe (kg/cm^2)

$\gamma \cdot t_o$ = wirksame lotrechte Spannung in der Grenztiefe (kg/cm^2)

Für die schwere Rammsonde ergibt sich der Zusammenhang zwischen der Schlagzahl und dem Verdichtungsverhältnis in Sand 1 bei t_o = 1 m und γ = 1,6 t/m^3 näherungsweise zu

$$D_v = 21{,}8 \cdot \ln \frac{N}{1 + 0{,}53\,(p' - 0{,}16)} \quad . \quad ....(32)$$

Gl. (31) ist in ihrem Aufbau allgemeingültig. Die Konstanten a' und a" in ihr sind jedoch von dem verwendeten Sondentyp und der Bodenart abhängig.

Die Versuche an Sand 2 und 3 sollten vor allem den Einfluß der Schichtstärke bei stark unterschiedlicher Lagerungsdichte und den Einfluß der Wassersättigung auf das Sondierergebnis klären. Wegen des zeitraubenden und kostspieligen Einbaus des Versuchssandes konnten die Versuche nicht im geplanten Umfang durchgeführt werden. Die vorliegenden Ergebnisse reichen für eine systematische Auswertung nicht aus. Hierzu würde es weiterer Versuche bedürfen.

4.4 Vergleich der Versuchsergebnisse mit den Ergebnissen von SCHUBERT und vom Bureau of Reclamation

Obwohl sich die oben beschriebenen Versuchsergebnisse mit denen vom Bureau of Reclamation und von SCHUBERT wegen der Unterschiedlichkeit des verwendeten Bodens, der Versuchsanlage, der Sondiergeräte und der Versuchsdurchführung zahlenmäßig kaum vergleichen lassen, kann doch folgende grundsätzliche Übereinstimmung festgestellt werden:

1. Die Sonden sprechen besonders bei mitteldichten und dichten Lagerungen sehr empfindlich auf jede Änderung in der Lagerungsdichte sandiger und kiesiger Böden an.

2. Bei gleicher Lagerungsdichte nimmt der Eindringwiderstand geradlinig mit der Tiefe, d.h. mit den wirksamen Spannungen in Höhe der Sondenspitze zu (Abb. 63). Bei den Versuchen von SCHUBERT an den Sanden 3 und 4 zeigte sich im Gegensatz zu den Ergebnissen an den Sanden 5 und 6 bei hohen Lagerungsdichten ein leicht gekrümmter Verlauf der Linien für die Zunahme der Schlagzahl mit der Tiefe. Es läßt sich nicht feststellen, ob dies auf die Eigenart der verwendeten Sande zurückzuführen ist.

3. Der Zunahmewinkel α des Eindringwiderstandes mit der Tiefe ist nicht konstant, sondern von der Lagerungsdichte abhängig.

4. Die Kornverteilung hat erheblichen Einfluß auf den Eindringwiderstand.

Errechnet man den dynamischen Spitzenwiderstand mit Hilfe der Rammformel von REDTENBACHER für die Versuchsergebnisse im Feinsand vom Bureau of Reclamation, im Mittelsand von SCHUBERT und im Sand 1 von Aachen, so wird der in Abbildung 64 dargestellte Zusammenhang erhalten. Die 3 Sande sind in ihrer Kornverteilung sehr ähnlich. Trotzdem stimmen die Versuchsergebnisse nur bei lockeren und mittleren Lagerungsdichten einigermaßen überein. Bei hohen Lagerungsdichten werden die Unterschiede beachtlich. Dies beruht z.T. auf kleinen Unterschieden in der Kornverteilung und der Kornform, die sich mit steigender Lagerungsdichte stärker bemerkbar machen. Davon abgesehen bleibt der Vergleich von Sondierergebnissen auf Grund von Rammformeln ohnehin problematisch, worauf weiter hinten noch einmal eingegangen wird.

Durch die Versuchsergebnisse nicht genügend geklärt ist die Grenztiefe, die bei den Versuchen vom Bureau of Reclamation und von SCHUBERT nicht beobachtet wurde. Auch der Einfluß der Kornverteilung und der Kornabstufung auf den Eindringwiderstand bei gleicher relativer Lagerungsdichte bedarf weiterer Untersuchungen. So fand KOLBUSZEWSKI [53] für zwei abgestufte Sande bei einer Schlagzahl der Standardsonde von 25 eine Lagerungsdichte von 70 bis 75 %, während die Lagerungsdichte bei gleicher Schlagzahl für einen einkörnigen Sand nur knapp über 50 % lag. Andererseits hatte dieser bei 38 Schlägen seine dichteste Lagerung

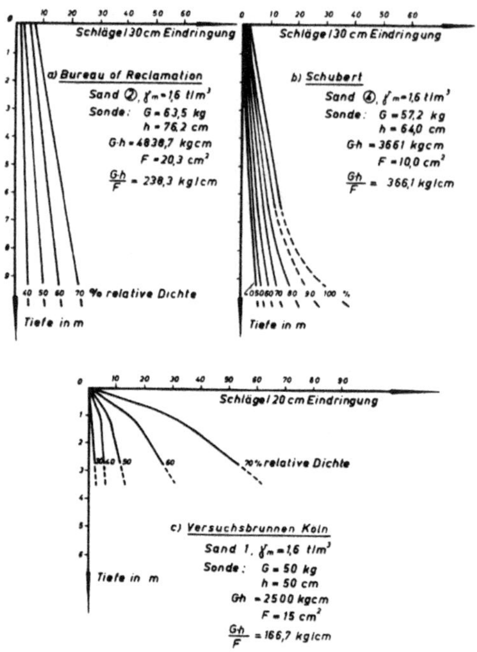

A b b i l d u n g 63

Gegenüberstellung der Ergebnisse von Eichversuchen

a) Bureau of Reclamation

b) SCHUBERT

c) Sandbrunnenversuche Köln

überhaupt erreicht, wohingegen bei den beiden anderen Sanden die Lagerungsdichte bei dieser Schlagzahl nur 90 % betrug.

Ferner weist GEUZE [26] darauf hin, daß durch Eichversuche an künstlich hergestellten Böden der Einfluß der geologischen Vorgeschichte des Bodens nicht richtig erfaßt werden kann. Daher treffen die Voraussetzungen, die für derartige Böden gelten, häufig nicht auf natürlich abgelagerte Böden zu.

4.5 Zusammenhang zwischen dem Eindringungswiderstand der Sonden und der Zusammendrückbarkeit sandiger und kiesiger Böden

4.51 Allgemeines

Die Beziehung zwischen der Schlagzahl und dem Verdichtungsverhältnis sind für das Verständnis des Sondiervorganges außerordentlich aufschluß-

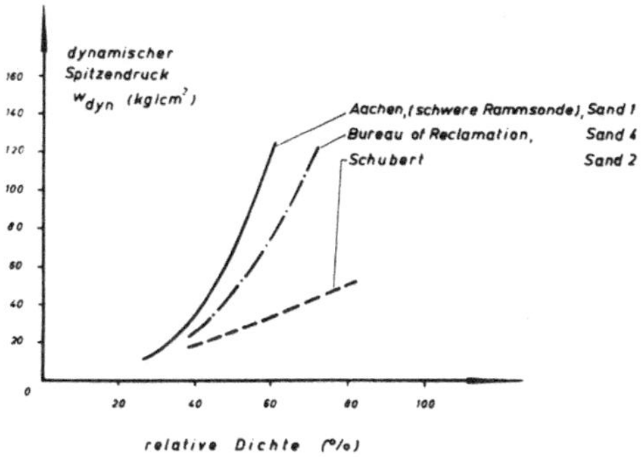

Auswertung nach der Rammformel von Redtenbacher

$$w_{dyn} = \frac{1}{F_{Sp}\, c_1} \left[-e + \sqrt{e^2 + 2\, c_1 R\, h \frac{R}{R+G}} \right] \quad (kg/cm^2)$$

$c_1 = \frac{1}{E\, F_{Gest}}$ = Elastizitatswert (cm/kg)

e = Eindringung pro Schlag (cm)

R = Schlaggewicht (kg)

G = Sondeneigengewicht (ohne Schlaggewicht) (kg)

h = Fallhohe (cm)

F_{Sp} = Spitzenquerschnitt (cm^2)

A b b i l d u n g 64

Vergleich der Ergebnisse von Eichversuchen mit Hilfe der Rammformel von REDTENBACHER

reich. Dennoch darf nicht übersehen werden, daß jede noch so gründliche Eichung der Sonden an dieser Bodenkennziffer letzten Endes nur bedingt brauchbar ist, da in der Regel unmittelbar nach der Festigkeit des Baugrundes gefragt wird, über die das Verdichtungsverhältnis keine direkte Auskunft zu geben vermag. Da die zulässige Bodenpressung unter Fundamenten in nahezu allen vorkommenden Fällen durch die für das Bauwerk zulässigen Setzungen festgelegt werden, scheint es richtiger, unmittelbar nach Zusammenhängen zwischen der Zusammendrückbarkeit des Baugrundes und dem Eindringungswiderstand der Sonden zu suchen. Wenn solche Zusammenhänge gefunden werden, können die unter einem Bauwerk zu erwartenden Setzungen allein auf Grund von Sondierungen bestimmt werden, was für die praktische Baugrunduntersuchung außerordentlich wertvoll ist, da dadurch die Entnahme von Bodenproben und deren Untersuchungen im Laboratorium in vielen Fällen nicht erforderlich ist. Dies spart nicht nur erheblich an Kosten für die Baugrunduntersuchung, sondern wirkt sich auch zeitlich günstig aus.

4.52 Spannungs- und Verformungsverhältnisse unter der Sondenspitze

Selbstverständlich wird es nur dann möglich sein, zu den gesuchten Beziehungen zu gelangen, wenn der Boden beim Eindringen der Sondenspitze auf seine Zusammendrückbarkeit hin beansprucht wird. Es ist aber leicht einzusehen, daß dies der Fall ist, da von der Sondenspitze Boden in den an sie angrenzenden Bereich verdrängt wird (Abb. 66). Dieser wird dabei auf Zusammendrückung beansprucht. Der Eindringwiderstand der Sonde wird um so höher ausfallen, je weniger zusammendrückbar der Boden ist. Man darf daher annehmen, daß zwischen dem Eindringungswiderstand der Sonde und der Zusammendrückbarkeit eine Beziehung besteht.

BUISMAN [17] versucht, diese Beziehung dadurch theoretisch zu erfassen, daß er den Spitzenwiderstand der Sonde als Einzellast ansieht und mit Hilfe der Gleichungen von BOUSSINESQ für die Radialspannungen im elastisch-isotropen Halbraum die räumliche Zusammendrückung ausrechnet. Die Größe der gesuchten Steifezahl E_s leitet sich aus der Bedingung ab, daß die Sonde erst dann tiefer in den Boden eindringen kann, wenn der Spitzendruck ausreicht, den angrenzenden Bodenbereich um das von der Sonde verdrängte Bodenvolumen zusammenzudrücken. Dieser Ansatz führt zu der bereits zitierten Gl. (6)

$$E_s = \frac{3}{2} w$$

Es ist bemerkenswert, daß die Steifezahl in dieser Gleichung allein vom Spitzendruck abhängt, während die Bodenart ohne Einfluß ist.

Ausgehend von Versuchsergebnissen von KREY [55] kommt OHDE [72] zu anderen Ergebnissen. Obwohl seine Ableitungen ein etwas anderes Ziel, nämlich die Berechnung des Eindringungswiderstandes von Fundamenten verfolgen, kann seine Endgleichung für den Druck eines runden Stempels

$$E_s = p'\left[\lambda - 1 + \frac{m-2}{m}\cdot(\lambda+2)(\lambda-1)\right]\left(\frac{\sigma_1}{\lambda\cdot p'}\right)^{\lambda/(\lambda-1)} - \frac{m-2}{m}\cdot(\lambda+2)(\lambda-1)\cdot\frac{\sigma_1}{\lambda} \qquad \ldots.(33)$$

doch so geschrieben werden, daß sie mit Gl. (6) vergleichbar wird, wenn man nach dem Vorschlag von OHDE den Spitzendruck

$$w = \frac{3}{2}\cdot\sigma_1 + \frac{1}{3}\cdot\lambda\cdot p \qquad \ldots.(34)$$

setzt. Rechnet man mit den im Zahlenbeispiel aus [72] für Feinsand (ϱ =31°) angegebenen Werten mit $\lambda = tg^2(45 - \varrho/2) = 3{,}12$, m = 3, p = 1,8 kg/cm² und nimmt für diese Bodenart einen Spitzendruck von w = 100 kg/cm² an, so erhält man, wenn Gl. (34) nach σ_1 aufgelöst und in Gl.(33) eingesetzt wird, eine Steifezahl von E_s = 1230 kg/cm². Aus Gl.(6) würde sich für den gleichen Spitzendruck eine Steifezahl von nur E_s = 150 kg/cm² ergeben.

Dies ist ein ganz erheblicher Unterschied. Die Ergebnisse der OHDEschen Gleichung dürften wesentlich zu hoch sein, da z.B. für einen Spitzendruck von 500 kg/cm² (ϱ = 40°, m = 3 und p = 1,8 kg/cm²), der für einen dichten Sand nicht ungewöhnlich ist, die aus ihr errechnete Steifezahl rund 5600 kg/cm² beträgt. Selbst ein dichter Sandboden wird eine derart hohe Steifezahl auch nicht annähernd besitzen.

Bei der mathematischen Behandlung des Problems kann man also trotz begründeten Ansatzes zu ganz verschiedenen Ergebnissen kommen, da immer Vereinfachungen damit verbunden sind. Dies spricht wiederum dafür, die Sonden an den gemessenen Bodeneigenschaften zu eichen. Für die Ermittlung der Zusammendrückbarkeit bedeutet das, die Sondierungen mit den Ergebnissen von Kompressionsversuchen zu vergleichen.

4.53 Die Ermittlung der Zusammendrückbarkeit aus dem Kompressionsversuch

Die Grundlage der Setzungsermittlung ist das Ergebnis des Kompressionsversuches bei behinderter Seitendehnung. In der Natur ist ein Bodenelement dV unter den Spannungen σ_V und σ_H in seiner seitlichen Ausdehnung nicht vollständig behindert (Abb. 65), so daß auch die Stützkräfte nicht wie beim Kompressionsversuch

$$\sigma_H = \sigma_V \cdot \lambda_0$$

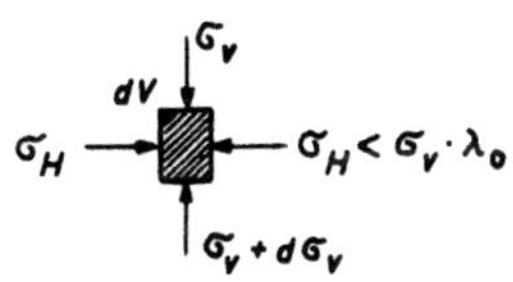

Abbildung 65
Die auf ein Bodenelement wirkenden senkrechten und waagerechten Hauptspannungen

(λ_0 = Ruhedruckziffer), sondern geringer ausfallen. Daher ist auch die "natürliche Steifezahl" E_s geringer als die im Kompressionsversuch gewonnene E_s'. Beide sind miteinander verknüpft durch

$$E_s' = E_s \cdot \frac{m^2}{m^2 - 1} \quad \text{....(35)}$$

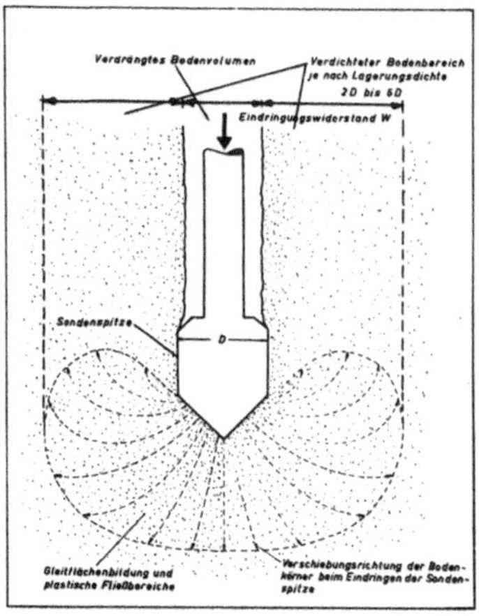

A b b i l d u n g 66

Schematische Darstellung der Spannungs- und Verformungsverhältnisse unter der Sondenspitze

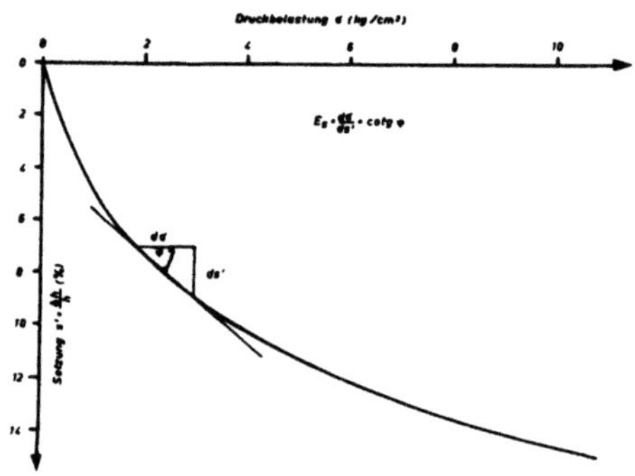

A b b i l d u n g 67

Ergebnis eines Kompressionsversuches bei behinderter Seitendehnung

Wegen der Unsicherheit in der Annahme von m wird jedoch $\frac{m^2}{m^2-1} \simeq 1$ gesetzt, so daß $E_s' \simeq E_s$ ist.

Das typische Ergebnis eines Kompressionsversuches zeigt Abbildung 67.

Die Tangente in einem beliebigen Punkt an die Drucksetzungslinie

$$tg\varphi = \frac{d\sigma}{ds'} = E_s \quad (kg/cm^2) \qquad \ldots.(36)$$

entspricht dem Elastizitätsmodul fester idealelastischer Körper. Allerdingt gilt dies nur für ein kleines Spannungsintervall, da der Gesamtverlauf der Kurve nicht linear ist. Trägt man die Werte E_s nach OHDE [92, S. 255] in Abhängigkeit von der Belastung in doppelt logarithmischem Maßstab auf, so ergibt sich

$$E_s = v \cdot p^w \qquad (kg/cm^2) \qquad \ldots.(37)$$

w kann mit genügender Genauigkeit gleich 1 gesetzt werden. Mit dieser Vereinfachung, die streng genommen nur für Ton gilt, ergibt sich

$$E_s = v \cdot p \qquad (kg/cm^2) \qquad \ldots.(38)$$

wobei v eine dimensionslose Materialkonstante ist.

Trägt man die Drucksetzungslinie im halblogarithmischen Maßstab auf, so hat dies den Vorteil, daß sie mit genügender Genauigkeit in drei Bereiche eingeteilt werden kann, die durch drei Geraden angenähert werden können (Abb. 68) Die Neigung dieser Geraden errechnet sich aus

$$v = 230{,}3 \cdot \frac{\log \frac{\sigma_2}{\sigma_1}}{s'_2 - s'_1} \qquad \ldots.(39)$$

Für die Auswertung von Sondierungen muß beachtet werden, daß die Steifezahl E_s ebenso wie die Schlagzahl N eine Funktion der Auflast ist. Deshalb ist der Schlagzahl die Steifezahl E_s zuzuordnen, die der wirksamen Vertikalspannung p' entspricht, unter der die Sondierung durchgeführt wurde.

4.54 Weitergehende Gruppierung der sandigen und kiesigen Böden

Die Gruppe der sandigen und kiesigen Böden umfaßt einen weiten Kornverteilungsbereich. Da Kornform und Kornabstufung das Sondierergebnis beeinflussen, ist es angebracht, diesen Bereich noch zu unterteilen. Eine zu feine Unterteilung würde jedoch wenig zweckmäßig sein, da in natürlichen Sandablagerungen geringe Schwankungen in der Kornverteilung fast immer vorkommen. Für die nichtbindigen Böden erscheint es praktisch, die Einteilung in fünf Kornverteilungsbereiche vorzunehmen. Dadurch ist es bei einiger Erfahrung ohne zusätzliche Versuche durch einfaches Abfühlen möglich, zu entscheiden, in welchen Kornverteilungsbereich ein Boden einzustufen ist.

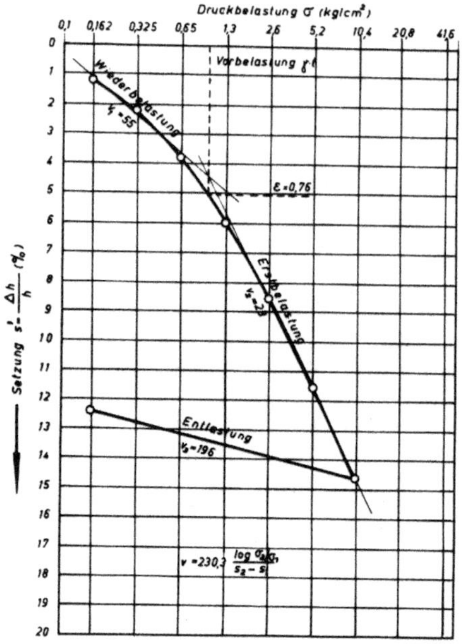

A b b i l d u n g   68

Ergebnis des Kompressionsversuches aus Abbildung 67

Bodenart	Kornverteilungsbereich Abb.
Feinsand	69
Sand	70
kiesiger Sand	71
Sand und Kies	72
schluffiger Sand	73

Natürlich sind in jedem dieser Kornverteilungsbereiche noch Böden zusammengefaßt, die sich beachtlich nach Kornform und Abstufung unterscheiden. Schon allein deshalb sind Streuungen in den Meßwerten zu erwarten. Dennoch sollte die Verfeinerung der Einteilung nicht übertrieben werden. Neben den erwähnten praktischen Gründen wäre das auch bei der verhältnismäßig geringen Anzahl von Kompressionsversuchen, die dieser Bodengruppe vorliegen, eher ein Nachteil als ein Vorteil.

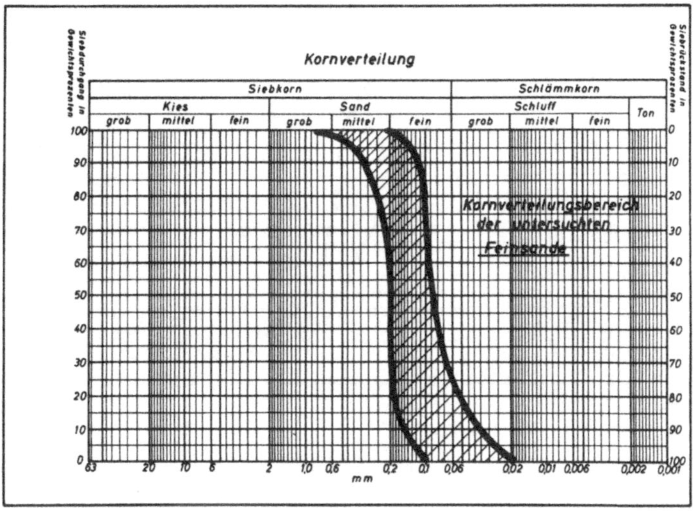

A b b i l d u n g 69
Kornverteilungsbereich der untersuchten Feinsande

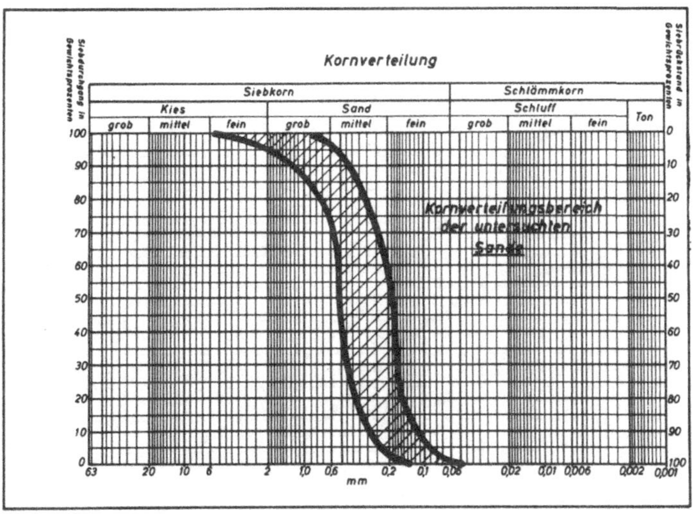

A b b i l d u n g 70
Kornverteilungsbereich der untersuchten Sande

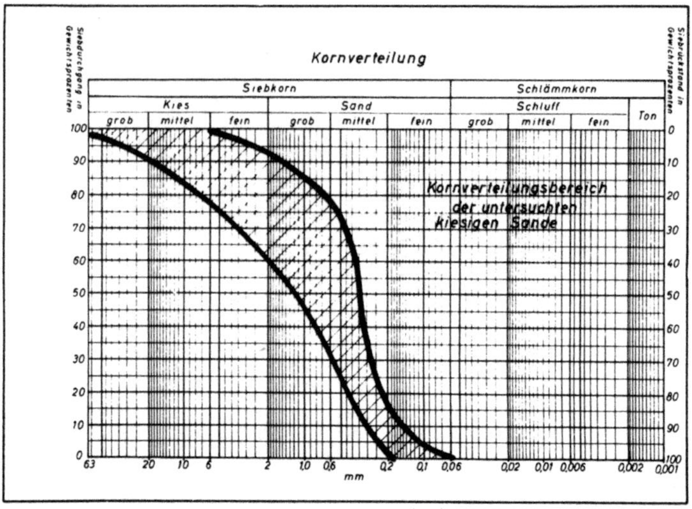

A b b i l d u n g 71
Kornverteilungsbereich der untersuchten kiesigen Sande

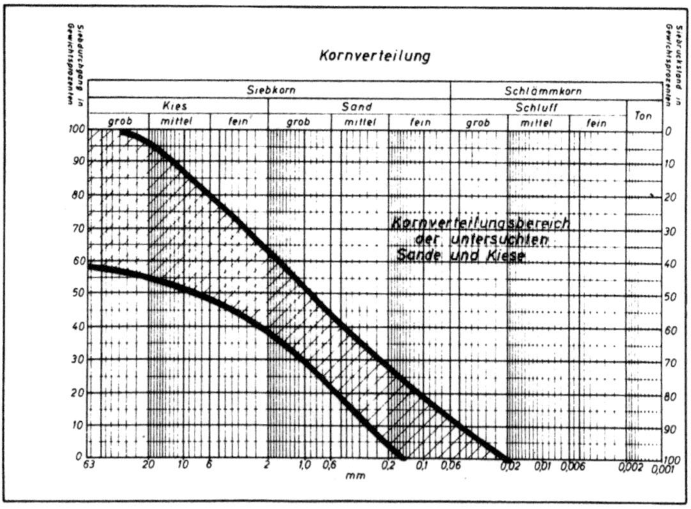

A b b i l d u n g 72
Kornverteilungsbereich der untersuchten Sande und Kiese

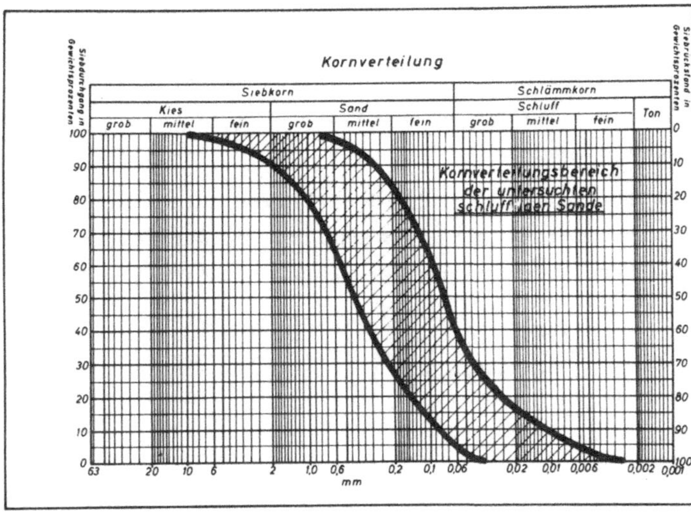

A b b i l d u n g 73

Kornverteilungsbereich der untersuchten schluffigen Sande

4.55 Zusammenhang zwischen der Schlagzahl der Standardsonde und der Zusammendrückbarkeit

Die Beziehungen zwischen der Schlagzahl und der Zusammendrückbarkeit werden am zweckmäßigsten für die Standardsonde aufgestellt, da diese im Bohrloch selbst in unmittelbarer Nähe der entnommenen Probe, und zwar unmittelbar darüber und darunter, eingesetzt worden ist. Außerdem stehen für sie die größte Anzahl von Versuchswerten zur Verfügung, die als relativ zuverlässig angesehen werden können, da die Sonde immer unter den gleichen Bedingungen arbeitet. Die Ergebnisse der Standardsonde werden später mit denen der übrigen Sonden verglichen, so daß die gefundenen Zusammenhänge auch auf diese ausgedehnt werden können.

Für den Feinsandbereich standen für die Auswertung 32 Kompressionsversuche zur Verfügung. Wegen der verhältnismäßig geringen Durchlässigkeit wurden die Böden in diesem Kornverteilungsbereich über und unter Wasser getrennt untersucht.

Für die Zuordnung von Steifezahl und Schlagzahl muß die wirksame Vertikalspannung bekannt sein, unter der die Sondierung stattgefunden hat. Für zwei Standardsondierungen z.B., die im Abstand von 1 m in Feinsand ausgeführt wurden, betrug die mittlere Auflast in 9,65 m Tiefe (Grundwasser bei -5,1 m) $p' = \gamma \cdot h_i$ = 1,435 kg/cm^2 bei einer mittleren Schlagzahl von 23 (Mittel aus 22 und 24 Schlägen/30 cm Eindringung). Die Tangente an die Drucksetzungslinie der zwischen den beiden Sondierungen entnommenen ungestörten Bodenprobe ergibt für diese Spannung eine Steifezahl von E_s = 177 kg/cm^2. Dieser Wert wird in Abhängigkeit von der Schlagzahl in ein Diagramm eingetragen.

Für Feinsand über Wasser sind die Versuchswerte in Abbildung 74 eingetragen. Die Abhängigkeit der Steifezahl E_s von der Schlagzahl N der Standardsonde kann offenbar mit genügender Annäherung durch eine Geradengleichung der Form

$$E_s = C_1 + C_2 \cdot N \qquad (kg/cm^2) \qquad \ldots.(40)$$

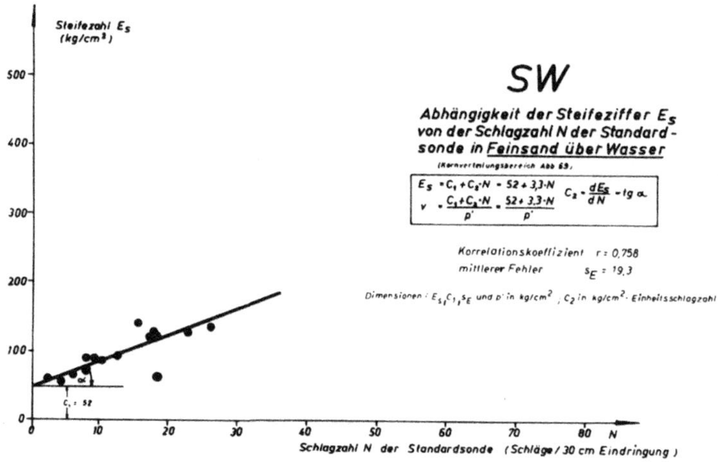

A b b i l d u n g   74

Abhängigkeit der Steifezahl E_s von der Schlagzahl der Standardsonde für Feinsand über Wasser (Kornverteilungsbereich in Abb. 69)

wiedergegeben werden. Die Konstanten C_1 und C_2 werden so bestimmt, daß die Abweichung von der Gesamtheit aller Meßwerte ein Minimum wird.

4.56 Die Berechnung mathematischer Beziehungen durch statistische Auswertungsverfahren

Die paarweise Korrelation

Die Konstanten aus Gl. (40) werden am besten mit Hilfe der Korrelationsrechnung ermittelt (CZUBER [13], MÜLLER [67], RIETZ-BAUR [81], SCHULTZE [86, 87]). Sie werden ebenso wie bei der Methode der kleinsten Quadrate durch dieses Verfahren so bestimmt, daß die Abweichung Σv_i^2 der Meßwerte von der Ausgleichsgeraden ein Minimum wird

$$\Sigma v_i^2 = \Sigma (C_1 + C_2 \cdot N_i - E_{si})^2 \qquad ....(41)$$

indem

$$\frac{\partial(\Sigma v_i^2)}{\partial C_1} \quad \text{und} \quad \frac{\partial(\Sigma v_i^2)}{\partial C_2} \qquad ....(42)$$

zu Null gesetzt wird. Der Vorteil der Korrelationsrechnung liegt in der Größe des Korrelationskoeffizienten r, an dem die Strammheit des Zusammenhangs zweier Wertereihen X_i und Y_i leicht überprüft werden kann. Je näher dieser Wert bei 1 liegt, um so weniger streuen die Wertepaare. Für $r = 0$ besteht kein Zusammenhang. Da Meßergebnisse im allgemeinen eine gewisse Streuung aufweisen, ist r meistens ein echter Bruch. Der Korrelationskoeffizient muß jedoch größer als ein Mindestwert sein, damit für eine gegebene Anzahl von n Wertepaaren die Wahrscheinlichkeit, daß es sich um Zufallsschwankungen unkorrelierter Reihen handelt, kleiner als z.B. 5 % wird. Diese Mindestwerte können für bestimmtes n aus Tafeln abgelesen werden [67]. Sie sind abhängig von der Anzahl der Versuchsergebnisse. Für $n = 50$ ist $r_{min} = 0{,}26$ und für $n = 270$ ist $r_{min} = 0{,}12$. Auf diese Weise kann für eine Anzahl von Wertepaaren leicht geprüft werden, ob ein Zusammenhang zwischen ihnen besteht oder nicht. Für die Berechnung der Korrelationskoeffizienten werden für die Wertepaare X und Y zunächst deren Mittelwerte berechnet

$$\overline{X} = \frac{\Sigma X}{n} \qquad \overline{Y} = \frac{\Sigma Y}{n} \qquad ....(43)$$

Die Bezugskoordinaten gemessen von einem beliebigen Koordinatenursprung sind

$$x_i = X_i - \overline{X}$$
$$y_i = Y - \overline{Y} \qquad ....(44)$$

Die Abweichungen von den Mittelwerten und die Streuungen der Meßwerte betragen

$$\sigma_x = \sqrt{\frac{1}{n}\Sigma x_i^2} \qquad \sigma_y = \sqrt{\frac{1}{n}\Sigma y_i^2} \quad . \qquad ....(45)$$

Die numerische Berechnung des Korrelationskoeffizienten bei geringer Versuchsanzahl erfolgt nach

$$r = \frac{\frac{1}{n}\cdot\Sigma(X_i \cdot Y_i) - \bar{X}\cdot\bar{Y}}{\sigma_x \cdot \sigma_y} \quad . \qquad ....(46)$$

Bei großer Versuchsanzahl, etwa ab 30, ist es zweckmäßig, die Korrelation mit Hilfe einer Korrelationstafel auszuführen (RIETZ-BAUR [81]).

Die Beziehungsgleichungen von X in bezug auf Y und umgekehrt rechnen sich zu

$$(X - \bar{X}) = r_{xy}\,\frac{\sigma_x}{\sigma_y}\,(Y - \bar{Y})$$

$$(Y - \bar{Y}) = r_{xy}\,\frac{\sigma_y}{\sigma_x}\,(X - \bar{X}) \quad . \qquad ....(47)$$

Sie sind nicht umkehrbar. Die mittleren Fehler von X und Y sind

$$s_x = \sigma_x \cdot \sqrt{1 - r_{xy}^2}$$

$$s_y = \sigma_y \cdot \sqrt{1 - r_{xy}^2} \quad . \qquad ....(48)$$

<u>Korrelation zwischen mehr als zwei Variablen</u>

Es kommt häufig vor, daß eine Größe X_1 von mehreren anderen Größen X_2, X_3, X_4, ... X_n abhängt. Beschreibt man den Zusammenhang durch lineare Gleichungen, deren unbekannte Konstanten wiederum so ermittelt werden, daß die Quadratsumme der Abweichungen ein Minimum wird, so erhält man bei n Variablen

$$(X_1 - \bar{X}_1) = b_{12.3...n}(X_2 - \bar{X}_2) + b_{13.24...n}(X_3 - \bar{X}_3) + ... + b_{1n.23...(n-1)}(X_n - \bar{X}_n) \cdot ...(49)$$

$$X_1 = K + b_{12.3...n} \cdot X_2 + b_{13.24...n} \cdot X_3 + b_{1n.23....(n-1)} \cdot X_n \quad . \qquad ....(50)$$

Die Beziehungsgleichungen sind nicht umkehrbar.

Zur Ermittlung der Konstanten $b_{12.34...n}$, $b_{13,24...n}$ usw. werden zunächst die partiellen Korrelationskoeffizienten bestimmt.

(erster Ordnung) $$r_{12.3} = \frac{r_{12} - r_{13} \cdot r_{23}}{\sqrt{(1-r_{13}^2)(1-r_{23}^2)}} \quad ....(51)$$

(zweiter Ordnung) $$r_{12.34} = \frac{r_{12.3} - r_{14.3} \cdot r_{24.3}}{\sqrt{(1-r_{14.3}^2)(1-r_{24.3}^2)}} \quad ....(52)$$

usw.

und daraus

$$b_{12.34...n} = r_{12.34} \cdot \frac{\sigma_{1.34....n}}{\sigma_{2.34....n}} \quad . \quad ....(53)$$

Durch die Berücksichtigung meherer Einflüsse kann die Gesamtkorrelation R oft beträchtlich gesteigert werden. Sie errechnet sich aus

$$1 - R_{1.234...n}^2 = (1-r_{12}^2)(1-r_{13.2}^2)(1-r_{14.23}^2) \cdots \quad ....(54)$$

4.57 Ergebnisse der Korrelationsrechnung für den Zusammenhang zwischen der Schlagzahl und der Steifezahl

Die Konstanten C_1 und C_2 aus Gl. (40) werden nach Gl. (41) bis Gl. (47) für Feinsand über Wasser (Abb. 74) in Tabelle 8 und für Feinsand unter Wasser (Abb. 75) in Tabelle 9 berechnet.

Die Darstellungen der Abhängigkeit der Steifezahl von der Schlagzahl der Standardsonde für die übrigen vier Kornverteilungsbereiche zeigen die Abbildungen 76 bis 79. Die Ergebnisse der Korrelationsrechnung sind mit denen für Feinsand in Tabelle 10 zusammengestellt.

T a b e l l e 8

Berechnung der Konstanten C_1 und C_2 für Feinsand über Wasser

Schlagzahl $N=X$	18	12	8	4	6	15,3	17,3	2	18,3	23	17,7	8	9	10	26
Steifezahl $E_s=Y$	111	94	70	59	66	143	111	64	69	132	132	95	53	88	133
$x=X-\overline{X}$	5	1	5	9	7	2,3	4,3	11	5,3	10	4,7	5	4	3	13
$y=Y-\overline{Y}$	16,3	0,7	24,7	35,7	28,7	48,3	16,3	30,7	25,7	37,3	37,3	0,3	41,7	6,7	38,3
x^2	25	1	25	81	49	5,3	18,5	121	28,1	100	22,1	25	16	9	169
y^2	265,7	-	610	1274,5	823,7	2332,9	265,7	942,5	660,5	1391,3	1391,3	-	1738,9	44,9	1466,9
$X\cdot Y$	1998	1128	560	236	396	2188	1920,3	128	1262,7	3036	2336,4	760	477	880	3458

$$\overline{X} = \frac{\Sigma X_i}{n} = 13$$

$$\overline{Y} = \frac{\Sigma Y_i}{n} = 94,7$$

$$\overline{X}\cdot\overline{Y} = 1231,1$$

$$\Sigma x_i^2 = 695$$

$$\Sigma y_i^2 = 13208,8$$

$$\Sigma X_i Y_i = 20764,4$$

$$\sigma_x = \sqrt{\frac{\Sigma x_i^2}{n}} = 6,807$$

$$\sigma_y = \sqrt{\frac{\Sigma y_i^2}{n}} = 29,675$$

Korrelationskoeffizient:

$$r = \frac{\frac{1}{15}\,20764,4 - 1231,1}{6,807 \cdot 29,675} = 0,758$$

Geradengleichung:

$$E_s = 94,7 + 0,758\,\frac{29,675}{6,807}\,(N - 13) = 51,8 + 3,30N$$

$$C_1 = 51,8 \qquad C_2 = 3,30$$

mittlerer Fehler: $s_E = 29,675\,\sqrt{1 - 0,758^2} = 19,35$

T a b e l l e   9

Berechnung der Konstanten C_1 und C_2 für Feinsand unter Wasser

Schlagzahl $N=X$	41,5	64	32,6	67,5	69	56	44	20,5	41	40	30	21,5	40	24	46	18	31,3
Steifezahl $E_s=Y$	273	471	231	393	360	323	229	215	276	280	224	188	218	177	356	142	196
X^2	1722,3	4096	1062,8	4556,3	476,1	3136	1936	420,3	1681	1600	900	462,3	1600	576	2116	324	979,7
Y^2	74529	221841	53361	154449	129600	104329	52441	46225	76176	78400	50176	35344	47524	31329	126736	20164	38416
$x=X-\bar{X}$	1,1	23,6	7,8	27,1	28,6	15,6	3,6	19,9	0,6	0,4	10,4	18,9	0,4	16,4	5,6	22,4	9,1
$y=Y-\bar{Y}$	5,2	203,2	36,8	125,2	92,2	55,2	38,8	52,8	8,2	12,2	43,8	79,8	49,8	90,8	88,2	125,8	71,8
x^2	1,2	557	60,8	734,4	818	243,4	13	396	-	-	108,2	357,2	-	269	31,4	501,8	82,8
y^2	27	41290	1354	15675	8501	3047	1505,4	2787,8	67,2	148,8	1918,4	636,8	2480	8244,6	7779,2	15825,6	5155,2
$X \cdot Y$	11330	30144	7531	26527,5	24840	18088	10076	4407,5	11316	11200	6720	4042	8720	4248	16376	2556	6134,8

$$\bar{X} = \frac{\Sigma X_i}{n} = 40{,}4$$

$$\bar{Y} = \frac{\Sigma Y_i}{n} = 267{,}8$$

$$\bar{X} \cdot \bar{Y} = 10819{,}1$$

$$\Sigma x_i^2 = 4174{,}2$$

$$\Sigma y_i^2 = 122174{,}2$$

$$\Sigma X_i \cdot Y_i = 204256{,}8$$

$$\sigma_x = \sqrt{\frac{\Sigma x_i^2}{n}} = 15{,}67$$

$$\sigma_y = \sqrt{\frac{\Sigma y_i^2}{n}} = 84{,}77$$

Korrelationskoeffizient:

$$r = \frac{\frac{1}{17} \cdot 204256{,}8 - 10819{,}1}{15{,}67 \cdot 84{,}77} = 0{,}900$$

Geradengleichung:

$$E_s = 267{,}8 + 0{,}900 \cdot \frac{84{,}77}{15{,}67} (N - 40{,}4) = 71{,}1 + 4{,}87 N$$

$C_1 = 71{,}1$ $\qquad$ $C_2 = 4{,}87$

mittlerer Fehler: $s_E = 84{,}77 \cdot \sqrt{1 - 0{,}900^2} = 36{,}9$

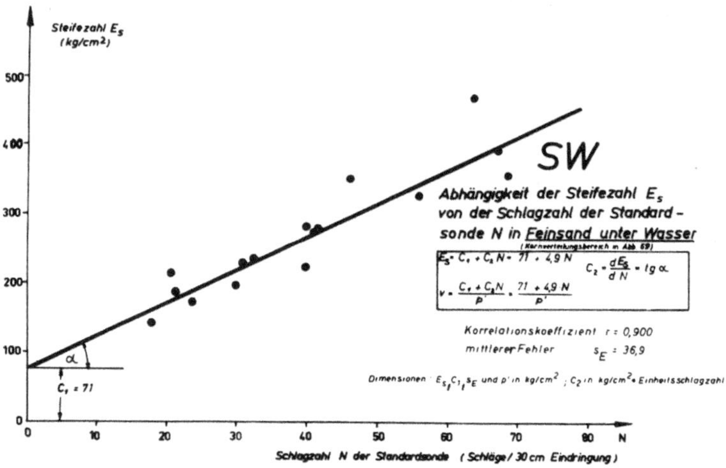

A b b i l d u n g 75
Abhängigkeit der Steifezahl E_s von der Schlagzahl der Standardsonde N in Feinsand unter Wasser (Kornverteilungsbereich in Abb. 69)

Die Konstante C_1 hat für alle Kornverteilungsbereiche nahezu den gleichen Wert. Sie kann dadurch erklärt werden, daß der Boden selbst für Schlagzahlen von $N = 0$ nicht unendlich zusammendrückbar ist, da die Sonde für sehr geringe Lagerungsdichten, etwa ab $D_v = 20\ \%$, bereits unter ihrem Eigengewicht in den Boden eindringt. Die Zunahme der Steifezahl mit der Schlagzahl $C_2 = dE_s/dN = tg\alpha$ ist stark von der Kornverteilung des Bodens abhängig. Für Sand und Kies hätte man den größten Wert für C_2 erwartet. Vermutlich ist die Konstante für diesen Kornverteilungsbereich etwas zu gering ausgefallen, da die Laborgeräte, die zur Ermittlung der Zusammendrückbarkeit verwendet wurden, nur auf Körnungen < 20 mm beschränkt waren. Außerdem darf nicht übersehen werden, daß kiesige Böden sich bei der Probenentnahme meist etwas auflockern. Daß die Probenstörung für diese Böden ein beachtliches Ausmaß annehmen kann, drückt sich auch durch den im Vergleich zu den übrigen Kornverteilungsbereichen großen mittleren Fehler der Einzelmessung von $s_E = \pm 93{,}2$ kg/cm^2 aus.

Die Werte für Feinsand unter Wasser unterscheiden sich eindeutig von denen über Wasser. Die Überlegung, daß die Schlagzahlen der Rammsonden

Tabelle 10

Bodenart	Feinsand über Wasser	Feinsand unter Wasser	Sand	kiesiger Sand	Sand und Kies	schluffiger Sand
Abb.	69	69	70	71	72	73
Anzahl der Versuchswerte	15	17	14	19	27	18
C_1 (kg/cm²)	52	71	39	43	38	24
C_2 (kg / cm² Einheitsschlagzahl)	3,3	4,9	4,5	11,8	10,5	5,3
Korrelationskoeffizient r	0,758	0,900	0,954	0,886	0,783	0,764
mittlerer Fehler s_E (kg/cm²)	19,3	36,9	36,4	42,3	93,2	21,1

unter Wasser günstiger zu beurteilen sind, dürfte für alle sandigen und kiesigen Böden gelten. Leider konnte das für die übrigen Kornverteilungsbereiche nicht nachgewiesen werden, da die Entnahme von Proben unter Wasser aus den grobkörnigeren Sanden und Kiesen nur in vereinzelten Fällen gelungen ist. Da die Schlagzahlen der Sonden in diesen Böden ohnehin starken Schwankungen unterworfen sind, ist es schwierig festzustellen, ob die Veränderung des Eindringwiderstandes nach Erreichen des Grundwasserspiegels in der Wassersättigung des Bodens und den damit verbundenen veränderten Sondierverhältnissen oder in der natürlichen Schwankung der Lagerungsdichte und der Kornverteilung des Bodens begründet ist. Selbst innerhalb verhältnismäßig kleiner Versuchsgelände können sich nach Erreichen des Grundwasserspiegels sowohl geringere als auch größere Schlagzahlen ergeben. Allgemeine Gesetzmäßigkeiten lassen sich daher nicht ohne weiteres ableiten. Um wenigstens einen Überblick darüber zu erhalten, ob die Schlagzahl unterhalb des Grundwasserspiegels

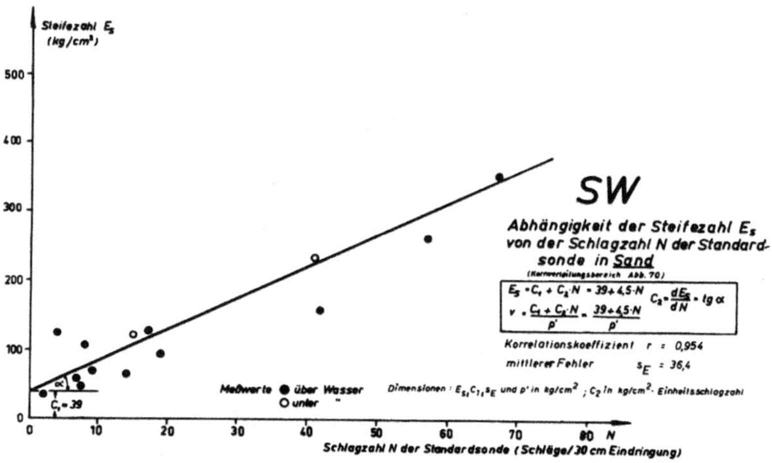

A b b i l d u n g 76

Abhängigkeit der Steifezahl E_s von der Schlagzahl N der Standardsonde in Sand (Kornverteilungsbereich Abb. 70)

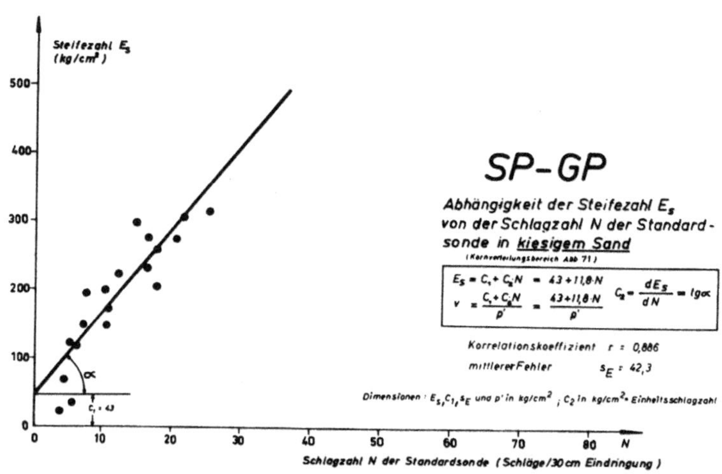

A b b i l d u n g 77

Abhängigkeit der Steifezahl E_s von der Schlagzahl N der Standardsonde in kiesigem Sand (Kornverteilungsbereich Abb. 71)

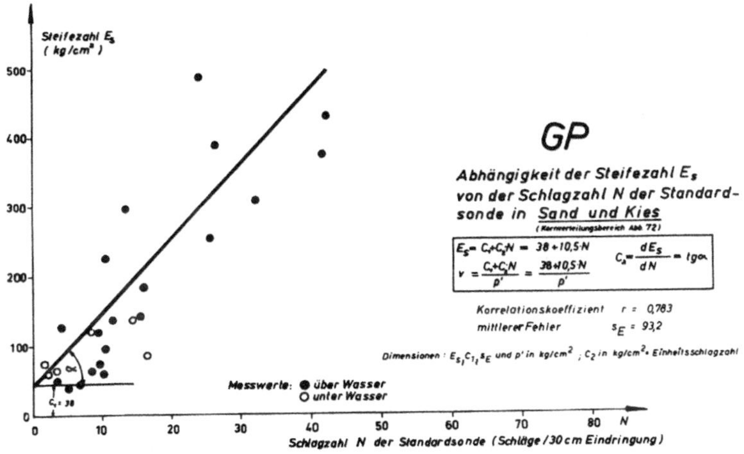

A b b i l d u n g 78
Abhängigkeit der Steifezahl E_s von der Schlagzahl N
der Standardsonde in Sand und Kies
(Kornverteilungsbereich Abb. 72)

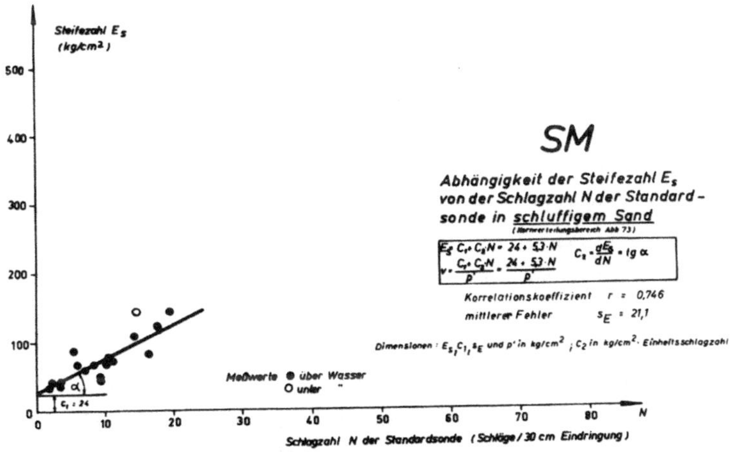

A b b i l d u n g 79
Abhängigkeit der Steifezahl E_s von der Schlagzahl N
der Standardsonde in schluffigem Sand
(Kornverteilungsbereich Abb. 73)

abfällt, gleich bleibt oder sogar ansteigt, wurden für 231 Sondierungen mit der Standardsonde und der schweren Rammsonde, bei denen die Lage des Grundwasserspiegels eindeutig bekannt war, die Schlagzahlen im Bereich von 1 m über und 1 m unter Grundwasser gemittelt. Das Verhältnis beider Schlagzahlen wurde als Häufigkeitskurve aufgetragen (Abb. 80).

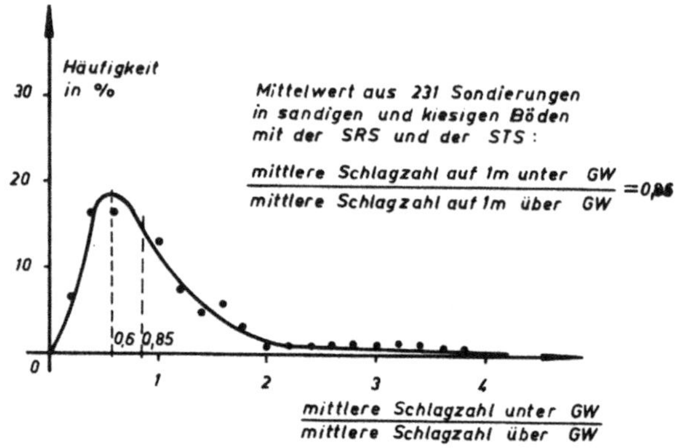

A b b i l d u n g 80

Häufigkeitsverteilung für die Änderung der Schlagzahl von schwerer Rammsonde und Standardsonde bei Erreichen des Grundwasserspiegels in sandigen und kiesigen Böden

An dem unter 1 liegenden Maximum der Kurve erkennt man, daß der Einfluß des Grundwassers einen Abfall im Eindringwiderstand der Sonden zur Folge hat. Der Mittelwert aus allen Sondierungen liegt bei rund 0,85, der Häufigkeitswert bei rund 0,6. Dies bedeutet, daß die Schlagzahl bei sonst gleichen Verhältnissen unter Wasser im Mittel etwa 15 % geringer ausfällt als über Wasser. Es scheint von untergeordneter Bedeutung zu sein, in welcher Bodenart und mit welcher Rammsonde sondiert wird, da sich bei weitergehender Unterteilung etwa die gleichen Verteilungen ergeben. Aus dieser Untersuchung darf der Schluß gezogen werden, daß die Schlagzahlen der Rammsonden in allen nichtbindigen Böden unter Wasser grundsätzlich etwas günstiger zu beurteilen sind als über Wasser. Dies steht im Gegensatz zu der Ansicht von TERZAGHI und PECK, wird aber durch die Versuchsergebnisse des Bureau of Reclamation bestätigt.

Der mittlere Fehler der Einzelmessung s_E ist ein Maß für die Streuung und die Genauigkeit der Ausgleichung der Meßwerte durch die errechnete

Geradengleichung. Ein Überblick über die Streuung von E_s wird erhalten, wenn in Gl. (40) der mittlere Fehler angegeben wird.

$$E_s = C_1 + C_2 \cdot N \pm s_E \qquad \text{....(55)}$$

Theoretisch sind auch die mit dieser Gleichung errechneten Setzungen mit dem gleichen Fehler behaftet. Bei den gemessenen Abweichungen muß jedoch beachtet werden, daß hierin nicht nur die Streuung in der Sondenanzeige infolge der auch innerhalb eines Kornverteilungsbereiches nicht ganz einheitlichen Böden, sondern auch sämtliche Störungen, die bei der Probenentnahme, beim Transport und beim Einbau in die Untersuchungsgeräte auftreten, enthalten sind. Daher dürften die errechneten Geradengleichungen auch ohne Berücksichtigung des mittleren Fehlers das Elastizitätsverhalten der betrachteten Böden mit für praktische Zwecke ausreichender Genauigkeit wiedergeben und somit eine Grundlage für die Setzungsberechnung von Bauwerken darstellen. Dies wird weiter hinten durch den Vergleich von errechneten und gemessenen Setzungen noch nachgewiesen werden.

4.6 Vergleich der Sondierergebnisse verschiedener Sondentypen in Sand und Kies

Der Vergleich der Ergebnisse verschiedener Sondentypen wird vor allem dadurch erschwert, daß die Sonden zwar unmittelbar nebeneinander eingesetzt werden können, dabei aber nie den Boden an derselben Stelle abtasten. Da die natürlichen Ablagerungen von Sand und Kies sich häufig nicht nur dem Verdichtungsverhältnis nach von Dezimeter zu Dezimeter ändern, sondern sich auch in der Kornverteilung erheblich unterscheiden können (Abb. 81), treten unvermeidliche Schwankungen im Schlagzahlverhältnis auf. Auch Sondierungen, die mit der gleichen Sonde in geringem Abstand voneinander ausgeführt werden, zeigen diese Unterschiede deutlich. Dies lassen z.B. die MAIHAK-Drucksondierungen auf den Anlagen 28 und 47[4)] und die leichten Rammsondierungen auf den Anlagen 39 und 40 erkennen. Bei dem Vergleich der Ergebnisse verschiedener Sondentypen treten daher ebenfalls Abweichungen vom "wahren Schlagzahlverhältnis" auf, und zutreffende Aussagen können nur gemacht

---

4. Versuche von Dr. MANGER für den Deutschen Braunkohle Industrieverein [60]

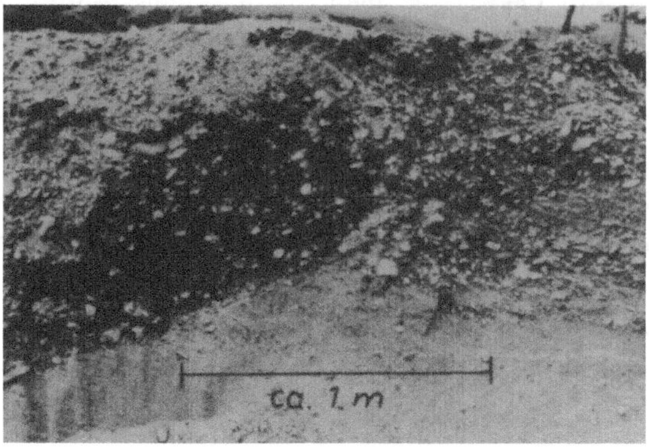

A b b i l d u n g 81
Streuungen in der Kornzusammensetzung einer natürlichen Ablagerung von Sand und Kies

werden, wenn eine größere Anzahl von Meßwerten vorliegt, aus denen das Mittel gebildet werden kann.

4.61 Einfluß der Mantelreibung

Die Frage, welchem Sondentyp der Vorzug zu geben ist, läßt sich nicht eindeutig beantworten, da die Bodenart in der sondiert wird, der Zweck der Untersuchungen und wirtschaftliche Erwägungen eine Rolle spielen. Schließlich wird mit jeder Sonde, auch mit den einfachen unverrohrten Rammsonden, ein Sondierdiagramm erhalten. Es fragt sich jedoch, in welchem Maße deren Ergebnisse durch die Mantelreibung fehlerhaft beeinflußt werden. Die weitergehende Auswertung der Sondierergebnisse unverrohrter Sonden bleibt daher auf die Fälle beschränkt, in denen praktisch keine Mantelreibung auftritt. Die Trennung von Spitzenwiderstand und Mantelreibung ist für derartige Geräte nicht möglich, wenn nicht Vergleichssondierungen mit einer Sonde durchgeführt werden, deren Ergebnis von der Mantelreibung unbeeinflußt bleibt.

Für sandige und kiesige Böden wurde in allen Fällen gefunden, daß die Mantelreibung vernachlässigbar klein ist, wenn mit einer verdickten Spitze gearbeitet wird. Dies zeigen z.B. die MAIHAK-Sondierungen auf Anlage 28, bei denen der Gesamtwiderstand praktisch gleich dem Spitzenwiderstand ist; die Sondierung mit der STUMPschen Rammsonde auf Anlage 31, bei der die Verrohrung nur geringen Eindringwiderstand aufweist;

die schwere Rammsondierung und die Drucksondierung in Abbildung 117, deren Schlagzahlverhältnis im Sand und Kies nahezu konstant bleibt und die schweren Rammsondierungen auf Anlage 26, wo die ausgezogene Sondierung an Geländeoberkante angesetzt wurde, während die strichpunktierte Sondierung nach Aushub der Baugrube von Baugrubensohle aus durchgeführt wurde. Die Sondierungen zeigen etwa den gleichen Verlauf, woraus ersichtlich wird, daß im Sand und Kies der oberen sechs Meter praktisch keine Mantelreibung auftritt. Eine geringfügige Verbreiterung der Spitze gegenüber dem Gestänge oder der Verrohrung setzt die Mantelreibung in sandigen und kiesigen Böden ganz beachtlich herab. Dies wird besonders deutlich bei dem Vergleich der Drucksondierungen auf Anlage 47. Bei der Delfter-Drucksonde sind die Durchmesser für Spitze und Verrohrung gleich. Die MAIHAK-Sonde besitzt gegenüber dem Gestänge einen um 4 mm größeren Spitzendurchmesser. Während der Spitzendruck für beide Sondentypen nahezu identisch ist, beträgt der Gesamtwiderstand bei der MAIHAK-Sonde wegen der geringeren Mantelreibung etwa 1/4 des Gesamtwiderstandes der holländischen Drucksonde. Dieser Unterschied kann die Anwendbarkeit der letzteren in den Fällen in Frage stellen, in denen nicht für die nötige Auflast gesorgt werden kann.

Aus diesen Beispielen, die sich beliebig vermehren lassen, kann geschlossen werden, daß die Sondierergebnisse unverrohrter Sonden in sandigen und kiesigen Böden fast unbeeinflußt bleiben, wenn mit einer verdickten Spitze gearbeitet wird. Geringe Mantelreibung ist in Feinsand unter Wasser zu erwarten, da in diesem Boden das Sondierloch nicht standfest ist und das Gestänge trotz verbreiterter Spitze eingespült werden kann (Anl. 27). Ein Überblick über die Größe dieser Mantelreibung wird aus dem Widerstand beim Drehen des Gestänges erhalten.

Um sicher zu gehen, daß die Ergebnisse der unverrohrten Sonden nicht durch Mantelreibung verfälscht sind, sollte dieser Sondentyp bei wichtigen Bauwerken nie allein eingesetzt werden. Da in diesem Fall jedoch ohnehin eine oder mehrere Bohrungen benötigt werden, empfiehlt es sich, die unverrohrte Rammsonde zusammen mit der Standardsonde zu verwenden. Dies dürfte die sicherste und wirtschaftlichst Art der Baugrunderschließung sein, da die Anzahl der Bohrungen auf diese Weise selbst für ein größeres Gebiet auf wenige Schlüsselbohrungen beschränkt bleibt, und die verhältnismäßig billigen Sondierungen mit der unverrohrten Rammsonde ein genügend dichtes Netz von Untersuchungspunkten schaffen. In grobkörnigen Böden ist die Kombination von Standardsonde und schwerer

Rammsonde die geeignetste, da das Eindringvermögen der leichteren Geräte zu schnell erschöpft ist (Anl. 19 und 31). Für die Drucksonden machen sich in diesem Boden die hohen Spitzendrücke, die große Widerlagerkräfte erfordern, nachteilig bemerkbar (Anl. 17 und 28).

4.62 Einfluß der Spitzenform

Entscheidend für den Eindringwiderstand der Sonde ist der Durchmesser der Spitze, da durch ihn das verdrängte Bodenvolumen festgelegt wird. Der Öffnungswinkel der Sondenspitze hat dagegen keinen großen Einfluß auf das Sondierergebnis. Der Eindringwiderstand nimmt mit kleiner werdendem Öffnungswinkel etwas ab. Dies zeigen Vergleichsversuche zwischen der Drucksonde der Franki-Pfahl-Baugesellschaft, die bei 35 mm Spitzendurchmesser einen Öffnungswinkel der Kegelspitze von 120° besitzt,und der MAIHAK-Drucksonde, die bei einem 1 mm größeren Spitzendurchmesser (Flächenunterschied 5 %) einen Öffnungswinkel von 60° hat. Obwohl die Öffnungswinkel stark verschieden sind, unterscheiden sich die Sondierergebnisse nicht wesentlich, wie aus den Anlagen 33 bis 35 zu entnehmen ist. Im ganzen gesehen sind die Spitzenwiderstände der MAIHAK-Sondierungen etwas kleiner als die der Franki-Sondierungen.

Auch die Mantelhöhe der Spitze hat keinen großen Einfluß auf das Sondierergebnis. Dies lassen die Ergebnisse von Untersuchungen erkennen, die für die schwere Rammsonde mit drei verschiedenen Mantelhöhen ausgeführt wurden. Das Verhältnis von Spitzendurchmesser zu Mantelhöhe betrug hierbei 1 : 0,58; 1 : 0,87 und 1 : 1,75 (Anl. 24 und 25). Die Sondierungen, die in geringem Abstand voneinander ausgeführt wurden, zeigen, daß der Einfluß der unterschiedlichen Mantelhöhe auf das Sondierergebnis so gering ist, daß er nicht eindeutig zutage tritt.

Die Empfindlichkeit der Anzeige der Sonden scheint vom Durchmesser der Spitze ziemlich unabhängig zu sein. Die Diagramme der BRUNNER-Sonde mit 62 mm Spitzendurchmesser sind in allen Fällen ebenso differenziert ausgefallen wie die der leichten und mittleren Rammsonden mit 36 mm Spitzendurchmesser (Anl. 17 u. 29). Auch die schwere Rammsonde mit 44 mm Spitzendurchmesser spricht auf stark wechselnde Lagerungsdichten ebenso empfindlich an wie die leichte und mittlere Rammsonde (Anl. 12 u. 13). Obwohl zum Abtasten der Schichtenfolge dem kleineren Spitzendurchmesser der Vorzug zu geben ist (GEUZE [25]), können doch alle Sonden, deren Spitzendurchmesser sich in diesen Grenzen bewegen, als gleichwertig angesehen werden, da es meist nicht erforderlich ist, Schwankungen in der Lagerungsdichte zentimeterweise zu erfassen.

Bei grobkörnigen Kiesböden ist der Spitzendurchmesser insofern von Bedeutung, da je nach Kornabstufung, etwa ab einer mittleren Korngröße, die dem Spitzendurchmesser entspricht, kompliziertere Bruchfiguren unter der Sondenspitze entstehen. Bei vereinzeltem Grobkorn, das mit der Spitze vorgetrieben wird, ergeben sich etwas zu hohe, stark schwankende Schlagzahlen, bei wenig abgestuftem Grobkies von hoher Tragfähigkeit zu niedrige Schlagzahlen.

4.63 Einfluß der Sondiergeschwindigkeit

Die Geschwindigkeit mit der die Sonde in den Boden gerammt oder gedrückt wird, hat auf das Sondierergebnis in sandigen Böden über Wasser keinen Einfluß. Dies läßt sich auch durch Laborversuche nachweisen (TAYLOR und CASAGRANDE & SHANNON [109]). Unter Wasser treten die erwähnten Porenwasserdruckerscheinungen auf, wobei es jedoch für die Rammsonden keine Rolle spielt, ob die Schläge in rascher Folge ausgeführt werden oder nicht, da der Ausgleich der Spannungen im Porenwasser nur sehr kurze Zeit beansprucht.

4.64 Einfluß der Gestängelänge

Für die Rammsonden ändert sich das Verhältnis von Schlagenergie zur geschlagenen Masse durch die Zunahme des Gestängegewichtes mit der Tiefe. Die wirksame Stoßkraft nimmt dabei ab, was eine Überschätzung des Eindringwiderstandes zur Folge hat. Dies darf besonders bei tiefen Sondierungen nicht außer acht gelassen werden und war ein Grund, die Zusammenhänge zwischen Schlagzahl und Bodeneigenschaften für die Standardsonde nach dem Aachener Muster aufzustellen, da diese ohne Gestänge arbeitet und damit stets unter den gleichen dynamischen Bedingungen eingesetzt wird (abgesehen von der Verminderung des Eigengewichtes um rund 10 % unter Wasser).

Theoretisch kann der Einfluß der Gestängelänge durch Rammformeln erfaßt werden. Abbildung 82 zeigt die Zunahme der Schlagzahl für die schwere Rammsonde mit der Tiefe, d.h. mit der Gestängelänge, für einen gleichbleibenden dynamischen Eindringwiderstand von 500 kg. Zur Auswertung wurde die Rammformel von REDTENBACHER benutzt.

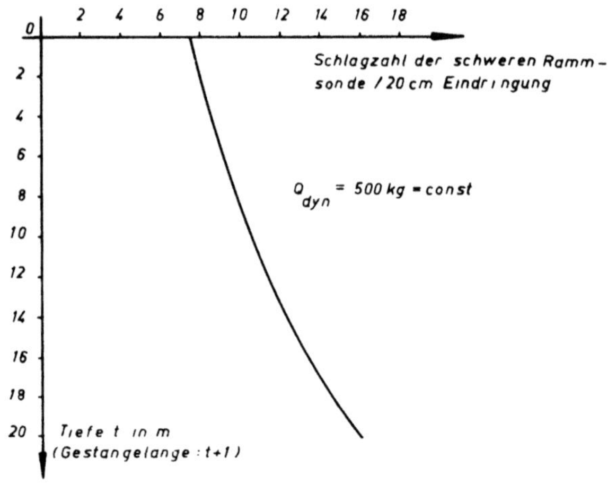

Abbildung 82

Zunahme der Schlagzahl der schweren Rammsonde mit der Sondiertiefe bei konstantem dynamischem Eindringwiderstand (Auswertung mit Hilfe der Rammformel von REDTENBACHER)

4.65 Kritik an den Rammformeln

Das Hauptanwendungsgebiet der Rammformeln liegt in der Bestimmung der Tragfähigkeit von gerammten Pfählen. Unter Zugrundelegung des theoretischen Ansatzes für den geraden zentralen Stoß zweier frei beweglicher Körper wird aus der gemessenen Eindringung e, aus der Rammenergie, aus der Abmessung und dem Material des Pfahles auf den dynamischen Spitzenwiderstand geschlossen. Die bekannten Rammformeln von REDTENBACHER, STERN, WEISSBACH, RANKINE, EYTLWEIN, RITTER, BRIX u.a. lassen sich alle auf den Ansatz der Stoßgleichung zurückführen. Sie unterscheiden sich jedoch in der Annahme der Größe der Stoßzahl, die von REDTENBACHER, EYTLWEIN, RITTER und BRIX zu Null, von RANKINE und WEISSBACH zu 1 und von STERN mit einem dazwischenliegenden Wert angesetzt wird. Auch die elastische Verformung des Pfahles und der Zuwachs an kinetischer Energie auf der Strecke e werden unterschiedlich eingeführt. Die Ergebnisse, die für den dynamischen Eindringwiderstand errechnet werden, unterscheiden sich daher je nach der verwendeten Formel um ein Vielfaches (POGGENSEE [80]). Schon seit langem wird daher gefordert (SCHENCK [84, S. 435]), daß Rammformeln nur dann angewendet werden dürfen, wenn ihre Brauchbarkeit örtlich anhand von Probebelastungen erwiesen ist, d.h. daß die Rammformel mit einem Eichfaktor versehen wird.

Zu den grundsätzlichen Mängeln der Rammformeln gehört, daß sie nur die bleibende Eindringung und die elastische Verformung des Pfahles, nicht aber die elastische Zusammendrückung des Baugrundes berücksichtigt, die ebenfalls einen Teil der vorhandenen Rammenergie aufbraucht. Die Rammformel von RAUSCH [84], der die federnde Eindringung e_f miterfaßt, stellt daher eine Verbesserung dar, da in ihr die elastische Zusammendrückung des Baugrundes enthalten ist. Außerdem zeigt die vorliegende Arbeit, daß auch für die gleiche Eindringung e die Festigkeit des Baugrundes und damit die Tragfähigkeit des Pfahles von der Bodenart erheblich beeinflußt wird. Um zu zuverlässigen Ergebnissen zu kommen, wird es daher nötig sein, die Bodenart in den Rammformeln mit zu berücksichtigen.

4.66 Verhältnis des Eindringungswiderstandes verschiedener Sonden

Eine andere Möglichkeit,den Einfluß der Gestängelänge zu erfassen, besteht im Vergleich der Ergebnisse der Standardsonde, die wie erwähnt stets unter den gleichen dynamischen Verhältnissen arbeitet, und der schweren Rammsonde, da für diese beiden Sonden genügend viele Vergleichswerte zur Verfügung stehen. Trägt man das Schlagzahlverhältnis beider Sonden für die fünf Kornverteilungsbereiche sandiger und kiesiger Böden in Abhängigkeit von der Tiefe auf (Abb. 69 bis 73), so zeigt sich eine starke Streuung der Meßwerte. Dies dürfte in erster Linie darin zu suchen sein, daß die Sondierungen selten in weniger als 1 m, oft aber in mehreren Metern Abstand voneinander ausgeführt wurden. Wegen der erwähnten Schwankungen in der Lagerungsdichte und der Kornverteilung sandiger und kiesiger Böden sind daher Streuungen im Schlagzahlverhältnis nicht überraschend. Da erwartet werden darf, daß größere Abweichungen vom wahren Schlagzahlverhältnis seltener auftreten als kleinere und dieser Wert außerdem ebenso oft unter- wie überschritten wird, können die Beziehungen, die für das Schlagzahlverhältnis beider Sonden aus der großen Anzahl von Versuchsergebnissen abgeleitet werden, als für praktische Zwekke ausreichend genau angesehen werden.

Für die fünf Bodengruppen ergeben sich nach Abbildungen 83 bis 88 etwa die gleichen Streubereiche. Daher liegt es nahe, sämtliche Meßergebnisse zusammenzufassen.

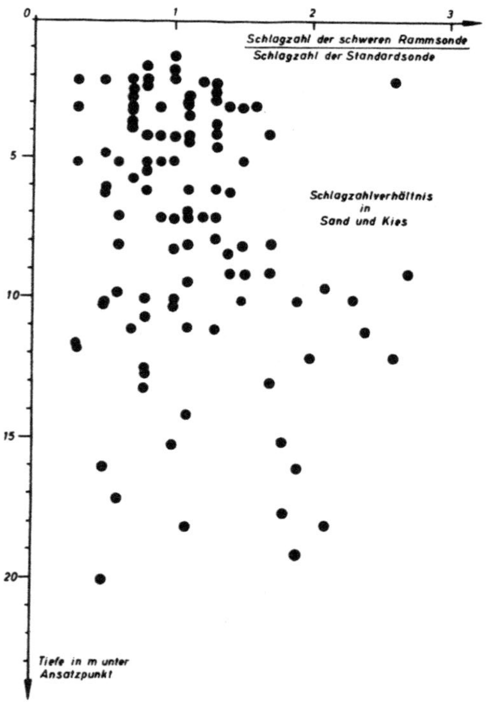

A b b i l d u n g 83

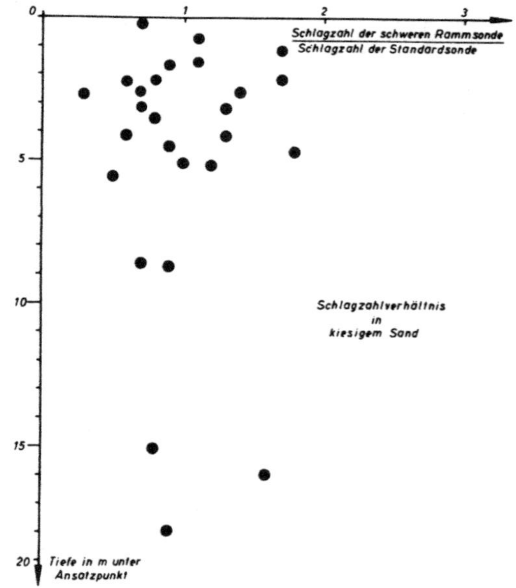

A b b i l d u n g 84

Streuung des Schlagzahlverhältnisses von schwerer Rammsonde und Standardsonde in Abhängigkeit von der Tiefe in Sand und Kies und kiesigem Sand

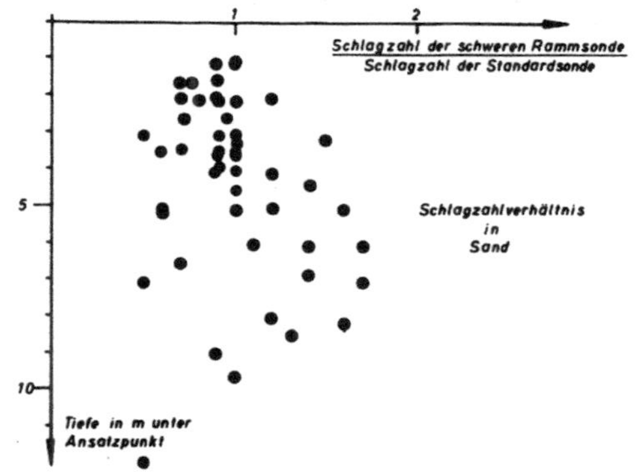

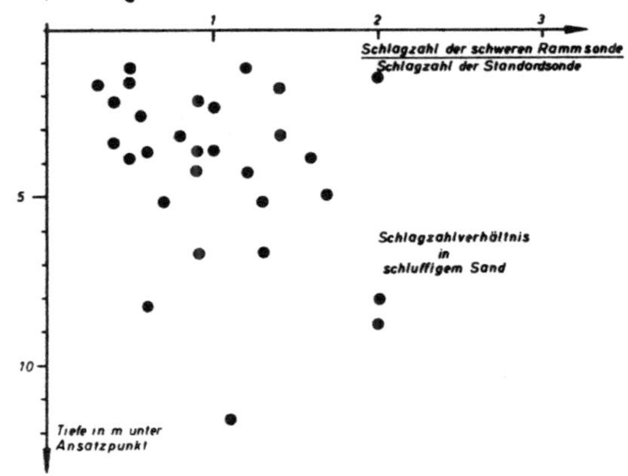

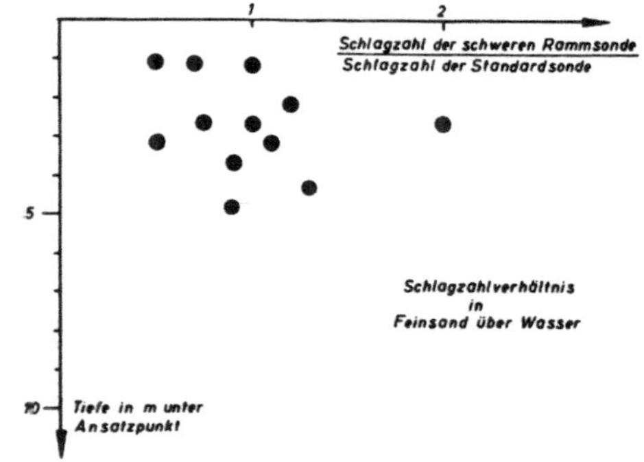

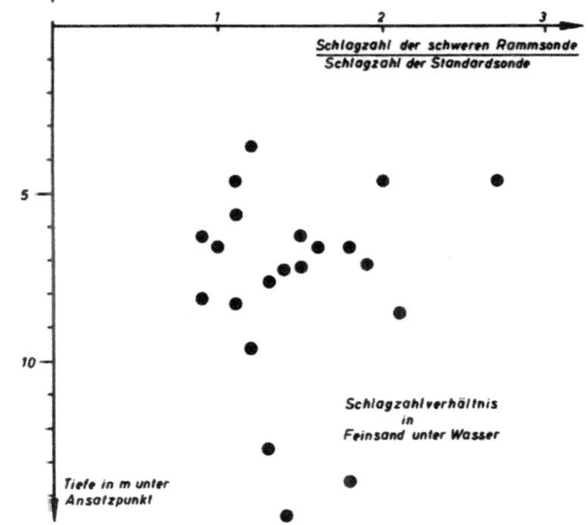

A b b i l d u n g 85 und 86 A b b i l d u n g 87 und 88

Streuung des Schlagzahlverhältnisses von schwerer Rammsonde und Standardsonde in Abhängigkeit von der Tiefe in Sand, schluffigem Sand und Feinsand über und unter Wasser

Wählt man den Ansatz

$$\frac{n}{N} = a + b \cdot t \qquad \text{....(56)}$$

$$\frac{n}{N} = X \qquad t = Y \quad ,$$

so ergibt die Auswertung der rund 250 Versuchswerte mit Hilfe einer Korrelationstafel für den Zusammenhang zwischen der Schlagzahl der schweren Rammsonde und der Standardsonde die folgende Beziehungsgleichung (Abb. 89)

$$n = (0{,}84 + 0{,}042 \cdot t) \cdot N \qquad \text{....(57)}$$

n = Schlagzahl der schweren Rammsonde (Schläge/20 cm Eindringung)

N = Schlagzahl der Standardsonde (Schläge/30 cm Eindringung)

t = Tiefe der Sondierung (m)

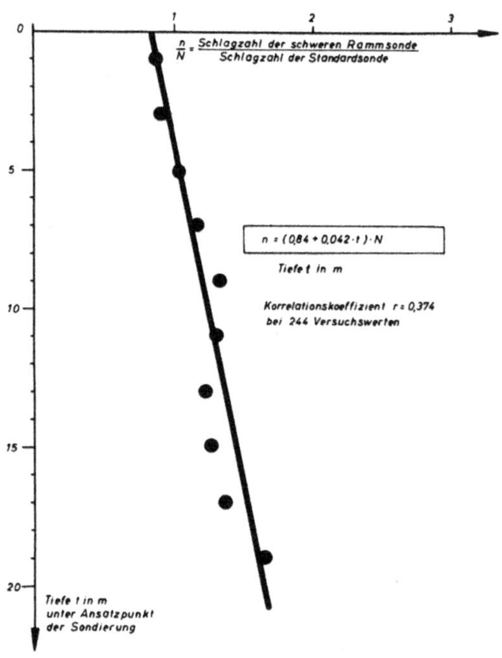

A b b i l d u n g 89

Zusammenhang zwischen der Schlagzahl der Standardsonde und der schweren Rammsonde in sandigen und kiesigen Böden

Der Korrelationskoeffizient beträgt 0,37. Er ist bei rund 250 Versuchswerten für eine verbindliche mathematische Aussage ausreichend.

Eine erhebliche Verbesserung der Korrelation kann durch die Anwendung der Zweifachkorrelation erreicht werden, indem man ansetzt

$$n = a + b_{12.3} \cdot N + b_{13.2} \cdot t \qquad \text{....(58)}$$

$$n = X_1$$

$$N = X_2$$

$$t = X_3$$

Die Auswertung mit Hilfe von Korrelationstafeln ergibt die paarweisen Korrelationskoeffizienten

$$r_{12} = 0{,}762$$
$$r_{13} = 0{,}206$$
$$r_{23} = 0{,}170$$

aus denen man die partiellen Korrelationskoeffizienten

$$r_{12.3} = 0{,}753$$
$$r_{13.2} = 0{,}121$$

erhält. Die Beziehungskoeffizienten sind

$$b_{12.3} = 0{,}753$$
$$b_{13.2} = 0{,}328$$

Schließlich lautet die gesuchte Beziehungsgleichung

$$n = 1{,}80 + 0{,}753 \cdot N + 0{,}328 \cdot t \ . \qquad \text{....(59)}$$

Die Gesamtkorrelation ist mit $R_{1.23} = 0{,}77$ wesentlich besser als mit $r = 0{,}37$ bei einfacher Korrelation. Andererseits ist Gl. (59) in der Auswertung aber auch umständlicher als Gl. (57). Für kleine Schlagzahlen, bis etwa 30, ist der Unterschied zwischen beiden Gleichungen vernachlässigbar klein, so daß für diese die einfachere Gl. (57) der Auswertung zugrunde gelegt werden darf. Für größere Schlagzahlen empfiehlt es sich jedoch Gl. (59) zu benutzen.

Beide Gleichungen gelten für alle sandigen und kiesigen Böden. Der Zusammenhang zwischen der Schlagzahl der Standardsonde und der Zusammendrückbarkeit, der mit Gl. (40) auf Seite 96 gefunden wurde, kann somit auch auf die schwere Rammsonde übertragen werden.

$$E_s = \frac{C_1 + C_2 \cdot n}{0{,}84 + 0{,}042 \cdot t} \qquad \ldots.(60)$$

$$E_s = \frac{C_1 + C_2 \cdot (n - 1{,}80 - 0{,}328 \cdot t)}{0{,}753} \quad . \qquad \ldots.(61)$$

Leider stehen für die übrigen Sonden bei weitem nicht so viele Meßergebnisse zur Verfügung wie für die schwere Rammsonde. Dennoch sollen die durchgeführten Vergleichssondierungen dazu benutzt werden, wenigstens Näherungswerte für das Schlagzahlverhältnis anzugeben (Tab. 11).

Tabelle 11

Sondentyp	Brunner-Rammsonde	Stump'sche Rammsonde	mittlere Rammsonde	leichte Rammsonde
Schlagzahl bezogen auf d. Schlagzahl der Standard-Sonde = 1	1 : 1,5 bis 1 : 4	1 : 2 bis 1 : 4	1 : 2 bis 1 : 4	1 : 3 bis 1 : 5

Ebenso wie das Schlagzahlverhältnis von Standardsonde und schwerer Rammsonde von der Größe der Schlagzahl abhängt, wächst auch der Spitzenwiderstand w der Drucksonde nicht linear mit der Schlagzahl N der Standardsonde an. Die Drucksonde reagiert empfindlicher auf Änderungen in der Lagerungsdichte und der Kornzusammensetzung nichtbindiger Böden. Für dichtgelagerte grobkörnige Böden ist ein Verhältnis von $N : w$ = 1 : 5 und mehr wahrscheinlich (Anl. 17, 28 und 32). Für lockergelagerte Böden fällt dieser Wert auf 1 : 3 und weniger ab (Abb. 117). Da ferner auch in ganz locker gelagerten Böden der Spitzenwiderstand der Drucksonde gemessen werden kann, verliert die Konstante C_1 aus Gl. (40) ihre Berechtigung. Es ergibt sich daher für den Vergleich zwischen dem Eindringwiderstand der Drucksonde w und der Schlagzahl der Standardsonde N näherungsweise der in Abbildung 90 dargestellte Zusammenhang. Leider konnten wegen der erwähnten Schwierigkeiten beim Einsatz der Drucksonde

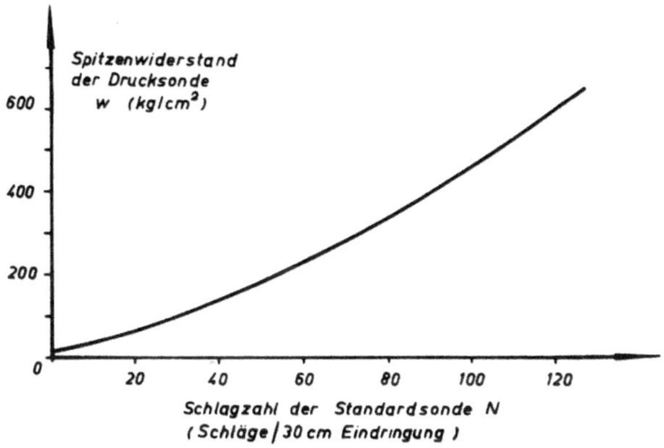

A b b i l d u n g 90

Zusammenhang zwischen der Schlagzahl der Standardsonde und dem Spitzendruck der Drucksonde

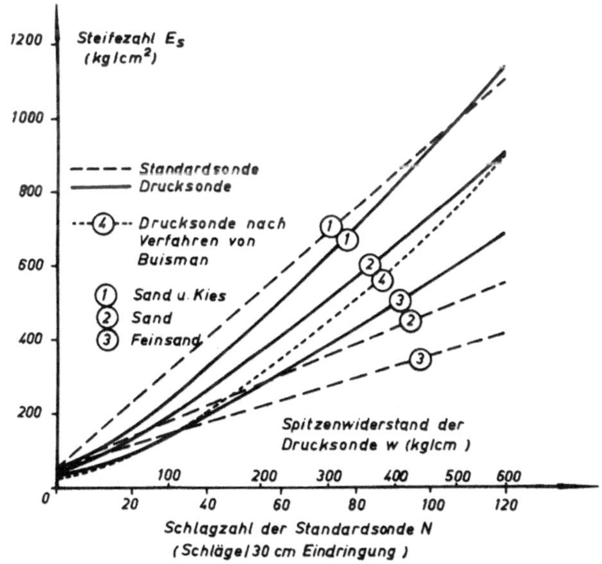

A b b i l d u n g 91

Abhängigkeit der Steifezahl von dem Spitzendruck der Drucksonde und Vergleich mit den Ergebnissen der Standardsonde und dem Auswertungsverfahren von BUISMAN

in Sand und Kies nur wenige Sondierungen durchgeführt werden. Aus diesen erhält man aus dem Vergleich mit den Ergebnissen der Standardsonde (Abb. 91)

$$E_s = C \cdot w^{0,85} \qquad (kg/cm^2)$$

$$v = \frac{C \cdot w^{0,85}}{p'} \qquad \text{....(62)}$$

w = Spitzenwiderstand der Drucksonde (kg/cm^2)

C = Konstante für Feinsand $C = 3$

Sand $C = 4$

Kies $C = 5$

Gl. (62) stellt eine Näherung dar, zu deren Bestätigung weitere Versuche erforderlich sind. Sie ist in ihrem Aufbau der von BUISMAN abgeleiteten Gl. (6), Seite 48 ähnlich, liefert jedoch besonders in locker gelagerten Böden mit geringen Spitzendrücken günstigere Ergebnisse (Abb. 91). In dichtgelagerten Böden sind die Ergebnisse beider Auswertungsverfahren etwa gleich. Setzungsmessungen haben gezeigt, daß mit dem BUISMANschen Auswertungsverfahren Setzungen vorausberechnet werden, die vom fertigen Bauwerk um rund 50 % unterschritten werden.

5. Auswertung von Sondierungen in schluffigen Böden

5.1 Die Eichung der Sonden an der Konsistenz und der Zusammendrückbarkeit schluffiger Böden

Mit Schluff werden Böden bezeichnet, deren Hauptkornanteil zwischen 0,06 und 0,002 mm liegt und die eine Wasserdurchlässigkeit von 10^{-5} bis 10^{-7} m/s besitzen. Sie sind durch Wind- oder Wassersedimentation entstanden. Schluff enthält fast immer einige Gewichtsprozente Rohton (Korngröße < 0,002 mm). Ebenso wie für die sandigen Böden das Verdichtungsverhältnis, spielt für diese Bodenart die Konsistenz K eine Rolle.

$$K = \frac{w_f - w_n}{w_f - w_a} \cdot 100 = \frac{w_f - w_n}{Pl} \cdot 100 \qquad (\%) \qquad \text{....(63)}$$

w_n = natürlicher Wassergehalt

w_f = Wassergehalt bei Fließgrenze

w_a = Wassergehalt bei Ausrollgrenze

PI = Plastizitätszahl

w_f und w_a sind die ATTERBERGschen Plastizitätsgrenzen, die durch einen Laborversuch gewonnen werden [92, S. 206]. Durch die Bestimmung der Plastizitätsgrenzen wird über die Kornverteilung hinaus eine ergänzende Auskunft über die "Aktivität" des Rohtonanteils erhalten, der ganz wesentlich die Eigenschaften dieser Böden beeinflußt. Dieser Rohtonanteil kann aus den weniger aktiven Tonmineralien der Kaolinitgruppe oder aus den aktiveren der Montmorillonitgruppe bestehen.

$$\text{Aktivität} = \frac{w_f - w_a}{\text{Tonanteil} < 0{,}002 \text{ mm in Prozent}} \quad \ldots.(64)$$

Die Kornverteilungskurve läßt nicht erkennen, aus welchen Tonmineralien sich der Rohtonanteil zusammensetzt. Deshalb wurde von CASAGRANDE vorgeschlagen, keinen Unterschied mehr zwischen den schluffigen und tonigen Böden zu machen und diese allein auf Grund der Plastizitätsgrenzen einzuteilen (Abb. 92). Diese Art der Bodenklassifizierung hat sich in den letzten Jahren in den USA weitgehend durchgesetzt [114]. Bei der neuen

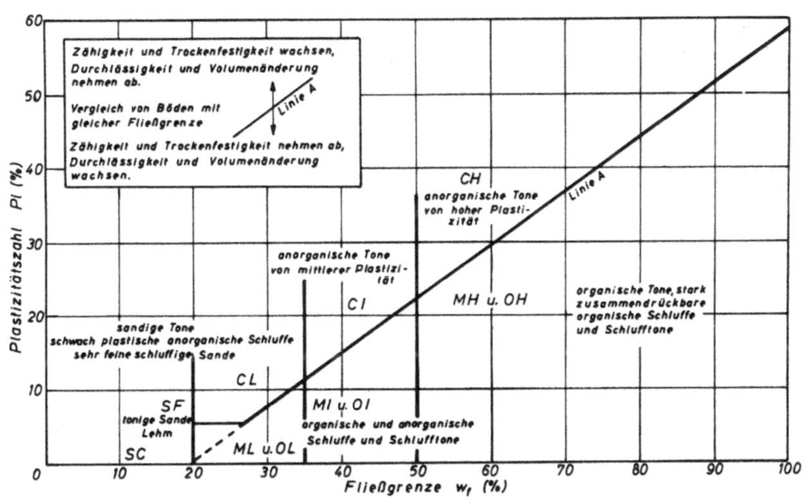

A b b i l d u n g 92

Einteilung der bindigen Böden nach CASAGRANDE

Form der Bodenklassifizierung nach CASAGRANDE fehlt die Gruppe I. Wegen der weitergehenden Unterteilung der mittelplastischen Böden soll hier jedoch die ursprüngliche Form beibehalten werden.

Für die Eichung der Sonden an der Konsistenz schluffiger Böden gilt das gleiche wie für die Eichung der Sonden am Verdichtungsverhältnis sandiger Böden. Sie vermag keine eindeutige Auskunft über die Festigkeitseigenschaften des Bodens zu geben. TAKESHITA [102] hat zwischen der Schlagzahl einer leichten Rammsonde und dem Verhältnis von natürlichem Wassergehalt w_n zum Wassergehalt bei Ausrollgrenze w_a in halblogarithmischer Auftragung einen geradlinigen Zusammenhang gefunden, wobei er jedoch nicht erwähnt, ob sich seine Auswertungen auch auf wassergesättigte Böden erstrecken. Dies wurde jedoch durch die vorliegenden Untersuchungen nicht bestätigt, was wegen des Porenwasserdruckes, der sich beim Sondieren in nahezu wassergesättigten Schluffböden entwickelt, auch nicht verwunderlich ist (Abb. 93). Diese Feststellung hat jedoch nur begrenzte praktische Bedeutung, da die Kenntnis des Verhältnisses w_n / w_a nichts nützt, wenn nicht gleichzeitig entweder w_n oder w_a bekannt

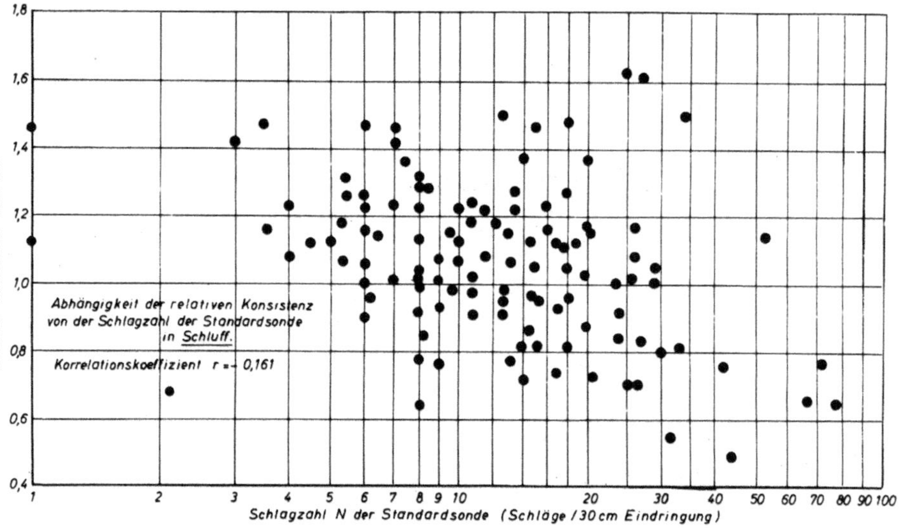

A b b i l d u n g 93

Auftragung der relativen Konsistenz in Abhängigkeit von der Schlagzahl ist, was selten der Fall ist. Die Größe des Korrelationskoeffizienten $r = 0{,}161$ ist bei rund 110 Versuchswerten für eine zuverlässige mathematische Beziehung nicht ausreichend.

Auch für diese Bodengruppe soll wieder untersucht werden, ob Beziehungen zwischen der Zusammendrückbarkeit und dem Sondierergebnis bestehen. Bevor darauf näher eingegangen wird, sollen jedoch die grundsätzlichen Unterschiede betrachtet werden, die zwischen den sandigen und kiesigen Böden und den Schluffböden bestehen. Bei der Gruppe der Sandböden ist der Wassersättigungsgrad S der Poren oberhalb des Grundwasserspiegels so niedrig, daß beim Sondieren ein Porenwasserdruck nicht auftritt. Aber auch für Sand unter Wasser ist der Einfluß des Porenwasserdruckes, mit Ausnahme des Feinsandes, so gering, daß er sich meist nicht nachweisen läßt. Das gilt nicht für die Schluffe. Infolge ihrer feineren Körnung sind sie in der Lage, Sickerwasser in den Poren zu speichern und Grundwasser kapillar anzuziehen. Daher sind Schluffe auch oberhalb des Grundwasserspiegels häufig wassergesättigt oder nahezu wassergesättigt. Vor allem beim Rammsondieren wird wegen der plötzlichen Schlagbeanspruchung des Bodens in der Regel ein Porenwasserdruck p_w geweckt, der nicht vernachlässigt werden darf, da er einen beachtlichen Anteil am Eindringwiderstand der Sonde ausmacht. Bezeichnet man den Gesamteindringwiderstand der Sonde mit w, so ist der auf die Kornstruktur des Bodens tatsächlich wirksame Eindringwiderstand

$$w' = w - p_w \quad . \qquad \ldots.(65)$$

Dies ist eine wichtige Feststellung, denn wie bereits erwähnt, sind für die Prüfung der Festigkeitseigenschaften von Böden nicht die Gesamtspannungen maßgebend, denen der Boden ausgesetzt wird, sondern nur die wirksamen Spannungen (Abb. 94). Da aber beim Sondieren w gemessen wird und nicht w' kann auch bei den geringer durchlässigen Schluffböden nicht erwartet werden, daß die Schlagzahl der Sonde die wahren Festigkeitseigenschaften der Böden widerspiegelt und zwar nur deshalb nicht, weil der beim Sondieren entstehende Porenwasserdruck es nicht gestattet, die beim Eindringen der Sonde auf den Boden wirksame Spannung zu messen. Die Auswertung der Versuchsergebnisse bringt hierfür die Bestätigung.

Die Abbildungen 95 bis 97 zeigen, daß für wassergesättigte und nahezu wassergesättigte Böden der CL- und Cl-Gruppe zwischen der Schlagzahl und der Zusammendrückbarkeit kein eindeutiger Zusammenhang besteht.

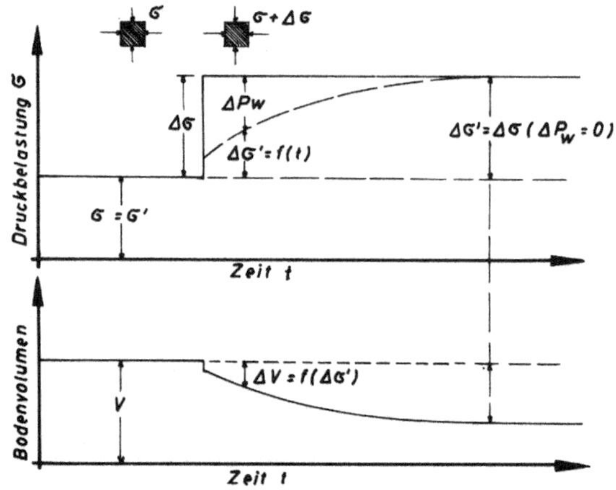

A b b i l d u n g 94
Abhängigkeit der Volumenänderung eines Bodenelementes von den wirksamen Spannungen (nach [96])

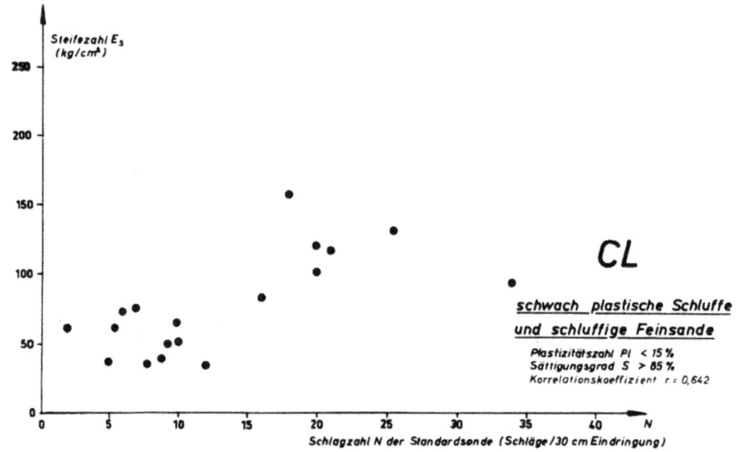

A b b i l d u n g 95
Auftragung der Steifezahl in Abhängigkeit von der Schlagzahl der Standardsonde in Schluffböden der CL-Gruppe
(Pl > 15 %, S > 85 %)

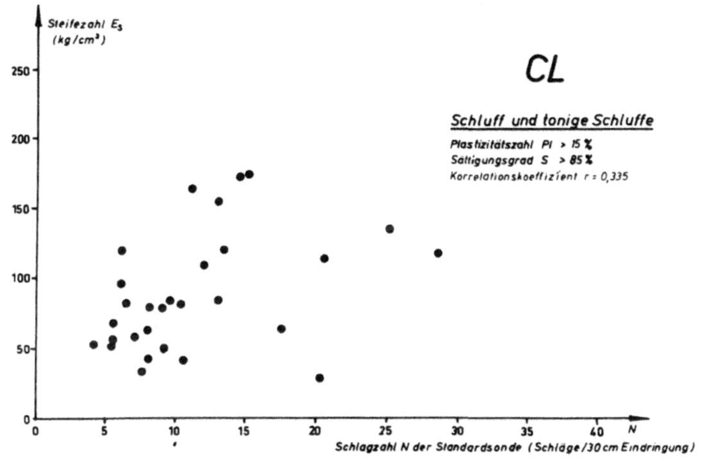

A b b i l d u n g 96

Auftragung der Steifezahl in Abhängigkeit von der Schlagzahl der Standardsonde in Schluffböden der CL-Gruppe (Pl > 15 %, S > 85 %)

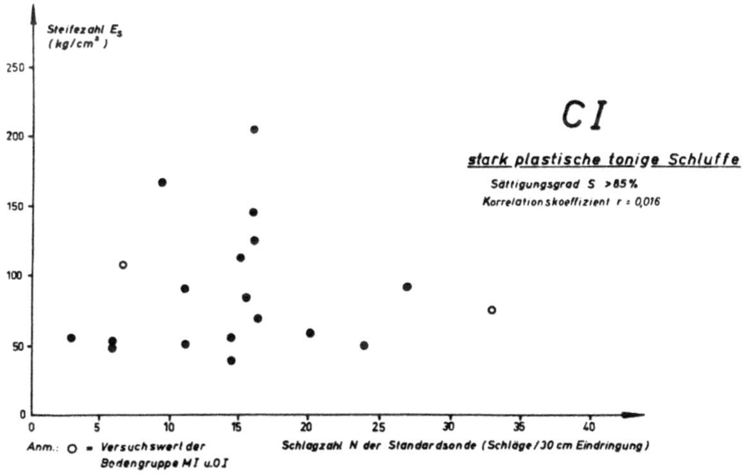

A b b i l d u n g 97

Auftragung der Steifezahl in Abhängigkeit von der Schlagzahl der Standardsonde in Schluffböden der CI-Gruppe (S > 85 %)

Außerdem lassen die Abbildungen und die Abnahme des Korrelationskoeffizienten von 0,642 bei den schwach plastischen Schluffen und schluffigen Feinsanden auf 0,016 bei den stark plastischen tonigen Schluffen deutlich erkennen, daß die Streuung um so größer wird, je größer die Plastizität des betrachteten Bodens ist. Sie ist am stärksten für die *CL* -Gruppe, die stark plastische Schluffe umfaßt, und am geringsten für die schwachplasti-

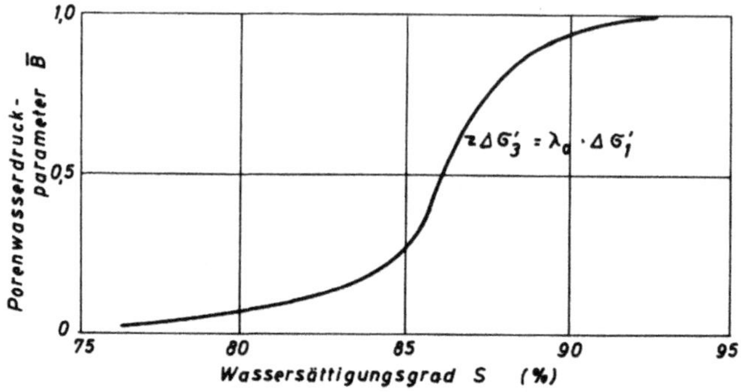

A b b i l d u n g 98
Abhängigkeit des Porenwasserdruckparameters $\bar{B}$ vom Sättigungsgrad des Bodens
(Versuchsergebnis aus dem Laboratorium für Bodenmechanik, Imperial College, London)

schen Schluffe der *CL* -Gruppe mit einer Plastizität < 15 %. Es ist daher nicht möglich, aus den Sondierungen in fast wassergesättigten Schluffböden mehr herauszulesen als einen grundsätzlichen Eindruck über die Beschaffenheit des Baugrundes. Die Ergebnisse der Sondierungen erfüllen aber auch hier einen wichtigen Zweck für viele der unter I.1 genannten Aufgaben. Die Grundlage der erdstatischen Berechnung können sie jedoch nicht bilden.

In Schluffen mit einem niedrigen Sättigungsgrad, die seltener vorkommen, wird das Sondierergebnis vom Porenwasserdruck nur wenig beeinflußt. In diesem Fall werden auch in Schluff für die Zusammendrückbarkeit und die Schlagzahl ähnliche Zusammenhänge gefunden wie in Sandböden. Um einen Anhaltswert zu haben, von welchem Sättigungsgrad an sich im Boden größerer Porenwasserdruck entwickeln kann, soll Gl. (20) umgeformt werden.

$$\Delta p_w = B \cdot \left(\Delta\sigma_3 + A \cdot (\Delta\sigma_1 - \Delta\sigma_3)\right)$$

$$\Delta p_w = \Delta\sigma_1 \cdot B\left(1-(1-A)\cdot\left(1-\frac{\Delta\sigma_3}{\Delta\sigma_1}\right)\right) = \bar{B}\cdot\Delta\sigma_1 \quad . \qquad \ldots.(66)$$

Darin ist $\bar{B}$ ein Parameter, der angibt, wie der Porenwasserdruck Δp_w mit der Spannung $\Delta\sigma_1$ unter der Sondenspitze zunimmt. $\bar{B}$ wird durch einen Dreiaxialversuch im Laboratorium bestimmt. Die Abhängigkeit dieses Parameters vom Sättigungsgrad (Abb. 98) zeigt, daß $\bar{B}$ und damit Δp_w für einen Sättigungsgrad von ≤ 85 % verhältnismäßig gering ist. Selbstverständlich ist dies nicht mehr als ein Anhaltswert, da $\bar{B}$ von der Bodenart, der geologischen Vorgeschichte und dem Verformungszustand abhängig ist. Immerhin erscheint dieser Anhaltswert zutreffend, da die Auftragung der Versuchswerte mit einem kleineren Sättigungsgrad als 85 % tatsächlich einen Zusammenhang zwischen der Zusammendrückbarkeit und der Schlagzahl erkennen läßt (Abb. 99 und 100). Für die Schluffe der *CL*-Gruppe liefert die Ausgleichsrechnung die in Tabelle 12 zusammengestellten Ergebnisse.

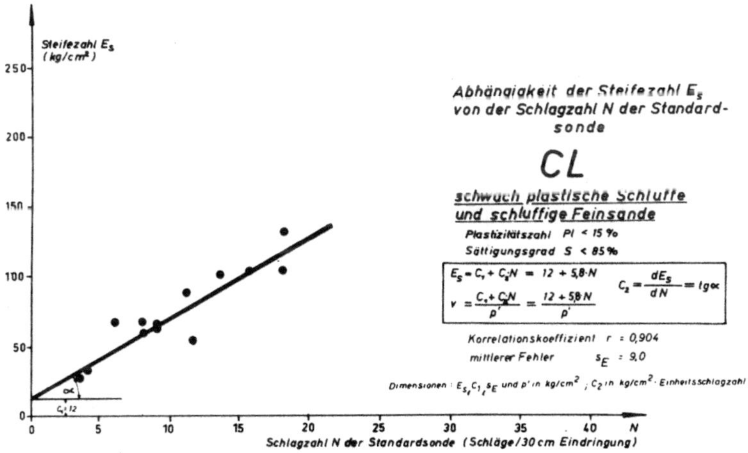

A b b i l d u n g 99

Abhängigkeit der Steifezahl von der Schlagzahl der Standardsonde für Schluffböden der *CL*-Gruppe

Die hohen Werte von C_2 sind nicht überraschend, da für diese Bodengrup Schlagzahlen von über 30 selten erforderlich sind. Das bedeutet, daß die maximale Steifezahl die Größenordnung von 300 kg/cm^2 hat, während in dichtem Sand und Kies Schlagzahlen bis zu 200 auftreten (Anl. 27), die einer Steifezahl von 2000 kg/cm^2 entsprechen.

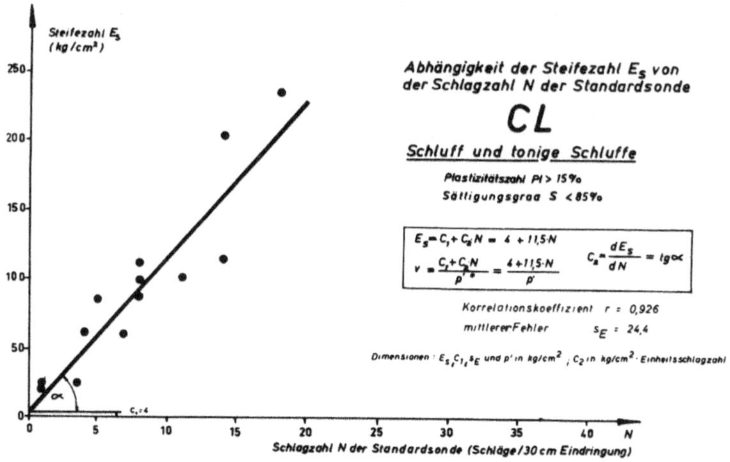

A b b i l d u n g 100

Abhängigkeit der Steifezahl von der Schlagzahl der Standardsonde für Schluffböden der *CL*-Gruppe

T a b e l l e 12

Bodenart	schwach plastische Schluffe und schluff. Feinsande $PI < 15\ \%$	Schluff und tonige Schluffe $PI > 15\ \%$
Abb.	99	100
Anzahl der Versuchswerte	13	13
C_1 (kg/cm²)	12	4
C_2 $\frac{\text{kg}}{\text{cm}^2\ \text{Einheitsschlagzahl}}$	5,8	11,5
Korrelationskoeff. r	0,904	0,926
mittlerer Fehler s_E (kg/cm²)	9,0	24,4

5.2 Vergleich der Ergebnisse verschiedener Sondentypen in schluffigen Böden

5.21 Einfluß der Mantelreibung

In trockenen Schluffen werden die Sondierergebnisse der unverrohrten Sonden nicht wesentlich durch Mantelreibung beeinflußt (Anl. 36, 37, 38). In sehr weichen und hochplastischen Schluffen, die sich leicht verformen lassen, kann jedoch starke Mantelreibung auftreten (Abb. 102). Auch für die Drucksonde ist der Gesamtwiderstand nicht viel größer als der Spitzenwiderstand. Eine Ausnahme bilden sehr weiche und hochplastische Schluffe, da sie sich sehr leicht verformen lassen. Durch die Bodenauflast wird der Boden fest an das Sondiergestänge gepreßt und erzeugt Mantelreibung. Dieser Vorgang gleicht genau dem Verfahren von Rohrdichtungen. Der Dichtungseffekt beruht dabei darauf, daß der weiche Dichtungsring durch den Druck der Überwurfmutter an das zu dichtende Rohr gepreßt wird (Abb. 101). Mantelreibung ist daran zu erkennen, daß

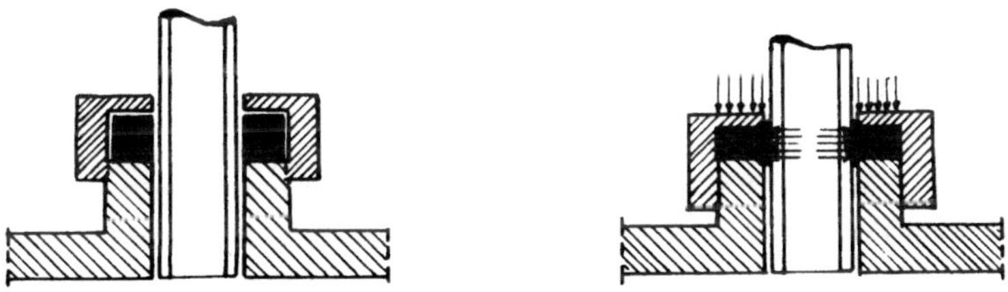

A b b i l d u n g 101
Modell zur Erklärung der Mantelreibung in plastischen Böden

die Schlagzahlen der unverrohrten Sonde mit der Tiefe stetig zunehmen, während eine vergleichsweise eingesetzte Sonde, deren Ergebnisse von Mantelreibung nicht beeinflußt werden können, keine Zunahme des Eindringwiderstandes zeigt. Ein Beispiel hierfür ist die Sondierung in Abbildung 102, wo die Ergebnisse der leichten Rammsonde eine feste Schicht in 6 m Tiefe vermuten ließen. Nach Aushub der Baugrube stellte man jedoch fest, daß es sich bis in größere Tiefen um einen weichen Schluff handelte, der eine Pfahlgründung in 10 m Tiefe erforderlich machte.

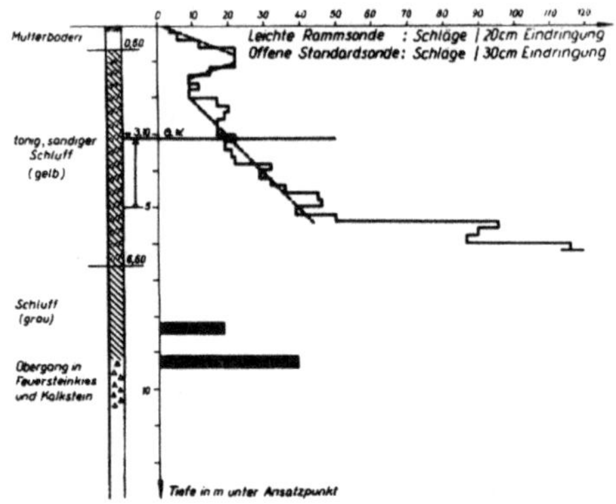

A b b i l d u n g 102

Fehlanzeige der leichten Rammsonde in weichem Schluff infolge von Mantelreibung

5.22 Einfluß der Gestängelänge

Schon aus dem Verlauf der Sondierdiagramme in Schluff kann man schließen, daß der Zusammenhang zwischen den Schlagzahlen der schweren Rammsonde und denen der Standardsonde etwa der gleiche ist wie in sandigen Böden (Anl. 36, 37). Eine Bestätigung hierfür wird erhalten, wenn die Schlagzahlverhältnisse in Abhängigkeit von der Tiefe aufgetragen werden (Abb. 103). Wie für die sandigen Böden werden die Meßergebnisse mit Hilfe einer Korrelationstafel ausgewertet. Die daraus zu berechnende Geradengleichung lautet (Abb. 104)

$$n = (0{,}70 + 0{,}089 \cdot t) \cdot N \quad . \qquad \ldots.(67)$$

Die Zunahme im Schlagzahlverhältnis mit der Sondiertiefe ist demnach in Schluff etwas größer als in Sand und Kies. Andererseits konnte nicht bei allen Meßwerten einwandfrei festgestellt werden, ob sie frei von Mantelreibung waren.

Für die Drucksondierung macht sich wegen der geringeren Vortreibgeschwindigkeit der Einfluß des Porenwasserdruckes auf das Sondierergebnis nicht so störend bemerkbar. Zumindest für die schwachplastischen Schluffe dürften die Ergebnisse dieses Sondentyps auch in wassergesättigten Böden zuverlässig sein. Bei den weniger durchlässigen, starkplastischen Schluffen der Cl-Gruppe werden jedoch auch die Ergebnisse der Drucksonde durch den Porenwasserdruck so beeinflußt, daß sie die

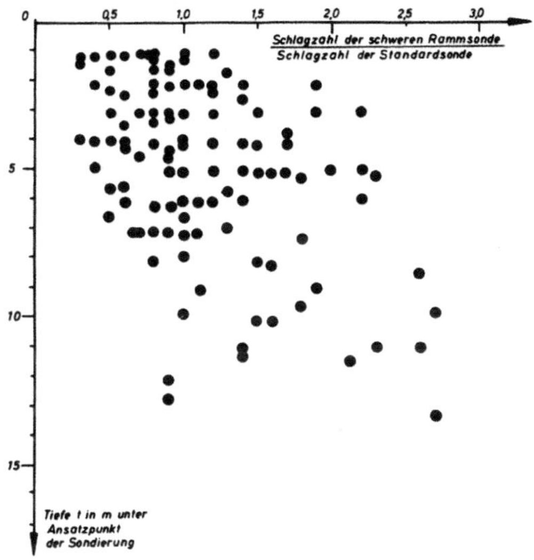

A b b i l d u n g 103

Streuung des Schlagzahlverhältnisses von schwerer Rammsonde und Standardsonde in Schluff

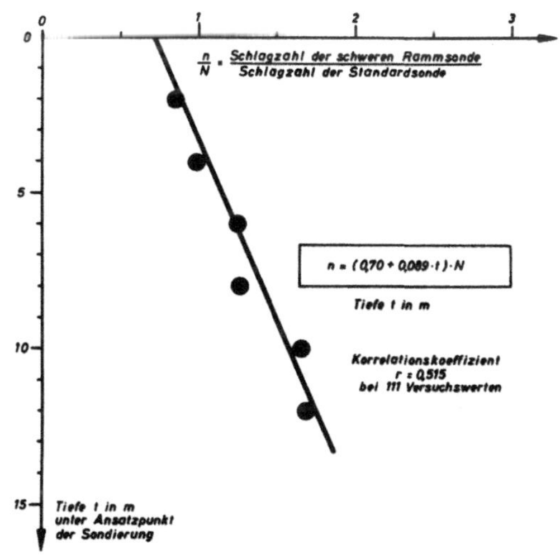

A b b i l d u n g 104

Zusammenhang zwischen der Schlagzahl der Standardsonde und der schweren Rammsonde in Schluff

Festigkeitseigenschaften des Baugrundes nicht richtig wiedergeben. Das mittlere Verhältnis von Schlagzahl der Standardsonde oder schwerer Rammsonde zum Spitzendruck der Drucksonde von 1 : 3 bis 1 : 4 (Anl. 37) kann beim Auftreten von Porenwasserdruck bis auf 1 : 1 reduziert werden (Abb. 135). Näherungsweise ergibt sich der Zusammenhang zwischen Spitzendruck der Drucksonde und Zusammendrückbarkeit zu

$$E_s = 3 \cdot w^{0,85} \qquad (\mathrm{kg/cm^2})$$

$$v = \frac{3 \cdot w^{0,85}}{p'} \quad . \qquad \ldots.(68)$$

Die Schlagzahlverhältnisse der übrigen Rammsonden bezogen auf die Standardsonde sind für die durchgeführten Vergleichssondierungen in Tabelle 13 zusammengestellt.

Tabelle 13

Sondentyp	Brunner-Rammsonde	Stump'sche Rammsonde	mittlere Rammsonde	leichte Rammsonde
Schlagzahl bezogen auf d. Schlagz. d. Standard-Sonde = 1	1 : 2 bis 1 : 3	1 : 2 bis 1 : 3	1 : 2 bis 1 : 3	1 : 2 bis 1 : 3

5.23 Einfluß der Sondiergeschwindigkeit

Die Sondiergeschwindigkeit beeinflußt in schluffigen Böden das Ergebnis der Sondierung. Besonders bei den mittel- und hochplastischen Schluffen findet ein vollständiger Druckausgleich im Porenwasser zwischen 2 Schlägen der Rammsonde nicht statt. Für diese Bodengruppe sollte daher mit möglichst gleichbleibender Schlagzahl pro Minute gearbeitet werden. Auch die Drucksonde muß mit konstanter Geschwindigkeit in den Boden eingedrückt werden. Sondierpausen, wie sie etwa durch den Stangenwechsel notwendig werden, sollten im Sondierprotokoll und dem Sondierdiagramm eingetragen werden. Den Stangenwechsel deutet man am besten durch einen kurzen Strich auf der linken Seite der Sondierlinie an (Anl. 38).

6. Auswertung von Sondierungen in tonigen Böden

6.1 Die Eichung der Sonden an der Konsistenz, der Zusammendrückbarkeit und der Zylinderdruckfestigkeit toniger Böden

Ton entsteht zumeist durch Sedimentation von feinsten Gesteinsmineralien in fast ruhendem Wasser. Die Durchlässigkeit dieser Bodenart liegt zwischen 10^{-8} und 10^{-10} m/s. Sie ist häufig in horizontaler Richtung bis zum 100fachen größer als in vertikaler Richtung. Dies erklärt sich dadurch, daß zu Hochwasserzeiten dünne Schichten gröberer Körnungen aus dem Schluffbereich sedimentiert werden, die bei Niedrigwasser von feinem Ton überlagert werden.

Ton ist in der Regel vollständig wassergesättigt. Während der Einfluß des Porenwasserdruckes im Sand kaum eine Rolle spielt, er sich bei den Schluffen mit zunehmender Plastizität immer stärker bemerkbar macht, hat er bei den Tonböden eine so entscheidende Bedeutung für die Festigkeitseigenschaften, daß man bei keinem Prüfverfahren ohne Messung der Porenwasserdruckspannungen Auskunft über die wahre Beschaffenheit des Bodens gewinnen kann. Insofern gelten die für den Schluff gemachten Feststellungen in noch stärkerem Maße für den Ton. Die Festigkeit des Bodens wird von den wirksamen Spannungen regiert. Wir sind nicht in der Lage anzugeben, welcher Anteil des gemessenen Eindringwiderstandes W der Sonde vom Porenwasserdruck aufgenommen wird. Es ist völlig aussichtslos, auch nur einen Anhaltswert für die Größe des sich einstellenden Porenwasserdruckes abzuleiten. Daher ist jede verfeinerte Auswertung von Sondierungen in Tonböden höchst zweifelhaft und kann keinen Anspruch erheben, zutreffende Aussagen über die Bodeneigenschaften zu machen.

Die Auftragung der relativen Konsistenz in Abhängigkeit von der Schlagzahl läßt nicht den geringsten Zusammenhang erkennen. Die Streuung der Meßwerte ist noch größer als bei den Schluffen (Abb. 105). Auch zwischen der Steifeziffer und der Schlagzahl lassen sich keine Beziehungen aufstellen (Abb. 106). Selbst die Zylinderdruckfestigkeit kann nicht zuverlässig durch Sonden ermittelt werden, obwohl man hier eine Abhängigkeit von der Schlagzahl erwarten würde, da auch der Laborversuch die Porenwasserspannungen nicht berücksichtigt. Dies kann bereits aus der Betrachtung der Sondierdiagramme geschlossen werden (Anl. 16, 20, 22 und 44). Eine deutliche Bestätigung hierfür gibt jedoch erst die Auftragung der Zylinderdruckfestigkeit in Abhängigkeit von der Schlagzahl (Abb. 107). Für eine mittlere Schlagzahl von 25 schwanken die Zylinderdruckfestigkeiten zwischen 1 und 6 kg/cm^2. Dieser Streubereich, der mit

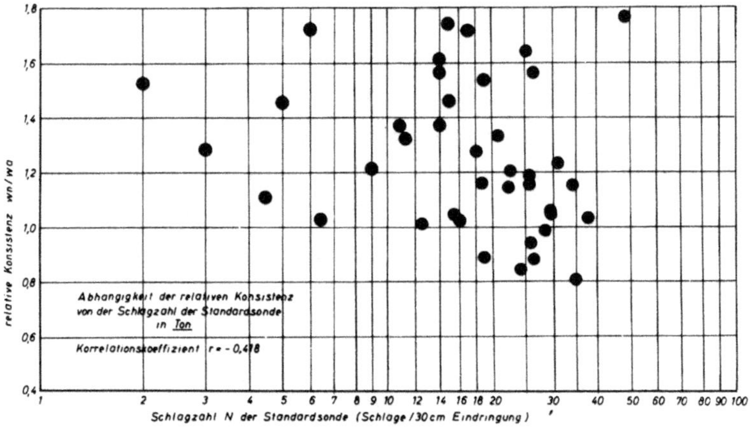

A b b i l d u n g 105

Auftragung der relativen Konsistenz in Abhängigkeit von der Schlagzahl der Standardsonde in Ton

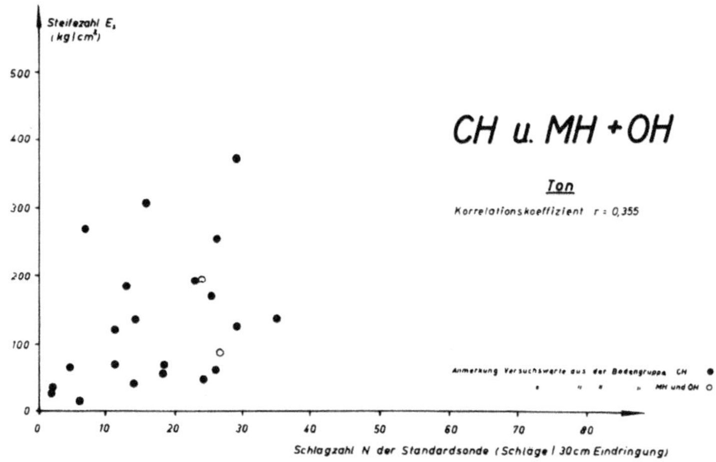

A b b i l d u n g 106

Auftragung der Steifezahl in Abhängigkeit von der Schlagzahl der Standardsonde in Ton

dem geringen Korrelationskoeffizienten von nur 0,057 in Einklang steht, ist so groß, daß es unter keinen Umständen gerechtfertigt erscheint, die Zylinderdruckfestigkeit auf Grund von Rammsondierungen zu ermitteln

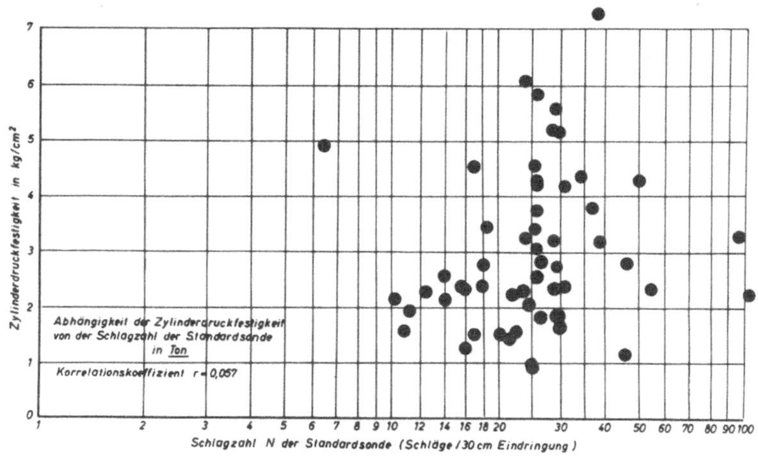

A b b i l d u n g 107
Auftragung der Zylinderdruckfestigkeit in Abhängigkeit
von der Schlagzahl der Standardsonde in Ton

und dieses Ergebnis als Grundlage einer erdstatischen Berechnung anzusehen, wenn nicht ein hoher Sicherheitsfaktor angesetzt wird. Dies führt aber zu einem unwirtschaftlichen Gründungsentwurf.

Es muß daher festgestellt werden, daß Sondierungen in Ton und schluffigem Ton eine Untersuchung ungestörter Bodenproben im Laboratorium auf keinen Fall ersetzen können. Aus diesen Bodenarten ist die Entnahme von Bodenproben und der Einbau in die Laborgeräte auch meist ohne Schwierigkeit möglich. Diese Untersuchungen können aber durch Sondierungen sinnvoll ergänzt werden. Daher ist der Einsatz von Sonden auch in stark bindigen Bodenarten nicht wertlos.

6.2 Vergleich der Ergebnisse verschiedener Sondentypen in tonigen Böden

Bei den unverrohrten Rammsonden tritt in Tonböden in der Regel starke Mantelreibung auf. Dadurch können diese Sonden besonders bei tiefen Sondierungen einen völlig falschen Eindruck von den Bodenverhältnissen erwecken. Aus der schweren Rammsondierung auf Anlage 18 würde man schließen, daß der Ton ab 6,6 m mit der Tiefe ständig fester wird. Die Standardsondierung beweist eher das Gegenteil. Ihre Ergebnisse werden von der verrohrten Brunner-Sonde und der Stump'schen Rammsonde bestätigt.

Beachtlich ist der hohe Rammwiderstand der Verrohrung bei der Brunner-Sonde, bei der in 10 m Tiefe für eine Eindringung von 20 cm 300 Schläge erforderlich waren (Anl. 17).

Das Verhältnis von Schlagzahl der Standardsonde zum Spitzenwiderstand der Drucksonde schwankt in weiten Grenzen und kann weniger als 1 : 1 (Anl. 41) betragen. Für die Brunner-Sonde beträgt das Schlagzahlverhältnis 1 : 1 bis 1 : 2. Das gleiche Schlagzahlverhältnis ergibt sich für die Stump'sche Sonde.

7. Vergleich der Ergebnisse verschiedener Sondentypen in organischen Böden

Auf einem Versuchsfeld in Rotterdam konnten die 3 unverrohrten Rammsonden, die beiden verrohrten Rammsonden, die Standardsonde und die holländische Drucksonde nebeneinander in den in Küstengebieten häufig vorkommenden weichen organischen Schlick- und Torfböden eingesetzt werden. Diese Arbeiten sind durch die liebenswürdige Unterstützung von Herrn ir. G. PLANTEMA, Gemeentewerken Rotterdam ermöglicht worden. Die Untersuchungen sollten klären, wie die einzelnen Sondentypen auf diese Bodenarten ansprechen. Die Ergebnisse lassen sich folgendermaßen zusammenfassen:

1. Organische Böden (Schlick, Torf) erzeugen hohe Mantelreibung, die auch durch die Verwendung einer verdickten Sondenspitze nicht ausgeschaltet werden kann.

Der Spitzendruck der holländischen Drucksonde zeigt, daß der Untergrund bis in eine Tiefe von 15 bis 17 m sehr geringe Festigkeit aufweist (Anl. 45 u. 46). Dies wird durch die Sondierungen mit der Standardsonde und den beiden verrohrten Rammsonden bestätigt (Anl. 45). Die Brunner-Sonde drang in den Schlick- und Torfschichten allein unter ihrem Eigengewicht in den Boden ein. Ein gänzlich anderes Bild ergeben die 3 unverrohrten Sonden. Aus der stetigen Zunahme ihrer Schlagzahlen würde man auf ein Anwachsen der Festigkeit mit der Tiefe schließen, wenn keine Vergleichssondierungen zur Verfügung stünden (Anl. 46). Das Anwachsen der Schlagzahlen ist größtenteils auf die Zunahme der Mantelreibung mit der Tiefe zurückzuführen. Wie sehr diese das Sondierergebnis beeinflussen kann, läßt sich am deutlichsten an der Sondierung mit der leichten Rammsonde erkennen. Während das Verhältnis von Spitzenwiderstand der Drucksonde zur Schlagzahl der leichten Rammsonde in den oberen 2 m etwa 1 : 1

beträgt, wächst es in einer Tiefe von 14 m bis auf 1 : 20 an. Das bedeutet, daß rund 95 % des Eindringwiderstandes von der Mantelreibung aufgebraucht werden. Für die mittlere und die schwere Rammsonde beträgt dieser Wert 85 % (Anl. 46).

2. Rammpausen und Sondiergeschwindigkeit haben großen Einfluß auf das Sondierergebnis

Jede zeitliche Unterbrechung des Sondiervorganges hat überraschend großen Einfluß auf das Sondierergebnis (Anl. 46). Bereits eine Rammpause von wenigen Minuten läßt die Schlagzahl sprunghaft ansteigen, die jedoch nach einer geringen Eindringung wieder auf die ursprüngliche Größe zurückgeht. Dies kann nur durch die Zunahme der Mantelreibung während der Sondierpause erklärt werden. Beim Vortreiben des Gestänges reichert sich der Boden in einer dünnen Kontaktschicht zwischen Boden und Gestänge mit Wasser an. Es entsteht ein Schmierfilm, der die Mantelreibung reduziert. Während der Rammpause konsolidiert der Boden, das Überschußwasser fließt ab und die Mantelreibung nimmt zu. Ebenso wie in tonigen Böden sollte daher auch in organischen Böden mit gleichbleibender Sondiergeschwindigkeit gearbeitet und unvermeidliche Unterbrechungen im Sondierprotokoll und Rammdiagramm vermerkt werden.

3. Trotz der geringen Wasserdurchlässigkeit liefern auch die verrohrten Rammsonden das gleiche Bild über die Festigkeit der Bodenschichten wie die Drucksonden

Die Drucksondierung auf der Anlage 45 stimmt in ihrem Verlauf etwa mit den Sondierungen der beiden verrohrten Rammsonden und der Standardsonde überein. Die Auftragung des Eindringwiderstandes der Sonden in Abhängig- von der Steifezahl zeigt jedoch eine ziemliche Streuung der Meßwerte (Abb. 108). Es darf aber dabei nicht übersehen werden, daß es sich einerseits um sehr geringe Eindringwiderstände handelt, bei denen Meßfehler auftreten können, andererseits aber trotz sorgfältiger Entnahme und Behandlung der lockeren und weichen Bodenproben Bodenstörungen unvermeidlich waren.

Es ist bemerkenswert, daß die Streuung für die Drucksonde wesentlich geringer ist als für die Rammsonde. Dies läßt der Korrelationskoeffizient von $r = 0{,}725$ deutlich erkennen, der im Vergleich zu dem nahezu gleichen Korrelationskoeffizienten von $r = 0{,}290$ bzw. 0,282 der Rammsonden hoch ist. Das spricht dafür, in weichen Böden der Drucksonde den Vorzug zu geben, da sie zuverlässigere Ergebnisse als die Rammsonde liefert, selbst dann, wenn diese verrohrt ist.

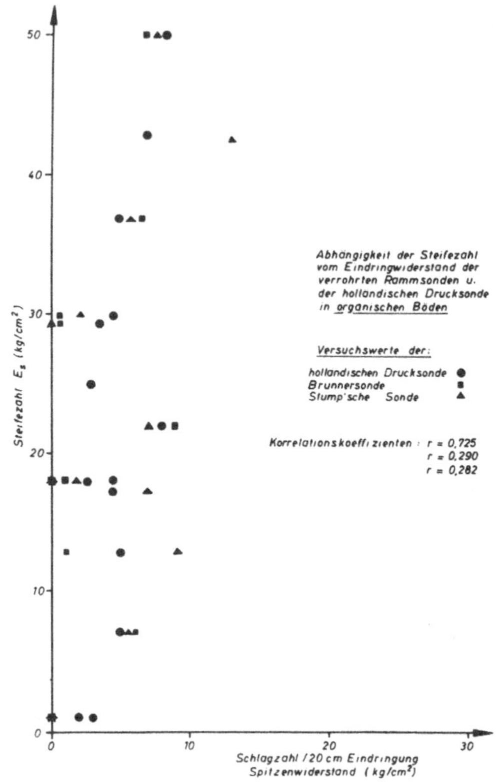

A b b i l d u n g 108
Abhängigkeit der Steifezahl vom Eindringwiderstand der verrohrten Rammsonden und der holländischen Drucksonde in organischen Böden

8. Die Berechnung der Setzung unter Fundierungen mit Hilfe von Sondierergebnissen

Die zulässige Bodenpressung unter Fundamenten wird in den meisten Fällen durch die zulässige Setzung bestimmt, die ein Bauwerk ohne Schäden aufnehmen kann. Richtlinien für die Durchführung von Setzungsberechnungen enthält die DIN 4019. Jede Setzungsberechnung erfordert die Ermittlung der Verteilung der senkrechten Druckspannungen im Boden mit der Tiefe. Aus diesen wird aus der an ungestörten Bodenproben ermittelten Zusammendrückbarkeit des Bodens die Setzung abgeleitet. In sandigen und kiesigen Böden ist die Entnahme ungestörter Bodenproben schwierig, und die Setzungsberechnung wird häufig auf Grund von Schätzungen der Zusammendrückbarkeit durchgeführt. Dabei wird besonders in sehr lockerem

Sand- und Kiesboden die Festigkeit meist erheblich überschätzt. Gerade in dieser Bodenart besteht jedoch ein Zusammenhang zwischen dem Eindringwiderstand der Sonden und der Zusammendrückbarkeit des Bodens.

Zur Ermittlung der Steifezahl E_s bzw. des Steifezahlbeiwertes v wird das Sondierdiagramm in Schichten eingeteilt, in denen sich sowohl die Schlagzahl N als auch die wirksame senkrechte Druckspannung p' nicht zu sehr ändert. Als p' ist die Verteilung der senkrechten Druckspannung mit der Tiefe unter dem Ansatzpunkt der Sondierung einzusetzen. Da die Sondierungen im allgemeinen vor Aufbringung der Bauwerkslast durchgeführt werden, entspricht p' der Spannung aus Bodeneigengewicht. Für C_1 und C_2 werden die Werte aus den Tabellen 10 und 11 zugrundegelegt, die der Bodenart entsprechen.

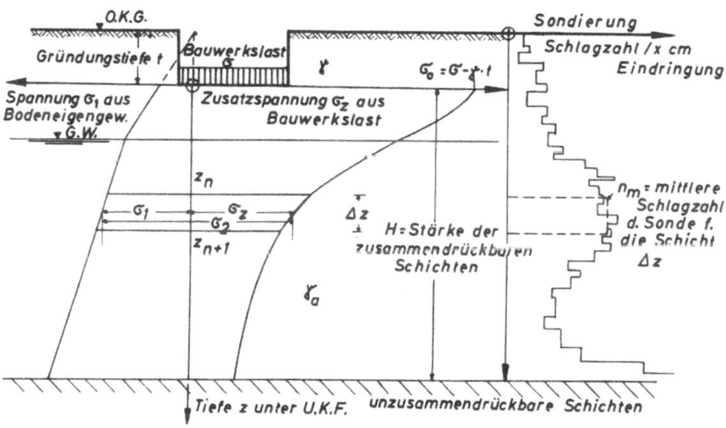

A b b i l d u n g 109
Darstellung zur Ermittlung der Setzung eines Fundamentes mit Hilfe von Sondierungen

Die Setzungsberechnung wird der Einfachheit halber häufig mit einer konstanten Steifezahl durchgeführt. In diesem Fall ergeben sich für die Setzungen einer Bodenschicht unter der Zusatzspannung $σ_0$ = Fundamentbelastung $σ$ -Bodenaushub $γ \cdot t$ (Abb. 109) besonders einfache Gleichungen.

$$s = \frac{σ_z}{E_s} (z_{n+1} - z_n) = σ_z \cdot \frac{\Delta z}{C_1 + C_2 \cdot N} \quad \ldots.(69)$$

Δs = Setzung (cm) der Schicht Δz (cm)

σ_z = mittlere Zusatzspannung (kg/cm^2) für die Schicht Δz

N = Schlagzahl der Standardsonde (Schläge/30 cm Eindringung)

Die Gesamtsetzung eines Fundamentes ergibt sich aus der Summe der Setzung aller zusammendrückbaren Schichten

$$s = \sum_1^n \frac{\sigma_{zi} \cdot \Delta z_i}{(C_1 + C_2 \cdot N)_i} \qquad \ldots.(70)$$

Wenn die Schwankungen der Steifezahl für die einzelnen Bodenschichten verhältnismäßig gering ist, darf dies vereinfacht werden zu

$$s = \frac{H \cdot \sigma_0}{6 \cdot E_{sm}} (I_1 + 4I_2 + I_3) \quad (cm) \qquad \ldots.(71)$$

E_{sm} = mittlere Steifezahl (kg/cm^2) errechnet aus Gl. (40)

H = Stärke der zusammendrückbaren Schicht (cm)

I = Einflußfaktor für die Verteilung der senkrechten Druckspannung mit der Tiefe

Eine bessere Angleichung an die Drucksetzungslinie wird erhalten, wenn man mit einer mit der senkrechten Druckspannung veränderlichen Steifezahl rechnet. Wird die Sondierung vor Baubeginn durchgeführt, so ergibt sich in der Tiefe z unter einer Spannung p' eine Zusammendrückbarkeit E_{s1}, die dieser Spannung entspricht. Die Zusammendrückbarkeit E_{s2} unter dem fertigen Bauwerk wird jedoch durch die Spannung $p' + \sigma_z$ regiert. Dieser Tatsache wird näherungsweise Rechnung getragen, wenn statt E_{s1} der Steifezahlbeiwert $v = E_{s1}/p'$ ermittelt wird, da dann $E_{s2} \simeq v \cdot (p' + \sigma_z)$ ist (Abb. 110)

$$E_s = \frac{dp}{ds'} = v \cdot p \qquad s' = \frac{1}{v} \int_{z_1}^{z_2} \frac{dp}{p} \text{ (Setzung der Schicht } \Delta z \text{ in \%)} \qquad \ldots.(72)$$

Setzungen entstehen nur, wenn der Baugrund über die vorhandene Vorbelastung hinaus zusätzlich belastet wird. Da die Steifezahl $E_s = v \cdot \sigma$ linear von den Spannungen abhängig ist, müssen die Setzungen aus Bodeneigengewicht σ_1 von denen aus Bodeneigengewicht und Bauwerksspannung

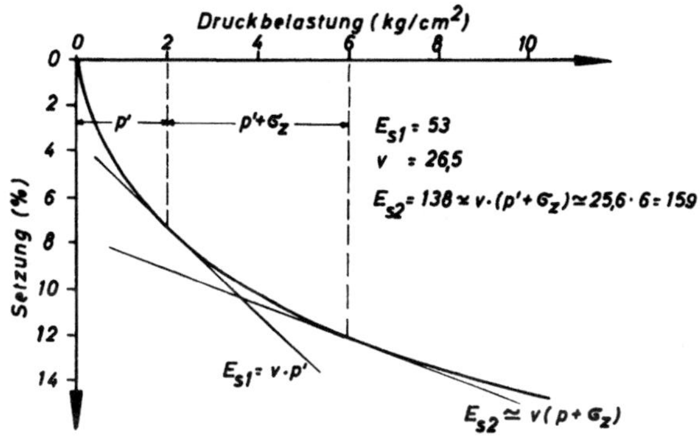

A b b i l d u n g 110

Berechnung der Steifezahl unter verschiedenen Vertikalspannungen aus dem Drucksetzungsdiagramm

$\sigma_2 = \sigma_1 + \sigma_z$ abgezogen werden. Die Setzung Δs einer Bodenschicht
$\Delta z = z_2 - z_1$ (Abb. 109) wird daher

$$\Delta s = \frac{1}{v}\left[\int_{z_1}^{z_2} \frac{d\sigma_2}{\sigma_2} - \int_{z_1}^{z_2} \frac{d\sigma_1}{\sigma_1}\right] \Delta z = \frac{1}{v} \cdot ln\left(1 + \frac{\sigma_z}{\sigma_1}\right) \cdot \Delta z \qquad (cm) \quad \ldots . (73)$$

Die Gesamtsetzung s ergibt sich aus der Summation der Teilsetzungen der Einzelschichten. Wenn sich der Steifezahlbeiwert mit der Tiefe nicht stark ändert, kann diese Summation auch durch numerische Integration vorgenommen werden (SCHULTZE [88]).

$$s = \frac{H}{6\, v_m} \cdot \left[ln\left(1 + \frac{I_0 \cdot \sigma_0}{\gamma \cdot t_i}\right) + 4 \cdot ln\left(1 + \frac{I_1 \cdot \sigma_0}{\gamma(t_i + z_1)}\right) + ln\left(1 + \frac{I_2 \cdot \sigma_0}{\gamma(t_i + z_2)}\right)\right] \quad (cm) \ldots . (74)$$

Dies erleichtert die Rechenarbeit besonders dann, wenn viele Einzelberechnungen durchgeführt werden müssen. Bei schwierigen Baugrundverhältnissen ist es jedoch zweckmäßiger, die Einteilung in Schichten vorzunehmen, da man so einen Überblick erhält, welche Schichten am meisten zu den Setzungen beitragen. In diesem Fall empfiehlt es sich, die Setzungsberechnungen tabellarisch vorzunehmen.

9. Überprüfung der zwischen dem Eindringwiderstand der Sonden und der Zusammendrückbarkeit des Bodens abgeleiteten Beziehungen durch Setzungsmessungen an Bauwerken

Obwohl die Zusammenhänge zwischen dem Eindringwiderstand der Sonden und der Zusammendrückbarkeit des Bodens auf Grund der wirklich im Laboratorium gemessenen Bodeneigenschaften abgeleitet wurden, erhalten sie jedoch erst ihr Gewicht, wenn nachgewiesen werden kann, daß damit Setzungen tatsächlich mit einer annehmbaren Genauigkeit vorausgesagt werden können. Dies soll dadurch überprüft werden, daß die Setzungen für Bauwerke ermittelt werden, für die Setzungsmessungen vorliegen. Aus dem Vergleich von gerechneten und gemessenen Setzungen ergibt sich die Brauchbarkeit der abgeleiteten Beziehungen.

Für diese Überprüfung standen 18 Setzungsmessungen an 10 Brückenbauwerken der Nord-Süd-Bahn zur Verfügung. Diese ist eine etwa 35 km lange Bahnlinie im Rheinischen Braunkohlengebiet, die in den Jahren 1951 bis 1953 gebaut wurde und zum Transport von Kippenmaterial und Rohbraunkohle zwischen den einzelnen Tagebauen, den Kraftwerken und anderen Verbrauchern dient (Abb. 111). Im Zusammenhang mit diesem Bauvorhaben war eine größere Anzahl von Brückenbauwerken erforderlich, die teilweise auf altem Kippenboden errichtet werden mußten und sich daher beachtlich gesetzt haben. In den meisten Fällen sind die Setzungsmessungen nach Fertigstellung der Brücken, jedoch vor Beginn der Dammschüttung begonnen worden. Daher können die Setzungen infolge der Dammschüttung berechnet und mit den gemessenen verglichen werden. Die Spannungen aus Dammgewicht, Brückengewicht und Verkehrslast wurden so sorgfältig wie möglich mit Hilfe von Newmark-Spinnen ermittelt. Die Sondierungen wurden in allen Fällen nach Fertigstellung von Brückenbauwerk und Damm durchgeführt. Die Verteilung von p' unter dem Ansatzpunkt der Sondierung wurde dementsprechend eingesetzt.

Als Beispiel ist die Setzungsberechnung für das Brückenbauwerk 1 (Glückaufstraße) vollständig beigefügt. Abbildung 112 zeigt den Bauwerkstyp und den Lageplan der Bohrungen, der Sondierungen und der Meßbolzen. Bei diesem Bauwerk wurde mit der schweren Rammsonde und der Maihak-Drucksonde sondiert. Die in den Lageplänen verwendeten Zeichen sind in nachstehender Tabelle erläutert.

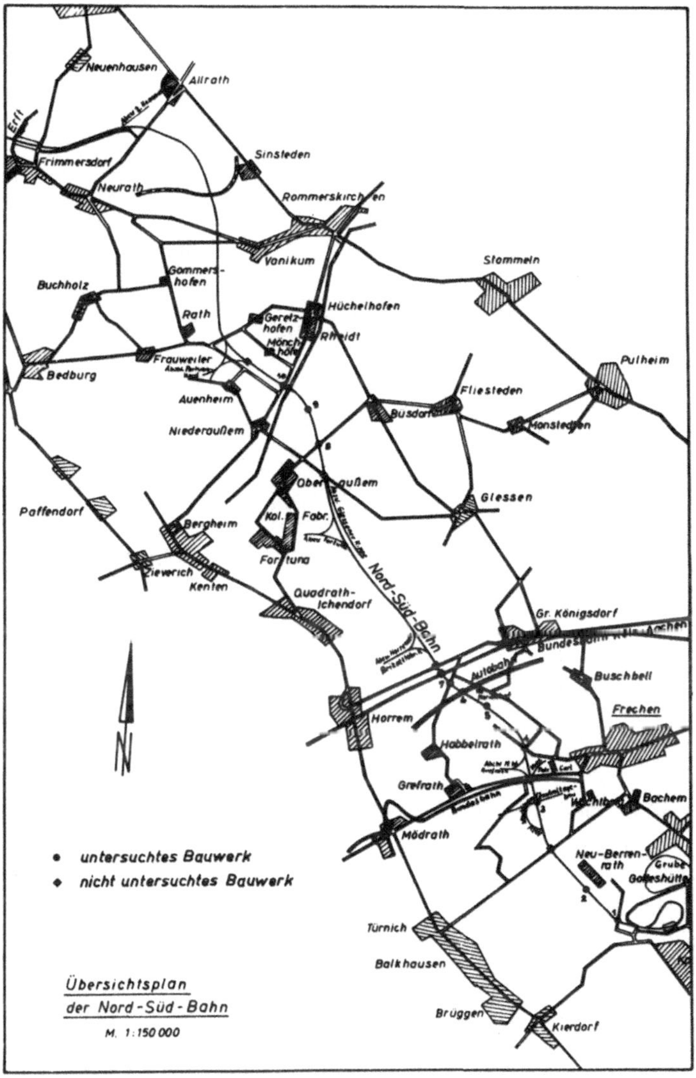

A b b i l d u n g 111
Übersichtsplan der Nord-Süd-Bahn

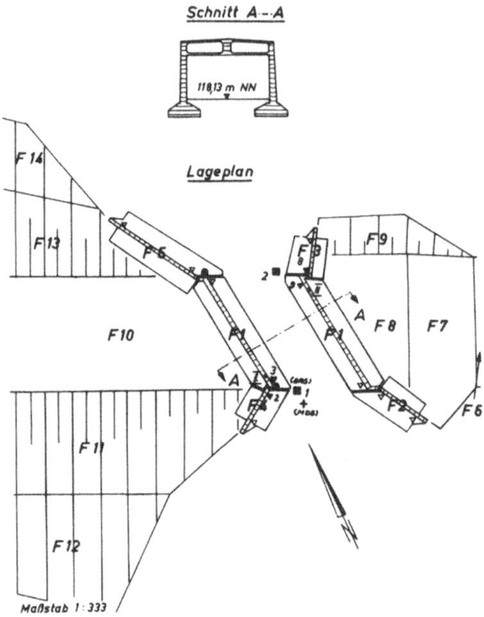

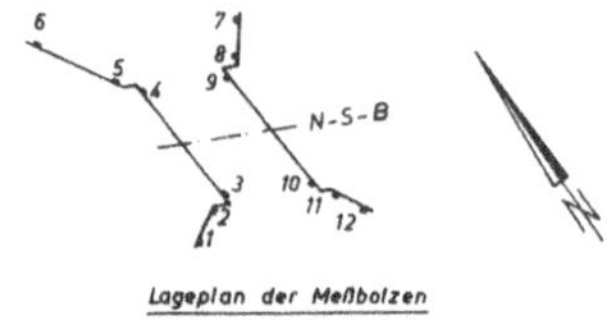

Meßbolzen	nach Fertigstellung 8.10.1952	bei zweigleisigem Betrieb 9.3.1956
1	121,428 m. NN.	-68
2	119,451 "	-56
3	119,090 "	-54
4	118,581 "	-69
5	118,560 "	-57
6	120,381 "	-84
7	121,461 "	-22
8	118,844 "	-29
9	118,882 "	-32
10	119,393 "	-28
11	119,723 "	-28
12	122,205 "	-22

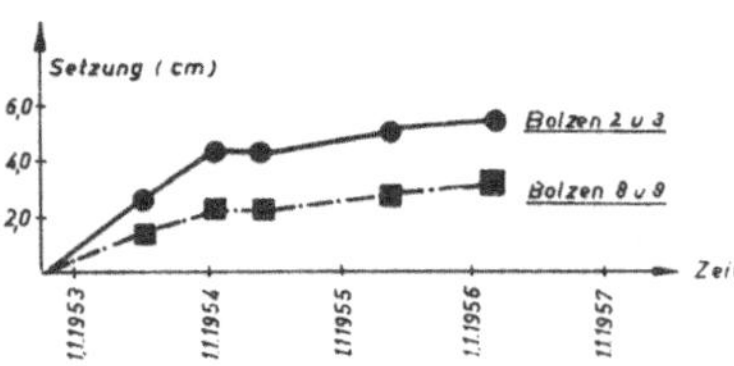

Abbildung 112
Bauwerkstyp und Lageplan der Meßbolzen, Bohrungen und Sondierungen für die Unterführung Glückaufstraße (Bauwerk 1)

Abbildung 113
Ergebnisse der Setzungsmessungen für Bauwerk 1

	für die Auswertung benutzt	für die Auswertung nicht benutzt
Bohrung	●	○
Bohrung mit Standardsondierung	◉	
schwere Rammsondierung	■	□
Drucksondierung	+	
Meßbolzen	▼	▽

Die Setzungen werden für die Fundamentpunkte I und II berechnet und mit den Ergebnissen der Setzungsmessungen der nächsten Meßbolzen verglichen. Die Zusammendrückbarkeit der Bodenschichten wird wie beschrieben aus den Sondierdiagrammen abgeleitet. Dabei wird vorausgesetzt, daß die Bodenbeschaffenheit unter den Fundamentpunkten I und II und den Ansatzpunkten der Sondierungen die gleiche ist. Die gemessenen Setzungen und die Zeitsetzungslinien sind in Abbildung 113 aufgetragen. Die Verteilung der senkrechten Druckspannungen aus Bauwerkslast und Dammgewicht mit der Tiefe wird tabellarisch nach Newmark in den Tabellen 14 bis 17 für die angegebenen Tiefen unter der Unterkante der Fundamente ermittelt. Dabei wird für das Dammaterial mit 1,8 t/m^3 und für Gleise und Schotter mit 1,1 t/m^3 gerechnet. Die Gründungstiefe beträgt 1,45 m; Grundwasser wurde nicht angetroffen. Den Verlauf der senkrechten Spannungen unter den betrachteten Bauwerkspunkten I und II zeigen die Abbildungen 114 und 115 und unter den Ansatzpunkten der schweren Rammsondierungen und der Drucksondierung die Abbildung 116. Die Sondierdiagramme (Abb. 117 u. 118) werden in Schichten eingeteilt und die mittlere Schlagzahl der schweren Rammsonde bzw. der mittlere Spitzendruck der Drucksonde mit Hilfe eines Planimeters bestimmt. Für die schwere Rammsonde ergibt sich nach Gl. (60) im sandigen Kies

$$v = \frac{38 + 10,5 \cdot n}{(0,84 + 0,042 \cdot t) \cdot p'}$$

und für die Drucksonde nach Gl. (62)

$$v = \frac{5 \cdot w^{0,85}}{p'}$$

Mit diesen Angaben wird die Setzungsermittlung tabellarisch vorgenommen (Tab. 18 bis 20). In derselben Weise wurden die Setzungen für die übrigen 9 Bauwerke errechnet. Die Bauwerkstypen, die Lagepläne und die Ergebnisse der Sondierungen sind in den Abbildungen 119 bis 140 dargestellt.

In Tabelle 21 sind die errechneten Setzungen den gemessenen gegenübergestellt. Die Ergebnisse zeigen, daß die Größenordnung sowohl für kleine (z.B. Bauwerk 6) als auch für große Setzungen (z.B. Bauwerk 9) auf Grund der für die Zusammendrückbarkeit gefundenen Beziehungen richtig bestimmt

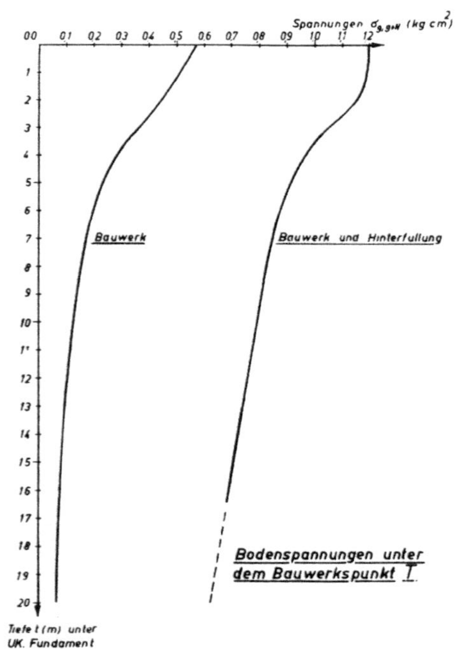

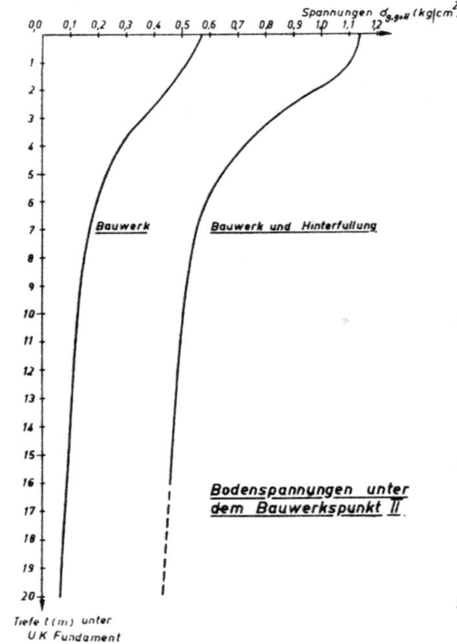

A b b i l d u n g 114

A b b i l d u n g 115

Verlauf der senkrechten Spannungen unter den Bauwerkspunkten I und II (Bauwerk 1)

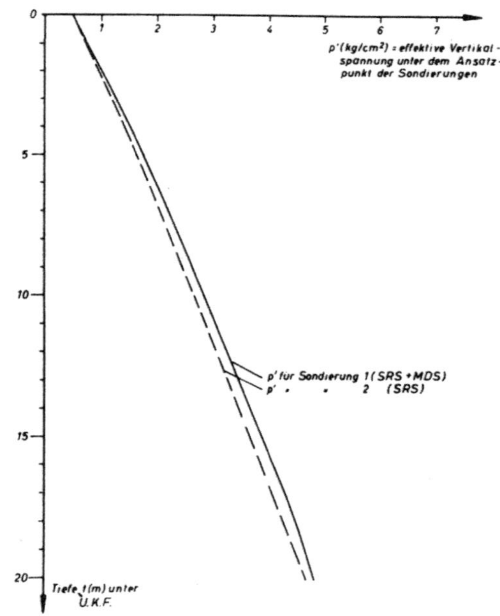

A b b i l d u n g 116

Verlauf der wirksamen senkrechten Spannungen unter den Ansatzpunkten der Sondierungen (Bauwerk 1)

T a b e l l e 14

Spannungsermittlung nach Newmark

Bauwerk: 1 Glückaufstraße   Sondierung: 1

Tiefe unter UK.F	F_1 M	F_1 σ_g / σ_{g+H}	F_2 M	F_2 σ_g / σ_{g+H}	F_3 M	F_3 σ_g / σ_{g+H}	F_4 M	F_4 σ_g / σ_{g+H}	F_5 M	F_5 σ_g / σ_{g-H}	F M	F σ_g / σ_{g+H}	F M	F σ_g / σ_{g+H}	F M	F σ_g / σ_{g+H}	F M	F σ_g / σ_{g+H}	F M	F σ_g / σ_{g+H}	$\Sigma\sigma_g$	$\Sigma\sigma_{g+H}$
m		kg/cm²		kg/cm²		kg/cm²		kg/cm²		kg/cm²		kg/cm²		kg/cm²		kg/cm²		kg/cm²		kg/cm²	kg/cm²	kg/cm²
0		0,57 / 1,08		0,18 / 0,71		0,28 / 0,61		0,24 / 0,70		0,21 / 0,74												
2	744	0,424 / 0,804					83,5	0,020 / 0,058														
4	442	0,258 / 0,477	1	0 / 0,001			119	0,028 / 0,083	0,5	0 / 0												
8	238	0,136 / 0,257	4	0,001 / 0,003	2,5	0,001 / 0,002	79	0,019 / 0,055	4	0,001 / 0,003												
12	166,5	0,095 / 0,180	7,5	0,001 / 0,005	5	0,001 / 0,003	47,5	0,011 / 0,033	8	0,002 / 0,006												
16	124	0,071 / 0,134	9	0,002 / 0,006	6,5	0,002 / 0,004	28	0,007 / 0,019	11	0,002 / 0,008												
20	96	0,055 / 0,104	10,5	0,002 / 0,007	6	0,002 / 0,004	19,5	0,005 / 0,014	12	0,003 / 0,009												

Einflußwert einer Masche = 0,001

T a b e l l e 15

Spannungsermittlung nach Newmark

Bauwerk: 1 Glückaufstraße Sondierung: 1

Tiefe unter UK.F	F_6		F_7		F_8		F_9		F_{10}		F_{11}		F_{12}		F_{13}		F_{14}		F		$\Sigma\sigma_g$	$\Sigma\sigma_{g+H}$
	M	σ_g / σ_{g+H}	M	σ_g / σ_{g+H}	M	σ_g / σ_{g+H}	M	σ_g / σ_{g+H}	M	σ_g / σ_{g+H}	M	σ_g / σ_{g+H}	M	σ_g / σ_{g+H}	M	σ_g / σ_{g+H}	M	σ_g / σ_{g+H}	M	σ_g / σ_{g+H}		
m		kg/cm^2		kg/cm^2		kg/cm^2		kg/cm^2		kg/cm^2		kg/cm^2		kg/cm^2		kg/cm^2		kg/cm^2		kg/cm^2	kg/cm^2	kg/cm^2
0		0,25		0,43		0,83		0,23	45	0,097	11	0,019									0,570	1,196
2					2	0,002	0,5	0,000	101	0,218	46	0,081									0,444	1,163
4	1	0,000	2	0,001	8	0,007	1,5	0,000	125	0,270	74	0,131	2	0,001	1	0,001					0,280	0,972
8	3,5	0,001	8	0,003	21	0,017	3,5	0,001	136	0,294	104	0,184	7	0,005	3	0,004	1	0,001			0,158	0,830
12	8	0,002	14	0,006	31	0,026	6	0,001	132,5	0,284	109	0,193	15	0,011	6	0,008	2	0,001			0,110	0,761
16	13	0,003	19	0,008	35	0,029	9	0,002	123	0,266	106	0,187	21	0,015	9,5	0,012	3	0,002			0,080	0,695
20																					0,067	-

T a b e l l e 16

Spannungsermittlung nach Newmark

Bauwerk: 1 Glückaufstraße Sondierung: 2

Tiefe unter UK.F	F_1 M	F_1 σ_g / σ_{g+H}	F_2 M	F_2 σ_g / σ_{g+H}	F_3 M	F_3 σ_g / σ_{g+H}	F_4 M	F_4 σ_g / σ_{g+H}	F_5 M	F_5 σ_g / σ_{g+H}	F M	F σ_g / σ_{g+H}	F M	F σ_g / σ_{g+H}	F M	F σ_g / σ_{g+H}	F M	F σ_g / σ_{g+H}	F M	F σ_g / σ_{g+H}	$\Sigma\sigma_g$	$\Sigma\sigma_{g+H}$
m		kg/cm^2		kg/cm^2		kg/cm^2		kg/cm^2		kg/cm^2		kg/cm^2		kg/cm^2		kg/cm^2		kg/cm^2		kg/cm^2	kg/cm^2	kg/cm^2
0		0,57 / 1,08		0,18 / 0,71		0,28 / 0,61		0,24 / 0,70		0,21 / 0,74												
2	756	0,431 / 0,816			61	0,017 / 0,037																
4	452	0,258 / 0,488	1	0,000 / 0,000	94	0,026 / 0,057			1	0,000 / 0,000												
8	239	0,136 / 0,258	3	0,000 / 0,002	68	0,019 / 0,041	3	0,000 / 0,002	5	0,001 / 0,004												
12	170,5	0,097 / 0,184	6	0,001 / 0,004	41	0,011 / 0,025	5	0,001 / 0,004	10	0,002 / 0,007												
16	127	0,072 / 0,137	8	0,001 / 0,006	25	0,007 / 0,015	7	0,002 / 0,005	13	0,003 / 0,010												
20	89,5	0,051 / 0,096	8	0,001 / 0,006	18	0,005 / 0,011	6,5	0,002 / 0,005	15	0,003 / 0,011												

T a b e l l e 17

Spannungsermittlung nach Newmark

Bauwerk: 1 Glückaufstraße Sondierung: 2

Tiefe unter UK.F	F_6 M	F_6 $\frac{\sigma_g}{\sigma_{g+H}}$	F_7 M	F_7 $\frac{\sigma_g}{\sigma_{g+H}}$	F_8 M	F_8 $\frac{\sigma_g}{\sigma_{g+H}}$	F_9 M	F_9 $\frac{\sigma_g}{\sigma_{g+H}}$	F_{10} M	F_{10} $\frac{\sigma_g}{\sigma_{g+H}}$	F_{11} M	F_{11} $\frac{\sigma_g}{\sigma_{g+H}}$	F_{12} M	F_{12} $\frac{\sigma_g}{\sigma_{g+H}}$	F_{13} M	F_{13} $\frac{\sigma_g}{\sigma_{g+H}}$	F_{14} M	F_{14} $\frac{\sigma_g}{\sigma_{g+H}}$	F M	F $\frac{\sigma_g}{\sigma_{g+H}}$	$\Sigma \sigma_g$	$\Sigma \sigma_{g+H}$
m		kg/cm^2		kg/cm^2		kg/cm^2		kg/cm^2		kg/cm^2		kg/cm^2		kg/cm^2		kg/cm^2		kg/cm^2		kg/cm^2	kg/cm^2	kg/cm^2
0		0,25		0,43	63	0,052	4	0,001		2,16		1,77		0,72		1,28		0,54			0,570	1,133
2			2,5	0,001	138	0,115	22	0,005	3	0,006											0,448	0,980
4	3	0,001	10	0,004	162	0,134	37	0,009	11	0,024	3	0,005			1	0,001					0,284	0,723
8	9,5	0,002	25	0,011	145	0,120	46	0,011	29	0,063	9	0,016	1	0,001	3	0,004	1	0,001			0,156	0,536
12	19	0,005	36,5	0,016	113,5	0,094	42	0,010	46	0,100	17	0,030	1	0,001	5	0,006	2	0,001			0,112	0,487
16	27	0,007	39	0,017	87	0,072	35	0,008	58	0,125	25	0,044	5	0,004	7	0,009	2	0,001			0,086	0,460
20																					0,062	-

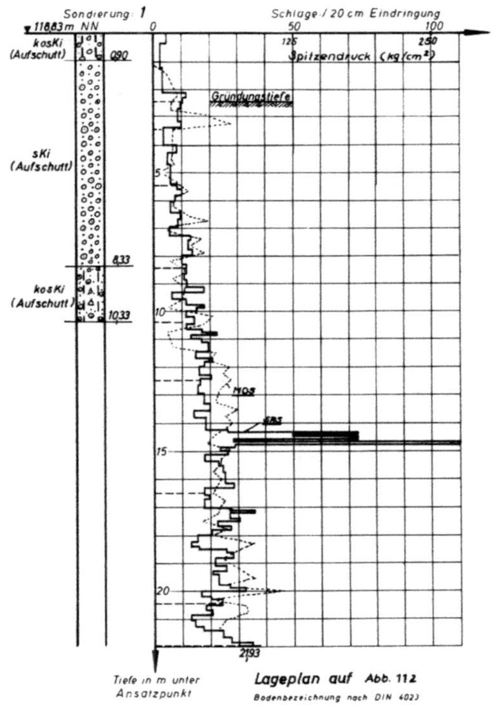

A b b i l d u n g 117

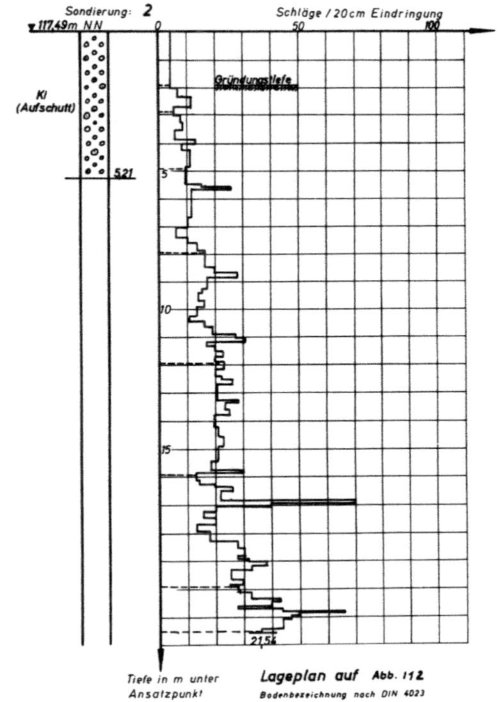

A b b i l d u n g 118

Ergebnisse der Drucksondierung und der schweren

Rammsondierungen an Bauwerk 1

Tabelle 18

Setzungsberechnung

Bauwerk: Glückaufstraße
Punkt : I
Gründungstiefe : 2,45 m unter O.K.Gelände
Grundwasser : - " " " " "

Sondierung : 1, Abb. 117
Bodenaufschluß: Abb. 117
Sondentyp : schwere Rammsonde
Bemerkungen: Boden sehr feucht, sonst keine Angaben über Grundwasser im Bohrprotokoll

Tiefe unter U.K.F von bis	Schichtstärke Δt	Tiefe t unter U.K.F bis Schichtmitte	mittleres Raumgewicht γ_m	Spannung aus Bodeneigengewicht $\gamma \cdot h_i$	Spannung aus Bauwerkslast σ_g	(5)+(6)	Zusatzspannung aus Dammschüttg. σ_H	p' unter Ansatzpunkt d. Sondierung	mittlere Schlagzahl n_m	C_1	C_2	Steifezahlbeiwert v	$1+\frac{\sigma_H}{\sigma_g+\gamma \cdot h_i} = 1+\frac{(8)}{(7)}$	ln (14)	Setzung $\Delta s = \frac{(15)\cdot(2)}{(13)}$
m	cm	cm	t/m^3	kg/cm^2	kg/cm^2	kg/cm^2	kg/cm^2	kg/cm^2	Schläge/ 20cmEindr	-	-	-	-	-	cm
1	2	3	4	5	6	7	8	9	10	11	12	13	14	15	16
0 – 1	100	50	1,95	0,575	0.545	1,120	0,649	0,601	8,75	38	10,5	269	1,580	0,458	0,170
1 – 3	200	200	"	0,868	0,444	1,312	0,719	0,990	5,38	"	"	100	1,548	0,438	0,876
3 – 6	300	450	"	1,355	0,260	1,615	0,680	1,635	9,25	"	"	86	1,421	0,351	1,224
6 – 8	200	700	"	1,845	0,175	2,020	0,678	2,195	11,15	"	"	67	1,336	0,290	0,866
8 – 10	200	900	"	2,233	0,142	2,375	0,660	2,625	16,20	"	"	70,5	1,278	0,245	0,696
10 – 14	400	1200	"	2,818	0,110	2,928	0,651	3,250	24,50	"	"	73	1,222	0,200	1,096
14 – 18	400	1600	"	3,598	0,080	2,678	0,615	4,150	22,75	"	"	48	1,163	0,151	1,258
18 – 19,5	150	1875	"	4,134	0,070	4,204	0,580	4,715	23,80	"	"	41	1,138	0,129	0,472

gemessen $s = 5,50$ cm $\frac{6,66}{5,50} = 1,21$ Gesamtsetzung $\Sigma \Delta s = 6,658$ cm $= s^*$

Tabelle 19

Setzungsberechnung

Bauwerk: Glückaufstraße
Punkt : I
Gründungstiefe : 2,45 m unter O.K.Gelände
Grundwasser : - " " " " "

Sondierung : 1, Abb. 117
Bodenaufschluß: Abb. 117
Sondentyp : Maihak-Drucksonde
Bemerkungen: Boden sehr feucht, sonst keine Angaben über Grundwasser im Bohrprotokoll

Tiefe unter U.K.F von bis	Schichtstärke Δt	Tiefe t unter U.K.F bis Schichtmitte	mittleres Raumgewicht γ_m	Spannung aus Bodeneigengewicht $\gamma \cdot h_i$	Spannung aus Bauwerkslast σ_g	(5)+(6)	Zusatzspannung aus Dammschüttg. σ_H	p' unter Ansatzpunkt der Sondierung	mittlerer Spitzendruck w	Steifezahlbeiwert $v = \frac{5 \cdot w^{0,85}}{p'}$	$1+\frac{\sigma_H}{\sigma_g+\gamma \cdot h_i} = 1+\frac{(8)}{(7)}$	ln (12)	Setzung $\Delta s = \frac{(13)\cdot(2)}{(11)}$
m	cm	cm	t/m³	kg/cm²	kg/cm²	kg/cm²	kg/cm²	kg/cm²	kg/cm²	-	-	-	cm
1	2	3	4	5	6	7	8	9	10	11	12	13	14
0 / 1	100	50	1,95	0,575	0,545	1,120	0,649	0,601	37,5	181	1,580	0,458	0,253
1 / 3	200	200	"	0,868	0,444	1,312	0,719	0,990	16,25	54	1,548	0,438	1,622
3 / 6	300	450	"	1,355	0,260	1,615	0,680	1,635	26,25	49	1,421	0,351	2,148
6 / 8	200	700	"	1,845	0,175	2,020	0,678	2,195	28,10	39	1,336	0,290	1,487
8 / 10	200	900	"	2,233	0,142	2,375	0,660	2,625	39,40	43	1,278	0,245	1,140
10 / 14	400	1200	"	2,818	0,110	2,928	0,651	3,250	61,20	51	1,222	0,200	1,569
14 / 18	400	1600	"	3,598	0,080	2,678	0,615	4,150	67,80	44	1,116	0,151	1,373
18 / 19,5	150	1875	"	4,134	0,070	4,204	0,580	4,715	62,50	35	1,138	0,129	0,553

gemessen s = 5,50 cm $\frac{10,14}{5,50} = 1,84$ Gesamtsetzung $\Sigma \Delta s$ = 10,145 cm = s^*

T a b e l l e 20

Setzungsberechnung

Bauwerk : Glückaufstraße
Punkt : II
Gründungstiefe: 2,45 m unter O.K.Gelände
Grundwasser : - " " " " "

Sondierung : 2, Abb. 118
Bodenaufschluß: Abb. 118
Sondentyp : schwere Rammsonde
Bemerkungen: Boden sehr feucht, sonst keine Angaben über Grundwasser im Bohrprotokoll

Tiefe unter U.K.F von bis	Schichtstärke Δt	Tiefe t unter U.K.F bis Schichtmitte	mittleres Raumgewicht γ_m	Spannung aus Bodeneigengew. $\gamma \cdot h_i$	Spannung aus Bauwerkslast σ_g	(5)+(6)	Zusatzspannung aus Dammschüttg. σ_H	p' unter Ansatzpunkt d. Sondierung	mittlere Schlagzahl n_m	C_1	C_2	Steifezahlbeiwert v	$1+\frac{\sigma_H}{\sigma_g+\gamma \cdot h_i} = 1+\frac{(8)}{(7)}$	$\ln(14)$	Setzung $\Delta s = \frac{(15)\cdot(2)}{(13)}$
m	cm	cm	t/m³	kg/cm²	kg/cm²	kg/cm²	kg/cm²	kg/cm²	Schl./20 cm Eindr.	-	-	-	-	-	cm
1	2	3	4	5	6	7	8	9	10	11	12	13	14	15	16
0 / 1	100	50	1,95	0,575	0,545	1,120	0,560	0,595	7,50	38	10,5	229	1,500	0,405	0,177
1 / 3	200	200	"	0,868	0,448	1,316	0,532	0,935	8,75	"	"	151	1,405	0,340	0,450
3 / 6	300	450	"	1,355	0,260	1,615	0,420	1,514	11,10	"	"	100	1,260	0,231	0,693
6 / 10	400	800	"	2,038	0,156	2,194	0,380	2,235	18,20	"	"	88	1,173	0,159	0,723
10 / 14	400	1200	"	2,818	0,112	2,930	0,375	3,055	21,40	"	"	65	1,128	0,120	0,738
14 / 18	400	1600	"	3,598	0,086	3,684	0,374	3,862	24,40	"	"	50	1,103	0,098	0,784
18 / 19,5	150	1875	"	4,134	0,070	4,204	0,370	4,581	41,80	"	"	64	1,088	0,084	0,197

gemessen $s = 3{,}05$ cm $\frac{3{,}76}{3{,}05} = 1{,}23$ Gesamtsetzung $\Sigma \Delta s = 3{,}762$ cm $= s^*$

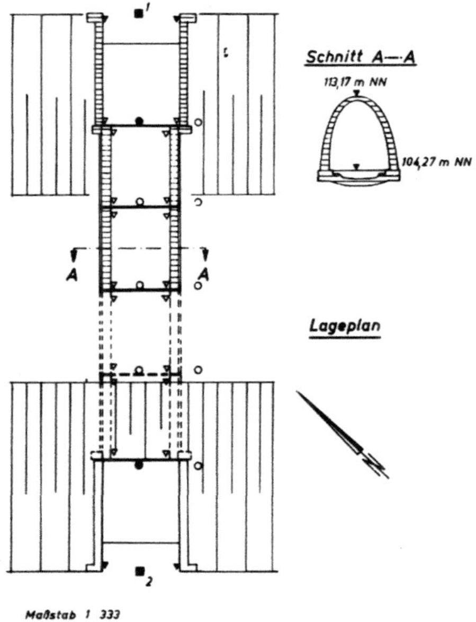

A b b i l d u n g 119
Nord-Süd-Bahn
Bauwerk: 2 Neu Berrenrath

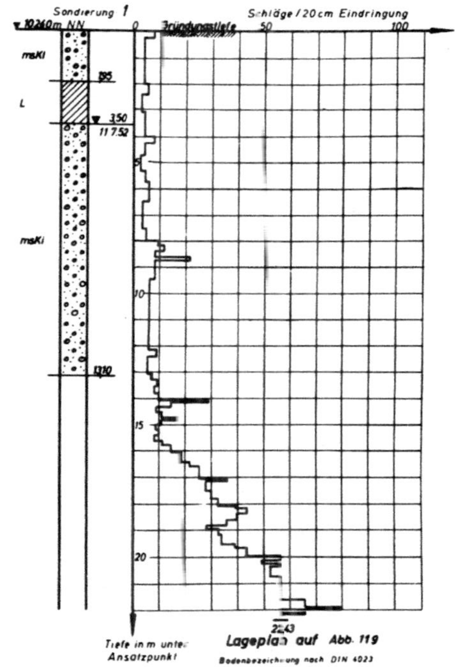

A b b i l d u n g 120
Nord-Süd-Bahn
Bauwerk: 2 Neu Berrenrath

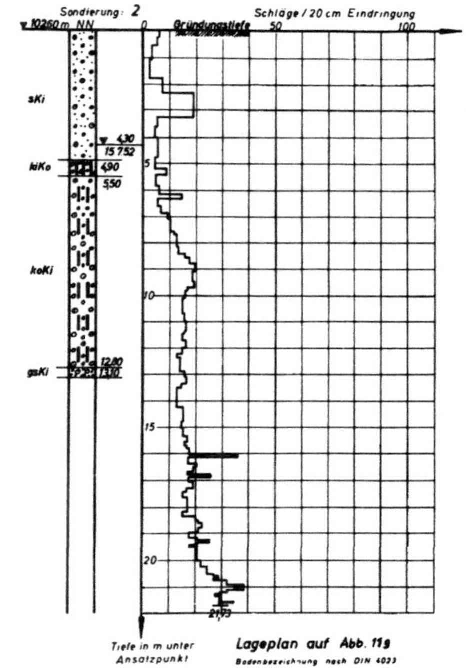

A b b i l d u n g 121
Nord-Süd-Bahn
Bauwerk: 2 Neu Berrenrath

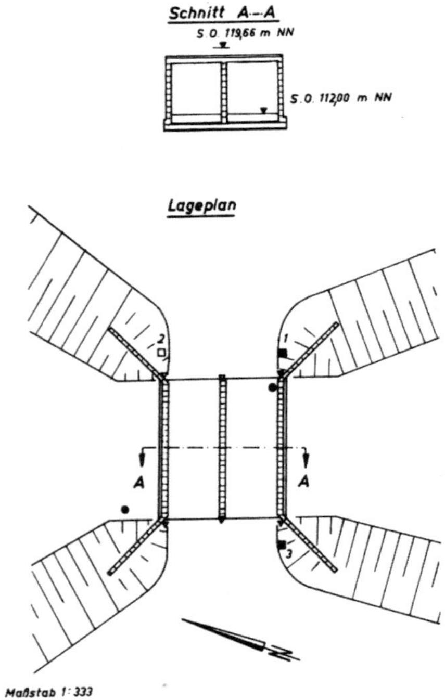

Abbildung 122

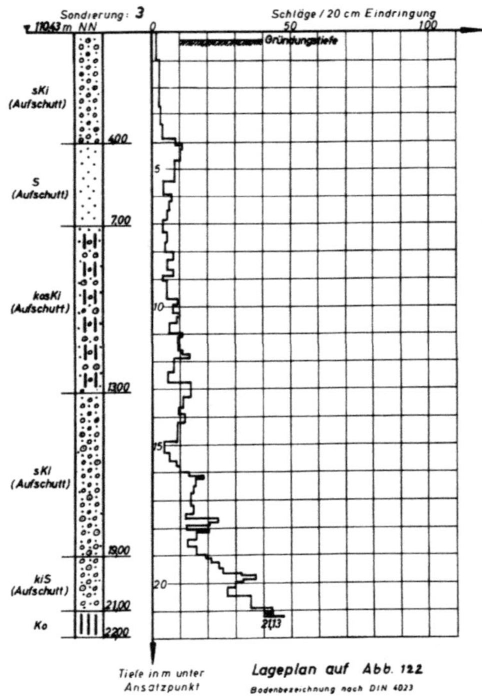

Abbildung 123

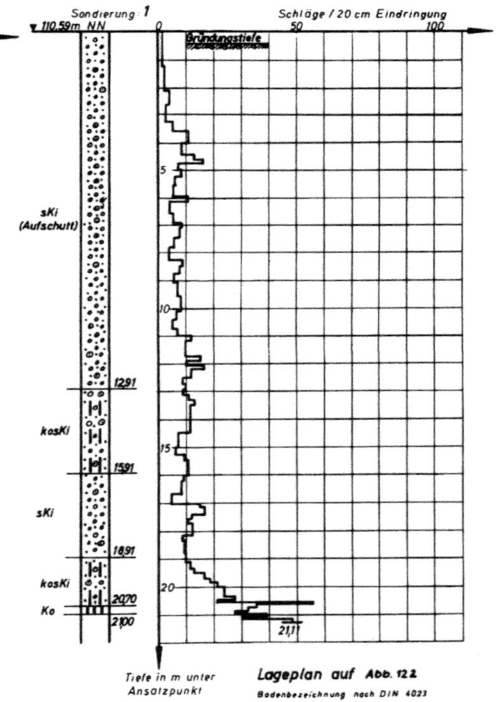

Abbildung 124

Nord-Süd-Bahn Bauwerk: 3 Wachtberg-Zentraltagebau

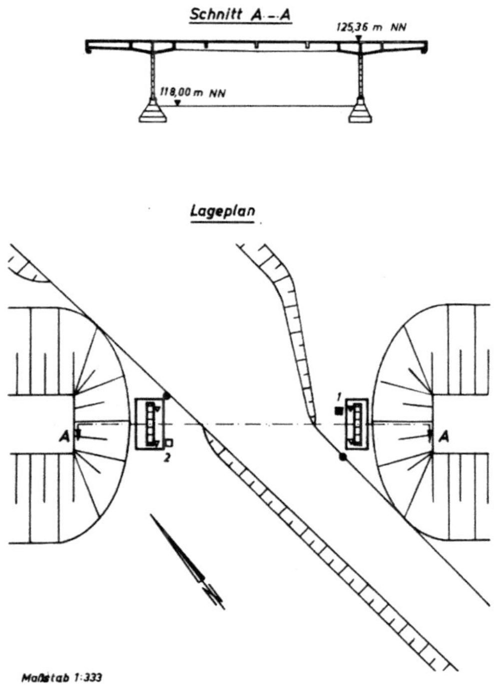

Abbildung 125

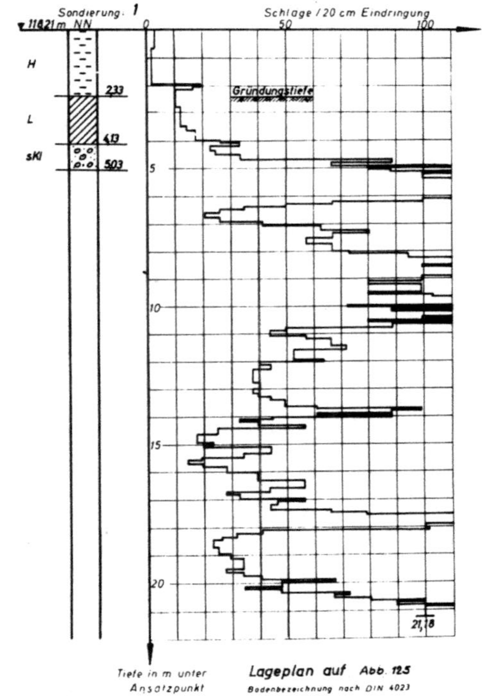

Abbildung 126

Nord-Süd-Bahn Bauwerk: 4 Rosmarweg

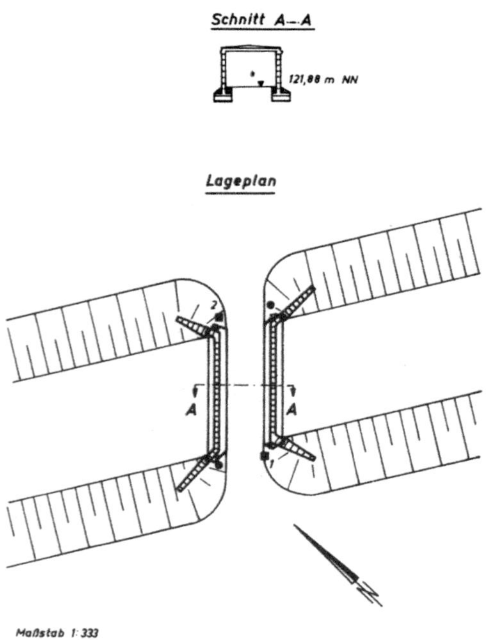

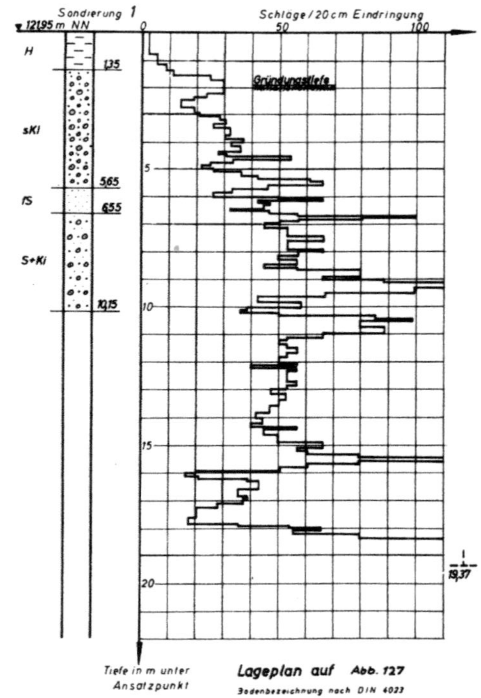

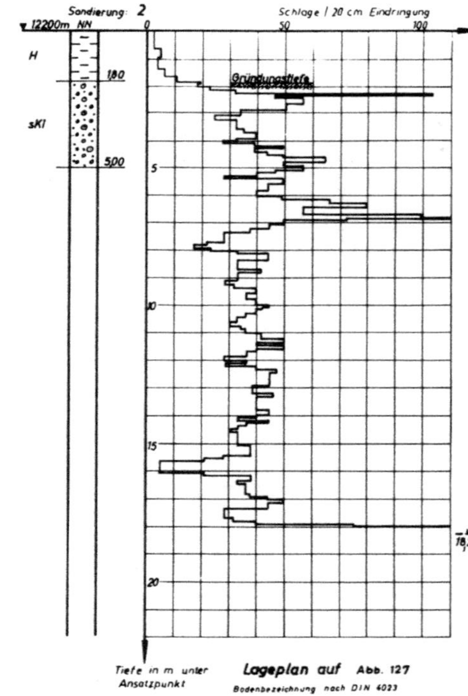

Abbildung 127 Abbildung 128 Abbildung 129

Nord-Süd-Bahn Bauwerk: 5 Habbelrather Weg

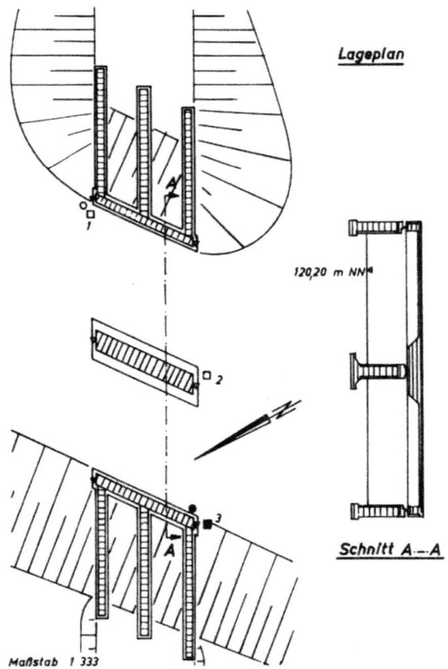

Abbildung 130

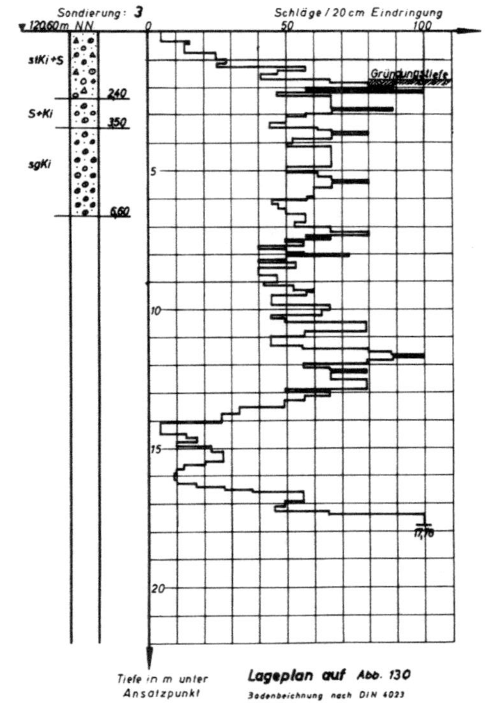

Abbildung 131

Nord-Süd-Bahn Bauwerk: 6 Autobahn

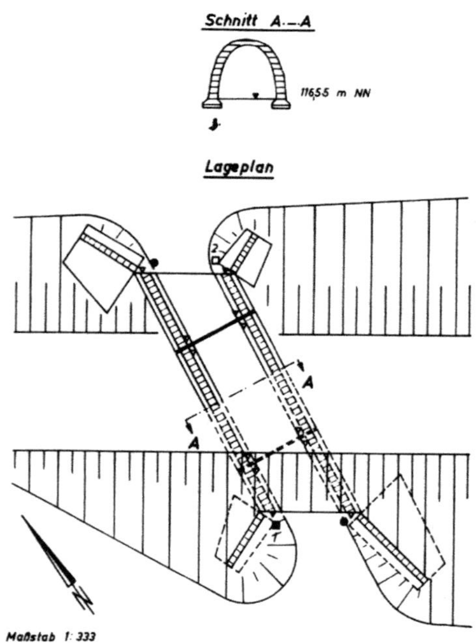

Abbildung 132

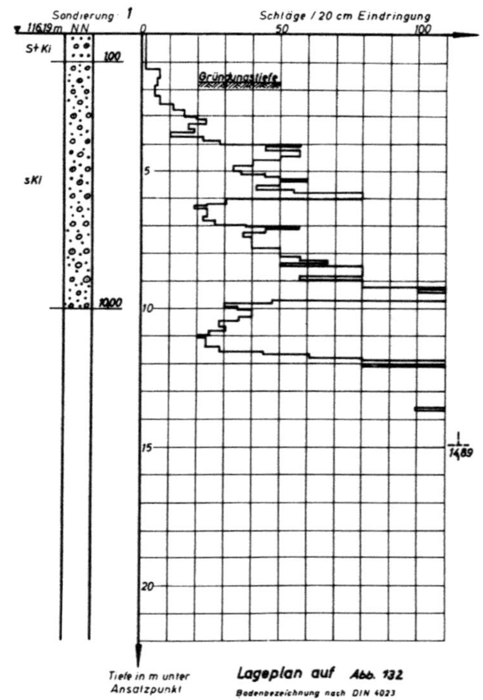

Abbildung 133

Nord-Süd-Bahn Bauwerk: 7 Klosterweg

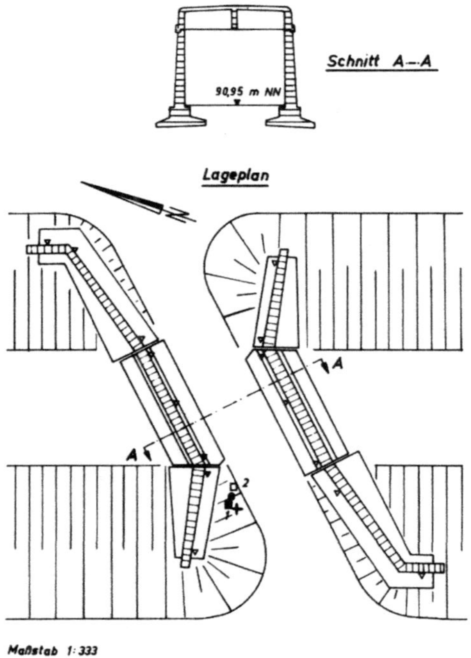

A b b i l d u n g   134

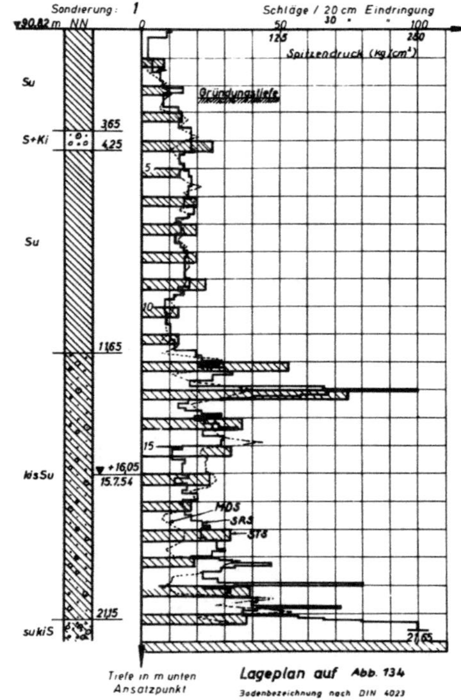

A b b i l d u n g   135

Nord-Süd-Bahn   Bauwerk: 8 Büsdorfer Straße

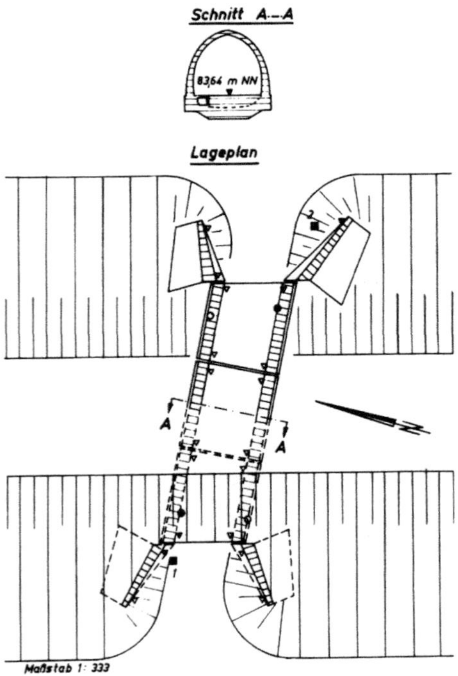

Abbildung 136

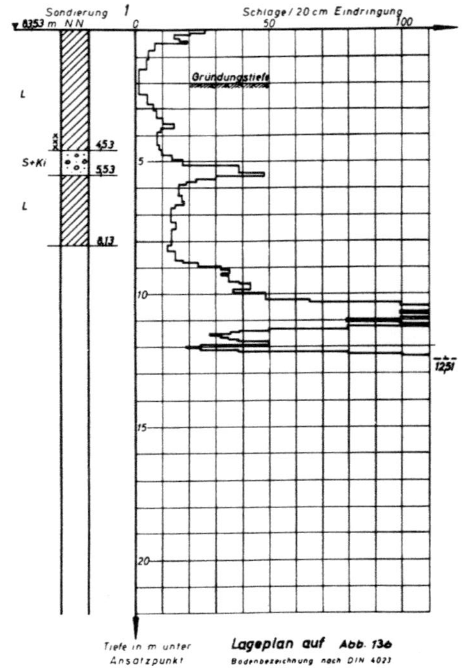

Abbildung 137

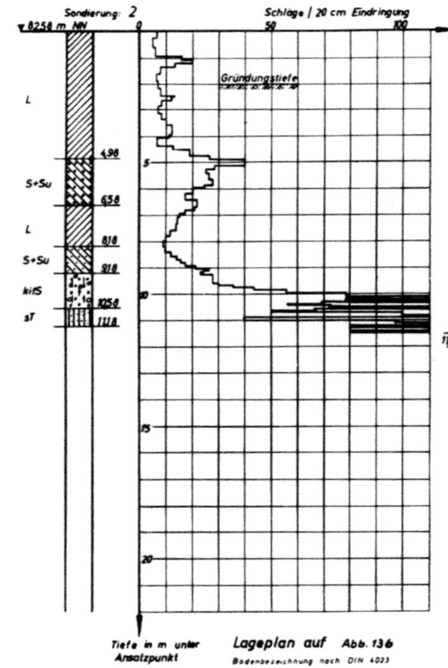

Abbildung 138

Nord-Süd-Bahn Bauwerk: 9 Büsdorfer Weg

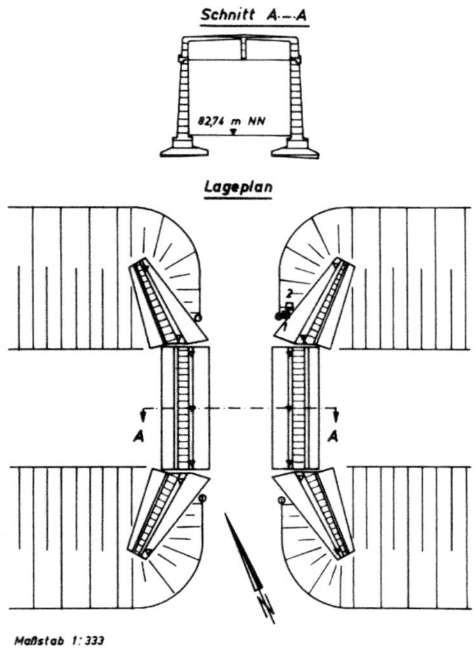

Abbildung 139

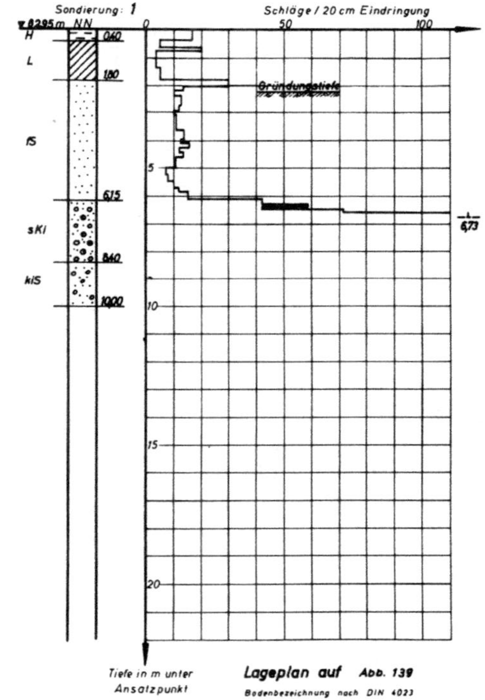

Abbildung 140

Nord-Süd-Bahn Bauwerk: 10 Landstraße I.O. Nr. 280

T a b e l l e 21

Zusammenstellung der Ergebnisse der Setzungsberechnungen

Bauwerk Nr.	Versuchsfeld	Sondierung Nr.	Sondentyp	Setzung (cm) gerechn. s	gem. s^*	$\frac{s}{s^*}$	Bodenart	Bemerkung
1	2	3	4	5a	5b	6	7	8
1	Glückaufstraße	1	SRS	6,66	5,50	1,21	sKi	
		2	"	3,76	3,05	1,23	Ki	
		1	MDS	10,31	5,50	1,84	sKi	
2	Neu-Berrenrath	1	SRS	11,05	16,00	0,69	sKi	Setzungen aus tieferliegenden Schichten konnten nicht miterfaßt werden
		2	"	8,20	18,00	0,46	"	
3	Wachtberg	1	"	8,45	13,40	0,63	sKi	wie Bauwerk 2
		3	"	10,30	13,80	0,75	S u. sKi	
4	Rosmarweg	1	"	0,82	1,30	0,63	L u. sKi	
5	Habbelrather Weg	1	"	1,04	0,40	2,60	fS S + Ki	Zeitsetzungslinien deuten auf fehlerhafte Setzungsmessungen hin
		2	"	1,32	0,60	2,20	sKi	
6	Autobahn	3	"	0,47	0,40	1,17	sKi	
7	Klosterweg	1	"	3,40	3,80	0,89	sKi	
8	Büsdorfer Straße	1	SRS	14,76	5,25	2,81	sKi Su	Schluff der *CL*-Gruppe ($PI < 15$ %)
		1	STS	9,21	5,25	1,75	"	
		1	MDS	10,40	5,25	1,98	"	
9	Büsdorfer Weg	1	SRS	14,35	11,30	1,27	L S u. Su	
		2	"	8,50	8,50	1,00	L S + Ki	
10	Landstraße I.O.	1	"	3,63	4,60	0,79	fS S + Ki	wie Bauwerk 2

Summe: 23,90

Mittel aus 18 Setzungsberechnungen: s/s^* = 23,90 : 18 = 1,33

werden kann. Bei großen Setzungen ist der Einfluß des Faktors C_1 , bei kleinen der von C_2 überwiegend. Beide dürften daher zuverlässig sein. Bei einigen Bauwerken (z.B. Bauwerk 2) reichten die Sondierungen nicht tief genug, um die Setzungen aus tieferliegenden Schichten mitzuerfassen. Die errechnete Setzung ist daher für diese etwas zu gering ausgefallen.

Im ganzen gesehen liegen jedoch die Ergebnisse der Setzungsberechnungen auf der sicheren Seite. Der Mittelwert aus allen 18 Setzungsberechnungen zeigt, daß die errechneten Setzungen rund 30 % zu groß erhalten werden. Zieht man dabei in Betracht, daß die schwierige Spannungsermittlung unter den Brückenbauwerken, die Unsicherheit in den Bodenaufschlüssen wegen der oft nicht tief genug reichenden Bohrungen und die Annahme für das Raumgewicht die Genauigkeit der Berechnung beeinflussen, so ist das Ergebnis durchaus zufriedenstellend.

Um einen Überblick über die wahrscheinliche Streuung in der Setzungsermittlung und die Genauigkeit des Ergebnisses zu erhalten, kann nach Gl. (55), Seite 107 der mittlere Fehler ausgerechnet werden. Das Ergebnis der Tabelle 21 würde dann lauten: $1{,}33 \pm 0{,}42$. Dieser Streubereich wird aus dem mittleren Fehler der Einzelmessung abgeleitet, der nicht nur die Streuung in der Sondenanzeige, infolge der auch innerhalb eines Kornverteilungsbereiches nicht ganz einheitlichen Böden, sondern auch sämtliche Störungen enthält, die bei der Entnahme, dem Transport und dem Einbau der Proben in die Untersuchungsgeräte entstanden sind. Berücksichtigt man außerdem, daß die Schlagzahlen bei der überwiegenden Anzahl der Brückenbauwerke sehr niedrig liegen, wodurch die absolute Größe des mittleren Fehlers besonders stark in die Rechnung eingeht, so darf das Ergebnis der Setzungsberechnungen als brauchbare Übereinstimmung mit den tatsächlich gemessenen Setzungen gewertet werden.

Auch wenn die Setzungsberechnung auf den Untersuchungsergebnissen ungestörter Bodenproben basiert, wird nur in Ausnahmefällen eine völlige Übereinstimmung von vorausgesagter und tatsächlich eintretender Setzung beobachtet. Diese Erfahrung kommt in der DIN 4019 zum Ausdruck, wo es unter 1. heißt:

> " ..... Wegen der vereinfachenden Annahmen und der oft notwendigen Mittelbildung können derartige Berechnungen nur zur Schätzung der Größe der Setzungen führen, die nicht selten bis zu 50 % unterschritten, in Ausnahmefällen auch überschritten werden ..... "

10. Die Festlegung der zulässigen Bodenpressung auf Grund von Sondierungen

Da die für ein Bauwerk zu erwartenden Setzungen vor allen Dingen in Sand und Kies und Schluff von niedrigem Sättigungsgrad mit für praktische Zwecke ausreichender Genauigkeit vorausgesagt werden können, wäre es möglich, Tafeln aufzustellen, aus denen die zulässige Bodenpressung in Abhängigkeit von der Schlagzahl, der Fundamentbreite, der Gründungstiefe und der zulässigen Setzung abgelesen werden kann. Hiervon soll jedoch Abstand genommen werden, da die Genauigkeit der Setzungsvoraussage durch die vereinfachenden Annahmen, die in solchen Tafeln gemacht werden müssen, erheblich vermindert wird. Der Entwurfsbearbeiter für eine Gründung kann mit Hilfe der Sondierergebnisse nach dem angegebenen Muster die Setzungen mit nur geringem Zeitaufwand unter Berücksichtigung der örtlichen Verhältnisse leicht selbst ermitteln.

Anhaltswerte für die zulässigen Setzungen enthält die Tabelle 22, die von SKEMPTON und McDONALD [97] aufgestellt worden ist. Die Werte beziehen sich auf eine schädliche Winkelverdrehung (Setzungsunterschied geteilt durch die Entfernung zweier benachbarter Stützen) von 1/300. Der Sicherheitsfaktor beträgt 1,5, so daß sich eine zulässige Winkelverdrehung von rund 1/500 ergibt.

Tabelle 22

Gründung	Baugrund	zul. Setzung (cm)
Einzelfundament	Ton	6
Einzelfundament	Sand	4
Platte	Ton	6 - 10
Platte	Sand	4 - 6
Wanne	Ton	10 und mehr

11. Die wirtschaftliche Bedeutung des neuen Auswertungsverfahrens für die Gründungstechnik

Die wirtschaftliche Bedeutung des neuen Auswertungsverfahrens ergibt sich aus dem Vergleich mit den bisher bekannten Auswertungsverfahren für Sondierungen. Als Beispiel werde für die in Abbildung 141 dargestellten Gründungsverhältnisse die zulässige Bodenpressung ermittelt,

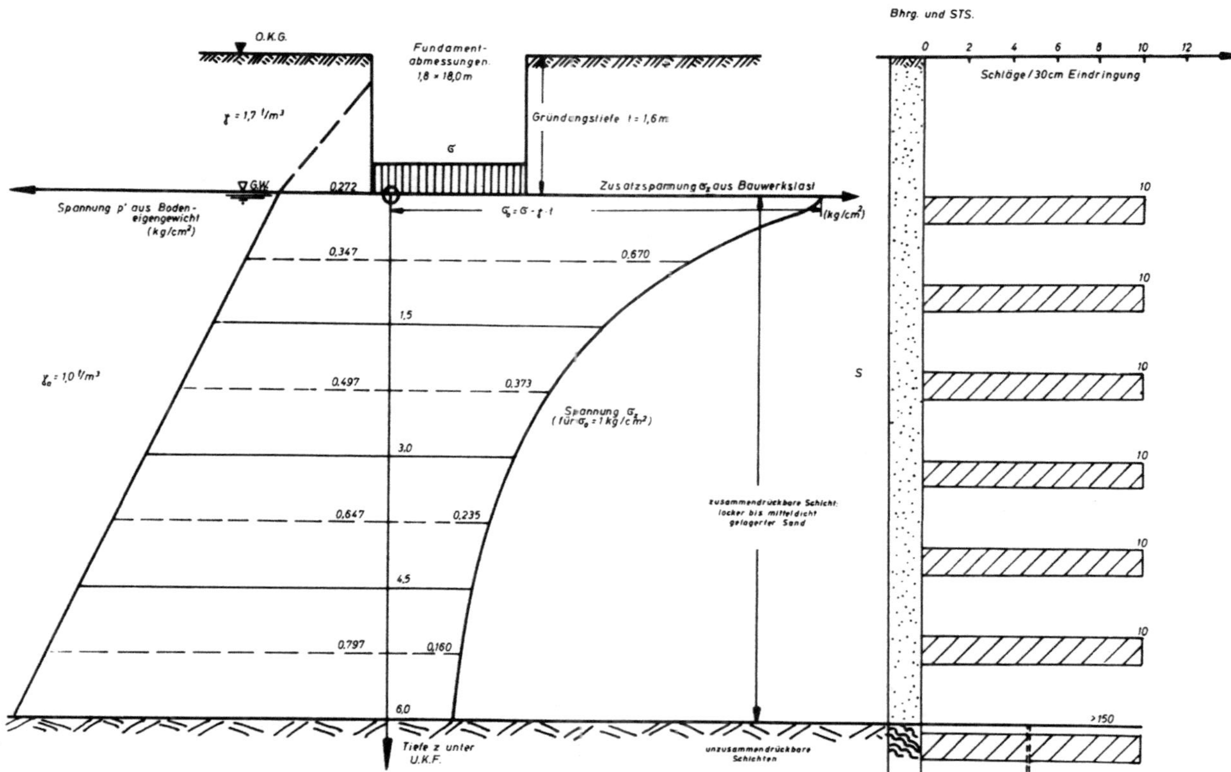

A b b i l d u n g 141

Sondierergebnis und Spannungsverlauf unter einem Fundament

die durch die vom Bauwerk aufnehmbare Setzung von 2,5 cm festgelegt sein soll. Die Standardsonde zeigte in der 6 m mächtigen zusammendrückbaren Sandschicht eine konstante Schlagzahl von 10. Das Grundwasser steht in Höhe der Gründungssohle.

Für diese Gründungsverhältnisse erlaubt die Tafel von TERZAGHI und PECK (Abb. 26, S. 41) eine zulässige Bodenpressung von:

$$\sigma = 0,5 \cdot 1,0 = 0,5 \quad kg/cm^2$$

Wird angenommen, daß der Schlagzahl der Standardsonde der vierfache Wert des Spitzendruckes der Drucksonde entspricht, so erhält man nach BUISMAN, Gl. (6), Seite 48 für den Steifezahlbeiwert

$$v = \frac{3}{2} \frac{40}{p'} = \frac{60}{p'}$$

Die zulässige Bodenpressung, die bei dieser Zusammendrückbarkeit eine Setzung von 2,5 cm hervorruft, beträgt nach Tabelle 23

Tabelle 23

$\sigma_0 = 1,0$

Tiefe unter U.K.F von bis	Schichtstärke Δz	Tiefe z unter U.K.F bis Schichtmitte	p' senkrechte Spannung $\gamma \cdot h_i$	Steifezahlbeiwert v	Spannung aus Bauwerkslast σ_z	$1+\frac{(6)}{(4)}$	$ln(7)$	Setzung $\Delta s = (8 \cdot)\frac{(2)}{(5)}$
cm	cm	cm	kg/cm²	-	kg/cm²	-	-	cm
1	2	3	4	5	6	7	8	9
0-150	150	75	0,347	173	0,670	2,93	1,075	0,932
150-300	150	225	0,497	121	0,373	1,75	0,559	0,692
300-450	150	375	0,647	93	0,235	1,363	0,310	0,500
450-600	150	525	0,797	75	0,160	1,201	0,185	0,370
								2,494

$$\sigma = \sigma_0 + \gamma \cdot t = 1,00 + 0,27 = 1,27 \ kg/cm^2$$

Mit der vom Verfasser vorgelegten Auswertung ergibt sich in Sand (Tab. 10)

$$v = \frac{39 + 4,5 \cdot N}{p'} = \frac{84}{p'}$$

Mit diesem Wert errechnet sich σ zu (Tab. 24)

T a b e l l e   24

$\sigma_0 = 1{,}65$

Tiefe unter U.K.F von bis	Schichtstärke Δz	Tiefe z unter U.K.F bis Schichtmitte	p' senkrechte Spannung $\gamma \cdot h_i$	Steifezahlbeiwert v	Spannung aus Bauwerkslast σ_z	$1+\frac{(6)}{(4)}$	$ln\,(7)$	Setzung $\Delta s = (8) \cdot \frac{(2)}{(5)}$
cm	cm	cm	kg/cm²	-	kg/cm²	-	-	cm
1	2	3	4	5	6	7	8	9
0 -150	150	75	0,347	242	1,105	4,182	1,430	0,886
150-300	150	225	0,497	169	0,616	2,240	0,808	0,718
300-450	150	375	0,647	130	0,388	1,600	0,470	0,532
450-600	150	525	0,797	106	0,264	1,332	0,287	0,360
								2,496

$\sigma = \sigma_0 + \gamma \cdot t = 1{,}65 + 0{,}27 = 1{,}92\ kg/cm^2$

Die mit den 3 Auswertungsverfahren für die gleiche Gründung ermittelten zulässigen Bodenpressungen verhalten sich wie

1 : 2,54 : 3,84

Dieser Unterschied ist für die Kosten der Fundierung erheblich, da diese maßgeblich von der zulässigen Bodenpressung abhängig sind. Während für das gleiche Bauwerk bei 1,92 kg/cm² noch eine einfache Streifengründung mit einer Fundamentbreite von 1,8 m genügt, wird bei 1,27 kg/cm² u.U. eine Plattengründung erforderlich, da es wirtschaftlicher ist, eine durchgehende Gründungsplatte herzustellen als sehr breite Fundamentstreifen. Bei einer zulässigen Bodenpressung von nur 0,5 kg/cm² ist es jedoch fraglich, ob man noch mit einer Plattengründung auskommt. Hier wird vielleicht schon eine erheblich teurere Tiefengründung auf Pfählen oder Brunnen erforderlich.

Noch ausgeprägtere Unterschiede zwischen den 3 Auswertungsverfahren ergeben sich für Sondierungen in kiesigen Böden.

Das Verfahren von TERZAGHI und PECK liefert in der Regel Werte, die erheblich auf der sicheren Seite liegen. Da es aber andererseits als einziges bisher bekanntes Auswertungsverfahren für die Standardsonde eine größere Verbreitung erreicht hat und auch heute noch, nachdem sich seine Unzulänglichkeit in der Praxis vielfach erwiesen hat, immer noch als Ausschreibungsunterlage u.ä. verwendet wird, sollte die Gegenüberstellung der Auswertungsergebnisse zeigen, daß besonders dann, wenn das

Grundwasser in der Nähe der Gründungsohle steht, die ermittelten zulässigen Bodenpressungen viel zu niedrig erhalten werden.

12. Der Einfluß der geologischen Vorbelastung auf das Sondierergebnis

Es kommt häufig vor, daß ein natürlich gewachsener Boden zu irgendeinem Zeitpunkt seines geologischen Bestehens einer höheren Belastung ausgesetzt war als der augenblicklich vorhandenen. Für diese höhere Belastung gibt es eine Reihe von Möglichkeiten. So kann der Boden z.B. unter der Auflast von Deckschichten gestanden haben, die später erodiert wurden. Eine beachtliche Vorbelastung entstand in Nord- und Mitteldeutschland durch die Vergletscherung Nordeuropas während der Eiszeiten, als das Eis Mächtigkeiten bis zu 100 m erreichte. Auch das Absinken des Grundwasserspiegels kann für tiefergelegene Bodenschichten einen erheblichen Spannungszuwachs zur Folge haben.

Während die geologische Vorbelastung auf den Reibungswinkel sandiger und kiesiger Böden keinen nachweisbaren Einfluß ausübt (BISHOP und ELDIN [6]), ist die Zusammendrückbarkeit in starkem Maße eine Funktion der Vorbelastung. Ein und derselbe nichtbindige Boden kann selbst bei genau der gleichen Lagerungsdichte und unter den gleichen wirksamen Spannungen unterhalb der Vorbelastung eine Steifezahl aufweisen, die je nach der Größe der Vorbelastung bis zum 15fachen der Steifezahl für die Erstbelastung ist. Dies geht aus den Ergebnissen von Kompressionsversuchen mit Sand 1 (Kornverteilung Abb. 44) eindeutig hervor (Abb. 142). Die Unterschiede in der Zusammendrückbarkeit lassen sich dadurch erklären, daß selbst bei der rechnungsmäßigen Gleichheit der Lagerungsdichte die Struktur eines vorbelasteten Bodens anders ist als die eines erstbelasteten. Eine mikroskopische Betrachtung der Einzelkörner während des Belastungsvorganges bringt hierfür die Bestätigung. Bei einem erstbelasteten Boden verschieben sich die Einzelkörner unter Lastzuwachs ständig um verhältnismäßig große Strecken in neue Lagen und formen dabei eine Stützstruktur, die richtungsgebunden der jeweiligen Belastung widerstehen kann. Unterhalb einer einmal erreichten Vorbelastung ist ihre Lagerung stabil und die Verschiebung der Körner unter Lastwechsel gering. Das erklärt, warum der plastische Anteil der Setzungen bei Erstbelastung unverhältnismäßig groß im Vergleich zur plastischen Setzung bei der Wiederbelastung ist (Abb. 142). Unterhalb der Vorbelastung ist das Verhalten der Kornstruktur nahezu vollelastisch. Außerdem bestehen nur geringe

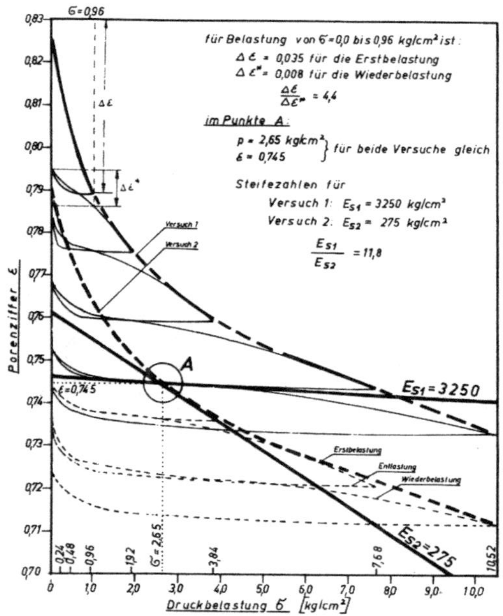

A b b i l d u n g 142

Der Einfluß der Vorbelastung auf die Zusammendrückbarkeit eines Sandes (Sand 1)

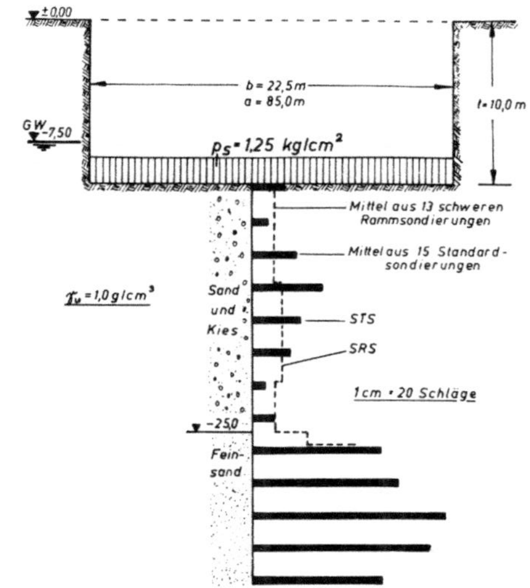

Vorbelastung $\gamma \cdot t$	Sohlpressung P_s	Setzungen			mittlere Steifezahl		
		gemessen	gerechnet aus SRS	gerechnet aus STS	gemessen	aus SRS	aus STS
kg/cm²	kg/cm²	cm	cm	cm	kg/cm²	kg/cm²	kg/cm²
1,8	0,69	1,6	5,2	5,9	1375	205	178
1,8	0,89	2,7	6,0	6,8	643	232	202
1,8	1,05	2,75	6,6	7,4	797	253	222
1,8	1,25	3,2	7,2	8,0	824	281	247

A b b i l d u n g 143

Ergebnis der Setzungsmessung bei einem Hochhaus

Unterschiede zwischen der Zusammendrückbarkeit bei hohen und niedrigen Lagerungsdichten.

Für die Scherfestigkeit spielt der Aufbau der Kornstruktur deshalb keine Rolle, weil für die maximale Scherspannung eine größere Verschiebung erforderlich ist, bei deren Erreichen die ursprünglich vorhandene Kornstruktur nicht mehr besteht. Maßgebend für die Scherfestigkeit ist nur die Lagerungsdichte, wobei es im Gegensatz zur Zusammendrückbarkeit gleichgültig ist, ob diese durch Einrütteln oder statische Vorbelastung erzeugt wurde.

Wenn die Struktur eines vorbelasteten nichtbindigen Bodens nach Entlastung gestört wird, so reagiert der Boden bei erneuter Belastung mit einer wesentlich größeren Zusammendrückbarkeit selbst dann, wenn diese Störung mit einer Verdichtung verbunden war. Wie schon erwähnt, sind auch bei sorgfältiger Entnahme von Bodenproben in Sand und Kies Störungen nicht vermeidbar. Auch wenn der Boden bei der Probenentnahme seine natürliche Lagerungsdichte praktisch beibehalten hat, wird dadurch der Einfluß einer etwaigen geologischen Vorbelastung ausgelöscht. Dieser Schluß kann aus dem Verlauf der Drucksetzungslinien von rund 100 Kompressionsversuchen an Sand- und Kiesböden gezogen werden. In keinem Fall war die Steifezahl unter der natürlichen Auflast auch nur annähernd gleich der, die man erhalten würde, wenn der Boden bis zur natürlichen Auflast vorbelastet, dann entlastet und wieder belastet wird. Durch den Laborversuch wird also die Zusammendrückbarkeit in der Regel zu groß erhalten. Wie sehr die Setzungen, die mit der im Laboratorium ermittelten Steifezahl errechnet werden, auf der sicheren Seite liegen, hängt davon ab, ob der Boden bei der Belastung durch ein Bauwerk über seine Vorbelastung hinaus beansprucht wird oder nicht.

Auch durch Sondierungen kann die Vorbelastung von Böden nicht bestimmt werden. Die Sonde dringt erst dann in den Boden ein, wenn der Verdrangungswiderstand des Bodens überwunden wird. Unterhalb der Sondenspitze entstehen Gleitfugen und plastische Fließbereiche (Abb. 66). Das Bodenvolumen, das durch die Sonde verdrängt wird, muß vom benachbarten Bodenbereich aufgenommen werden, der dadurch auf Druck und Abscheren beansprucht wird. Die geologische Vorbelastung hat auf den Verdrängungswiderstand deshalb keinen Einfluß, weil beim Erreichen des größten Verdrängungswiderstandes die ursprüngliche Kornstruktur schon gestört ist. Hinzu kommt, daß die Richtung des Drucks, den der verdrängte Boden auf den an die Sondenspitze angrenzenden Bereich ausübt, von der Druckrichtung der im allgemeinen senkrecht wirkenden geologischen Vorbelastung verschieden ist. Die in senkrechter Richtung wirksame Stützstruktur eines vorbelasteten Bodens hat daher auch keinen oder nur sehr geringen Einfluß auf den Eindringwiderstand der Sonde. Da es nach dem Stand der bisherigen Erkenntnisse nicht möglich ist, mit Sicherheit zu bestimmen, welcher Vorbelastung ein Boden ausgesetzt war, ist man meistens darauf angewiesen, bei der Setzungsberechnung von der ungünstigen Annahme auszugehen, daß der Boden durch das Bauwerk erstbelastet wird. Auch die Sondierergebnisse müssen bei der Eichung an Kompressionsversuchen an der Erstbelastung der Drucksetzungslinie geeicht werden, wie es auch in der vorliegenden Arbeit geschehen ist.

Es ist dann unausbleiblich, daß immer dann, wenn ein Bauwerk den Boden ganz oder teilweise unterhalb seiner Vorbelastung beansprucht, die rechnerischen Setzungen zu groß ermittelt werden. Ein typisches Beispiel bietet der Bau eines Hochhauses. Durch die 10 m unter Gelände liegende Fundamentsohle war der Gründungsboden mit 1,8 kg/cm^2 vorbelastet (Abb. 143). Die Spannungen aus Bauwerkslast blieben unterhalb dieser Vorbelastung. Die aus den sehr sorgfältig durchgeführten Setzungsmessungen errechnete Steifezahl war 3 bis 7 mal höher als die aus den Sondierungen errechnete.

13. Zusammenfassung

In allen Bodenarten geben die Sondierungen wertvolle ergänzende Aufschlüsse über die grundsätzliche Beschaffenheit des Baugrundes. Eine weitergehende zahlenmäßige Auswertung der Sondierergebnisse bleibt jedoch auf die Böden beschränkt, in denen der Eindringwiderstand der Sonde vom Porenwasserdruck nicht beeinflußt wird. Hierzu gehören die sandigen und kiesigen Böden und die nicht wassergesättigten Schluffböden. In diesen lassen sich Beziehungen zwischen dem Eindringwiderstand der Sonde und der Zusammendrückbarkeit des Bodens ableiten. Die bisher vorgenommenen Vergleiche mit tatsächlich gemessenen Setzungen zeigen, daß diese Beziehungen in nicht vorverdichteten Böden eine für praktische Zwecke ausreichende Genauigkeit aufweisen. Auch die zulässige Pfahlbelastung kann auf Grund von Sondierungen festgelegt werden.

Da die Sondierungen gerade in den Bodenarten zuverlässig sind, in denen es schwierig, oft sogar nicht möglich ist, ungestörte Bodenproben zu Laboratoriumsuntersuchungen zu entnehmen, stellen die abgeleiteten

Gleichungen eine nützliche Erweiterung unserer Kenntnisse auf dem Gebiete der praktischen Baugrunduntersuchung dar.

Die Auswertungsverfahren von Sondierergebnissen werden um so zuverlässiger, je umfangreicher das Untersuchungsmaterial ist, auf das sich das Auswertungsverfahren stützt. Dazu ist es wünschenswert, die Sondiergeräte zu normen, damit beim Vergleich verschiedener Untersuchungsergebnisse von den gleichen Voraussetzungen ausgegangen werden kann. In Deutschland wurde durch die Empfehlung des Arbeitskreises Sonden der Deutschen Gesellschaft für Erd- und Grundbau der erste Schritt in dieser Entwicklung bereits getan. Es wäre erfreulich, wenn auch die Bestrebungen der Internationalen Gesellschaft für Bodenmechanik, die Sondiergeräte bis auf wenige erprobte und genormte Typen zu beschränken, Erfolg haben würden. Erst dann wird es möglich sein, die wissenschaftliche Auswertung von Sondierergebnissen aus geologisch stark unterschiedlichen Gebieten auf breiter Grundlage vorzunehmen und Fragen, wie die nach der Größe des Zunahmewinkels mit der Tiefe, seine Abhängigkeit von der Lagerungsdichte und Kornverteilung, nach der theoretischen Begründung der Grenztiefe, nach dem Einfluß der Wassersättigung auf das Sondierergebnis in nichtbindigen Böden, nach dem Zusammenhang zwischen Sondierwiderstand und Scherfestigkeit u.a. eingehender zu klären.

Der Verfasser möchte durch die vorliegende Arbeit die Anregung geben, die Sondierungen über das bisher übliche Maß hinaus auszuwerten, und die Zuverlässigkeit der erhaltenen Ergebnisse anhand von Messungen an fertigen Bauwerken oder Laborversuchen zu überprüfen.

Literaturverzeichnis

[1] BARENTSEN - 1936 Short Description of a Field-Testing Method with Coneshaped Sounding Apparatus. Proc. 1. Int. Conf. Soil Mech. Found. Eng., Cambridge, Bd. I, S. 7

[2] BEGEMANN - 1953 Improved Method of Determining Resistance to Adhesion by Sounding through a Loose Sleeve Placed behind the Cone. Proc. 3. Int. Conf. Soil Mech. Found. Eng., Zürich, Bd. I, S. 213

[3] BELCHER - 1952 The Measurement of Soil Moisture and Density by Neutron and Gamma-Ray Scattering. Highway Research Board, Spec. Rep. No. 2, S. 98-110

[4] BELCHER, CUYKENDALL, SACK - 1952 Nuclear Meters for Measuring Soil Density and Moisture in Thin Surface Layers. Techn. Developm. Rep. N 161, CAA Techn. Developm. Evolut. Cent. Indianapolis, 1952

[5] BISHOP - 1948 A New Sampling Tool for Use in Cohesionsless Sands below Ground-Water Level. Géotechnique, Bd. 1, S. 125-131

[6] BISHOP und ELDIN - 1953 The Effect of Stress History on the Relation between φ and Porosity in Sand. Proc. 3. Int. Conf. Soil Mech. Found. Eng., Zürich, Bd. 1, S. 100

[7] BJERRUM und KJAERNSLI - 1957 Analysis of the Stability of some Norwegian Natural Clay Slopes. Géotechnique, Bd. VII, S. 1 Deutscher Auszug: Bauing. 33, S. 352

[8] BROCARD - 1955 Application des isotopes radioactifs a la mesure de la densité et de la teneur en eau des materiaux et des sols. Ann. Inst. Tech. Bat. Trav. Pub. No. 89, Paris, S. 429

[9] BUISSON - 1954 Les essais de Penetration et leur utilisation, Bulletin de la Confederation Generale du commerce et de l'Industrie de Tunnisie, Nr. 56/58

[10] Bundesanstalt für Straßenbau Abt. Baugrund - 1956 Bericht über die Untersuchung verschiedener Sonden auf ihre Eignung zur Feststellung der Lagerungsdichte und der Tragfähigkeit von Sanden

[11] CADLING und ODENSTADT - 1950 The Vane Borer. Proc. Royal Swed. Geot. Inst., Stockholm, Nr. 2

[12] CARLTON, BELCHER, CUYKENDALL, SACK - 1953 Modifications and Tests of Radioactive Probes for Measuring Soil, Moisture and Density. Civ. Aeron. Tech.Developm. Rep. No. 194 (1953) Indianapolis

[13] CZUBER - 1921 Die statistischen Forschungsmethoden. Verlag Seidel, Wien

[14] DE BEER - 1941 Een nieuw middel bij het outwerpen van paalfunderingen; het diepsondeerapparat. Tech.wetenschappelijk Tijdschrift 1941, S. 108

[15] DE BEER - 1948 Settlement Records on Bridges founded on Sand. Proc. 2. Int. Conf. Soil Mech. Found. Eng., Rotterdam, Bd. II, S. 111

[16] DE BEER - 1948 Données concernant la resistance au cisaillement deduites des essais de Penetration en profondeur Géotechnique, Bd. 1, S. 1

[17] DE BEER - 1949 Grondmechanica Standaard Boekhandel, Brüssel, Teil II, S. 162

[18] DE BEER - 1949 Quelques exemples d'application des methodes d'investigation utilisées en Belgique pour la resolution problèmes des fondations. Inst. Techn. Bat. Trav. Pub. No. 2, Nouvelle Serie 1949

[19] DE BEER - 1957 Method of Computation of an Upper Limit for the Influence of the Heterogeneity of Sand Layers on the Settlements of Bridges. Proc. 4. Int. Conf. Soil Mech. Found. Eng., London, Bd. I, S. 275

[20] DE BEER und MARTENS - 1956 Diskussion zu: "Penetration Tests and Bearing Capacity of Cohesionless Soils." von Meyerhof. Proc. Amer. Soc. Civ. Eng. SM4, S. 1095-7

[21] FACKLER - 1954 Gamma-Ray Tests on Concrete. R.I.L.E.M. Paris, No. 20, 2. Teil.

[22] FRANKIPFAHL - Beziehung zwischen Probebelastung und Drucksondierwerten. Prosp. Frankipfahl Baugesellschaft, Düsseldorf

[23] FRANKIPFAHL - Baugrundaufschluß mit Drucksondierungen für die Bemessung von Tiefgründungen, Prosp. d.Fa. Frankipfahl Baugesellschaft, Düsseldorf

[24] GIBBS und HOLTZ - 1957 Research on Determining the Density of Sands by Spoon Penetration Testing. Proc. 4. Int. Conf. Soil Mech. Found. Eng., London, Bd. 1, S. 35, (s.a. [106])

[25] GEUZE - 1954 Fortschritte unserer Kenntnisse über die Tragfähigkeit von Pfahlspitzen. Vorträge d. Baugrundtagung Stuttgart, Eigenverlag d. Deutschen Ges. f. Erd- u. Grundbau, Hamburg, S. 140

[26] GEUZE - 1957 Diskussionen zu Div. 2, Proc. 4. Int. Conf. Soil Mech. Found. Engng., London, Bd. III, S. 128

[27] GODSKESEN - 1937 10 Jahre Baugrunduntersuchungen bei den dänischen Staatsbahnen. Bautechnik, Bd. 15, S. 568

[28] GODSKESEN - 1951 Fjervaegts-Kegle-Tallet ligger ofte naeved Brudbelastningen for levet Byggegrund. Ingeniøren, Bd. 60, H. 20

[29] GRANDVOINNET - 1954 Etude sur le battage des pieux au mouton. AITBTP 7, Nr. 73, S. 22

[30] GRUHLE - 1957 Verwendung radioaktiver Isotope zur Bestimmung der Lagerungsdichte von Böden in großen Tiefen. Bautechnik,Bd. 34, S. 81

[31] HAEFELI und FEHLMANN - 1953 A Combined Penetration Process for the Exploration of the Foundation Soil. Proc. 3. Int. Conf. Soil Mech. Found. Eng., Zürich, Bd. I, S. 232

[32] HAEFELI und FEHLMANN - 1957 Measurements of the Soil Compressibility in Situ by Means of the Model Pile Test. Proc. 4. Int. Conf. Soil Mech.Found.Eng.London,Bd. 1, S. 225

[33] HAEFELI, MOOS und AMBERG - 1951 Eine leichte Rammsonde für geotechnische Untersuchungen. Mitt. d. Versuchsanst. f. Wasserbau und Erdbau, ETH Zürich, Nr. 21, Schweiz.Bauz. 69, H. 36, S. 497

[34] HOFFMANN - 1930 Die geotechnischen Arbeitsmethoden der schwedischen Staatsbahnen. Bauing. 11, H. 41, S. 699

[35] HORONJEFF, GOLDBERG - 1953 Field Measurement of Soil, Moisture and Density at the San Francisco Airport by the Use of Radioactive Materials. Int. Trans. Traff. Eng. Univ. Calif. Berkeley, Proc. Highway Res. Board, Washington DC 32, S. 500

[36] HORONJEFF, GOLDBERG, TRESCONY - 1954 The Use of Radioactive Material for the Measurement of Watercontent and Density of Soil. Highw. Res. Board 24, H. 7

[37] HOSTICKA - 1953 Radioisotopes and Nuclear Reactors Applied to Soil Mechanics Problems. Amer. Soc. Test. Materials, 1953

[38] HUIZINGA - 1936 Het bepalen van de paalpuntweerstand met het diepsondeerapparat van het Laboratorium voor Grondmechanica. Tech. Gemeenteblad 1936

[39] HUIZINGA - 1941 Resultaten van diepsondeeringen als oplosing van vele paalproblemen. De Ingenieur 1941, Juni, S. 31, S.37

[40] HUIZINGA - 1948 Grondmechanika. Ahrend Sohn, Amsterdam

[41] HUIZINGA - 1948 Some pile driving problems. Proc. 2. Int. Conf.Soil Mech.Found.Eng., Rotterdam, Bd. II, S. 105

[42] HVORSLEV - 1937 Über die Fęstigkeitseigenschaften gestörter bindiger Böden. Ingeniorvidenskablige Skrifter, A. Nr. 45, Kopenhagen

[43] HVORSLEV - 1949 Subsurface Exploration and Sampling of Soils for Civil Engineering Purposes. Waterways Exp. Station, Vicksburg, S. 35

[44] HVORSLEV - 1953 Cone Penetrometer Operated by Rotary Drilling Rig. Proc. 3. Int.Conf.Soil Mech.Found. Eng., Zürich, Bd. I, S. 236

[45] IKEDA und MUROMACHI - 1952/53 Field Bearing Test with Cone-Penetrometer. Ann. Rep. Japan, S. 16

[46] JACQUESSON - 1954 Note on the Influence of the Distance Source-Detector in the Use of Gamma-Radiation for Mesuring Densities of Soils, Notion of Critical Distance. R.I.L.E.M. Paris, No. 20, 2. Teil

[47] JÄNKE und MARTIN - 1957 Störende Einflüsse bei Rammsondierungen im Bohrloch. Aktennotiz

[48] KAHL - 1952 Untersuchung des Baugrundes mit einer Spitzendrucksonde. Bautechnik-Archiv, Heft 8, S. 52

[49] KAHL - 1955 Derzeitiger Stand des Spitzendruck-Sondierverfahrens. Forsch. u. Fortschr. im Bauwesen, H. 25, S. 1

[50] KAHL und MUHS - 1952 Über die Untersuchung des Baugrundes mit einer Spitzendrucksonde. Baut. 29, H. 4, S. 81

[51] KAHL und MUHS - 1954 Ergebnisse von Probebelastungen auf großen Lastflächen zur Ermittlung der Bruchlast im Sand. Forsch. u. Fortschr. im Bauwesen, H. 17, S. 65; H. 28, S. 6

[52] KERISEL - 1957 Mesures in Situ pour Déterminer la Portance d'une Foundation: Interpretation des Résultats au Pénétromèter, Cahiers du Centre Scientific et Technique du Batiment, Nr. 30, Paris, H. 251

[53] KOLBUSZEWSKI - 1957 Diskussionen zu Div. 2, Proc. 4. Int. Conf. Soil Mech.Found.Engng., London Bd. III, S. 126

[54] KRIPPNER - 1937 Beitrag zur Kennzeichnung einiger Festigkeitseigenschaften von Böden verschiedenen geologischen Alters. Geologie und Bauwesen 1937, Bd. 9, S. 6

[55] KREY - 1936 Erddruck, Erdwiderstand und Tragfähigkeit des Beugrundes. 5.Aufl., Wilh.Ernst & Sohn

[56] KÜNZEL - 1936 Der Prüfstab. Bauwelt 27, S. 329

[57] KUMM - 1934 Über Festigkeitsuntersuchung mit Hilfe des geologischen Handbohrgerätes.
Geologie und Bauwesen, Bd. 6, S. 118-120 und S. 129-134

[58] Laboratorium für Bodenmechanik Delft - 1936 The Predetermination of the Required Length and the Prediction of the Resistance of Piles.
Proc. 1, Int. Conf. Soil Mech. Found. Eng., Cambridge, Bd. I, S. 181

[59] LORENZ - 1954 Über die Messung der Lagerungsdichte des Baugrundes mittels radioaktiver Isotopen.
Baum. u. Baut. H. 8

[60] MANGER - 1955 Abschlußbericht über Sondenuntersuchungen auf einer Kippe.
Mitt. Deutscher Braunkohlen-Industrieverein, Köln

[61] mehrere Verfasser - 1958 Vereinheitlichung der Ramm- und Drucksondiergeräte.
Empfehlungen des Arbeitskreises Sonden, Obmann Dr.-Ing. Zweck, Bautechnik 35, S. 493

[62] MEYERHOF - 1956 Penetration Tests and Bearing Capacity of Cohesionless Soils.
Inst. Soil Mech. Found. Div. Amer. Soc. Civ. Eng. 82, Paper 366

[63] MIERLO und KOPPEJAN - 1951 Lengte en draagvermogen van heipaalen.
Laboratorium voor Grondmechanica, Delft

[64] MORTENSEN - 1948 Predetermination of the resistance of a pile on basis of field shear and loading test values.
Proc. 2. Int.Conf.SoilMech.Found.Eng. Rotterdam, Bd. II, S. 180

[65] MUHS - 1949 Arbeiten der Degebo in den Jahren 1938 - 1948.
Baut. Archiv 1949, H. 3, S. 21

[66] MUHS - 1957 Die Prüfung des Baugrundes und der Böden.
Handb. d. Werkstoffprüfung, 2. Aufl., Bd. III, Springer Verlag

[67] MÜLLER - 1935 Über die Behandlung von Mittelwerten aus einem Beobachtungsmaterial von geringem Umfang,
Ann. d. Hydr. H. 4, S. 225

[68] MURPHY - 1952 Penetrometer and Vane Tests Applied to Railway Earthworks.
Proc. 1. Austr. Conf. Soil Mech.Found. Eng. Melbourne, S. 135

[69] NEUBER - 1954 Zur prakt. Anwendung atomphysikal. Strahlungen im Bauwesen unter besonderer Berücksichtigung der Baugrunduntersuchung.
Baum. u. Baut. 1954, H. 8

[70] NEUMEUER - 1958 Baugrunduntersuchungen und Gründungen beim Wiederaufbau des südlichen Hansaviertels.
Baum. u. Baut., Bd. 5, S. 43

[71] NEWLAND und ALLELY - 1952 Further Evidence of Increase of Shear Strength with Depth Provided by Vane Tests on a Recent Deposit of Soft Clay.
Proc. 1. Austr.Conf.Soil Mech.Found. Eng. Melbourne, S. 123

[72] OHDE - 1950 Der Eindringwiderstand von Fundamenten für die Festlegung der zulässigen Baugrundbelastung.
Bautechnik 27, S. 272

[73] PALMER und STUART - 1957 Some Observations on the Standard Penetration Test an a Correlation of the Test with a New Penetrometer.
Proc. 4. Int. Conf. Soil Mech. Found. Eng., London, Bd. I, S. 231

[74] PAPROTH - 1943 Der Prüfstab Künzel, ein Gerät für Baugrunduntersuchung.
Baut. 21, S. 327

[75] PAPROTH - Der Künzelstab in der Standardausführung nach Dr.-Ing. PAPROTH.
Prosp. d. Fa. Paproth, Krefeld

[76] PECK - 1953 Foundation Exploration. Denver Coliseum.
PASCE 79, S. 326

[77] PECK, HANSON und THORNBURN - 1953 Foundation Engineering.
Wiley & Sons, New York, S. 109

[78] PLANTEMA - 1948 Construction and Method of Operating of a new Deepsounding Apparatus.
Proc. Rotterdam, Bd. I, S. 277

[79] PLANTEMA - 1957 Influence of Density and Sounding Results in Dry, Moist and Saturated Soils.
Proc. 4. Int.Conf. Soil Mech.Found. Engng., London, Bd. 1, S. 237

[80] POGGENSEE - 1956 Anwendung und Kritik von Rammformeln.
Mitteilungsblatt der Bundesanstalt für Wasserbau, Karlsruhe, H. 6

[81] RIETZ-BAUR - 1930 Handbuch der mathematischen Statistik.
Teubner, Leipzig und Berlin

[82] ROSEMANN - 1949 Mathematik.
Taschenbuch f. Bauingenieure, Herausgeg. v. Schleicher, Springer Verlag, Berlin, S. 6 u. 8

[83] SCHAUBERGER und KURZAK - 1956 Der Bau des Richtfeuers Ruthensand an der Unterelbe.
Bautechnik 33, S. 297 (Sonden, S.300)

[84] SCHENK - 1955 Pfahlgründungen, Grundbautaschenbuch.
Wilh. Ernst & Sohn

[85] SCHUBERT - 1955 Untersuchung des sandigen Baugrundes durch Sonden.
Wissenschaftl. Zeitschr. der T.H. Dresden, 5 H. 1

[86] SCHULTZE - 1935 Die nichtperiodischen Einflüsse auf die Gezeiten der Elbe.
Dissertation, Technische Hochschule Berlin. Archiv der Deutschen Seewarte, Hamburg, H. 5

[87] SCHULTZE - 1936 Die Anwendung statistischer Untersuchungsverfahren bei bautechnischen Fragen.
Bautechnik, Bd. 14, S. 773

[88] SCHULTZE - 1953 Settlements and Permissible Bearing Pressures.
Proc. 3. Int. Conf. Soil Mech. Found. Eng., Zürich, Bd. I, S. 454

[89] SCHULTZE - 1955 Druckverteilung und Setzungen.
Grundbautaschenbuch, Wilh. Ernst & Sohn, Berlin, Bd. I, S. 131

[90] SCHULTZE - 1955 Wert und Kosten von Baugrunduntersuchungen.
Mitt. des Inst. f. Verkehrswasserbau, Grundbau u. Bodenmechanik, T.H. Aachen, H. 13, S. 3

[91] SCHULTZE und KNAUSENBERGER - 1957 Experience with Penetrometers. Proc. 4. Int. Conf. Soil Mech. Found. Eng., London, Bd. 1, S. 249

[92] SCHULTZE und MUHS - 1950 Bodenuntersuchungen für Ingenieurbauten. Springer Verlag

[93] SHOCKLEY und GARBER - 1953 Correlations of Some Physical Properties of Sand. Proc. 3. Int. Conf. Soil Mech. Found. Eng., Zürich, Bd. I, S. 203

[94] SHOCKLEY und GOODE - 1956 Foundation Studies for Delong Piers. PASCE 82/SM 4/Nr. 1080

[95] SKEMPTON - 1954 The Pore-Pressure Coefficients A and B. Géotechnique, Bd. IV, S. 143

[96] SKEMPTON und BISHOP - 1954 Building Materials. Kap. X: Böden, herausgegeb. von M. Reiner, Amsterdam, North Holland, Publishing Co., S. 449

[97] SKEMPTON und McDONALD - 1956 The Allowable Settlements of Buildings. Proc. Inst. Civ. Eng., III. Teil, 5, S. 727
Deutscher Auszug: Bauing. 32, S. 176

[98] ŠKOPEK - 1957 Sand Density Determination Using Gamma-Radiation. Proc. 4. Int. Conf. Soil Mech.Found. Eng., London, Bd. I, S. 107

[99] SOWERS - 1954 Modern Procedures for Underground Investigations. Proc. Am. Soc. Civ. Eng., Bd. 80, Nr. 435, S. 11

[100] STUMP - 1946 Aus der Praxis der Rammsondierung. Schweiz. Bauzeitung 128, S. 128

[101] STUMP - 1948 A method for determining the resistance of the subsoil by driving. Proc. 2. Int.Conf.Soil Mech.Found. Eng. Rotterdam, Bd. III, S. 212

[102] TAKESHITA - 1953 Relation between the Bearing Capacity of Subgrades and Results of Soil Tests. Jap. Rep. Soil Mech. Found. Eng.

[103] TERZAGHI - 1927 Erdbaumechanik auf bodenphysikalischer Grundlage. Verlag F. Deuticke, Wien

[104] TERZAGHI - 1954 Fünfzig Jahre Baugrundforschung. Schweiz. Bauzeitung, 72, S. 181, 202

[105] TERZAGHI und PECK - 1948 Soil Mechanics in Engineering Practice. J. Wiley & Sons, New York, S. 294 und 423

[106] U.S. Bureau of Reclamation - 1953 Second Progress Report of Research of the Penetration Resistance Method of Surface Exploration. Design and Construction Division, Denver, Colorado, Earth Laboratory Report, No. EM - 356, (s.a. [24])

[107] VAN BRUGGEN - 1952 Holländische Anschauungen über die Tragfähigkeit gerammter Pfähle. Baut. Archiv, Heft 8, S. 46

[108] VAN DER VEEN - 1950 De in acht te nemen veiligheids-coefficient bij het gebruik van diepsondeeringen voor het bepalen van de toeletbare paalbelasting. De Ingenieur 1950, Juni, S. 67

[109] VAN DER VEEN - 1953 Diskussionen zu den Beiträgen der 3. Int. Conf. Soil Mech. Found.Eng., Zürich, Bd. III, S. 135

[110] VAN DER VEEN - 1953 The Bearing Capacity of a Pile. Proc. 3. Int. Conf. Soil Mech.Found. Eng., Zürich, Bd. II, S. 84

[111] VAN DER VEEN - 1957 The Bearing Capacity of a Pile Predetermined by a Cone Penetration Test. Proc. 4. Int. Conf. Soil Mech. Found. Eng., London, Bd. II, S. 72

[112] VERMEIDEN - 1948 Improved Soundings Apparatus, as Developed in Holland since 1936. Proc. 2. Int.Conf.Soil Mech.Found. Eng., Rotterdam, Bd. I, S. 280

[113] WAGGONER und CLEVENGER - 1955 The pratical Aspects of Penetration Resistance Testing. Bureau of Reclamation, Denver, Rep. Nr. EM - 427

[114] WAGNER - 1957 The Use of the Unified Soil Classification System by the Bureau of Reclamation. Proc. 4. Int. Conf. Soil Mech. Found. Eng., London, Bd. I, S. 125

[115] Waterways Exp. Station - 1952 Density Changes of Sand by Sampling and Testing.
Potamology Investigations Rep. 12-1, June, WES, Corps of Engineers, Vicksburg, Mississippi

[116] VARGAS - 1957 Generalbericht Div. 2: Techniques of Field Measurement and Sampling.
Proc. 4. Int. Conf. Soil Mech.Found. Engng., London, Bd. 2, S. 436

[117] WENDT - 1954 Versuche zur Dichtebestimmung von Sandschüttungen durch Messung der Absorption von Gamma-Strahlung.
Geol. Jahrbl. Bd. 70, S. 1-6

[118] WENDT und WOLTERS - 1956 Eine weitere Methode zur Bestimmung des Raumgewichtes von Böden durch Gammastrahlen.
Geol. Jahrbl. Bd. 72, S. 73-84

[119] - 1954 Recommandations relatives au mode de présentation des résultats fournis par l'essai de penetration à grande profondeur, Groupement Belge de la Société Internationale de Mécanique des Sols et des Traveaux de Foundations

A n h a n g

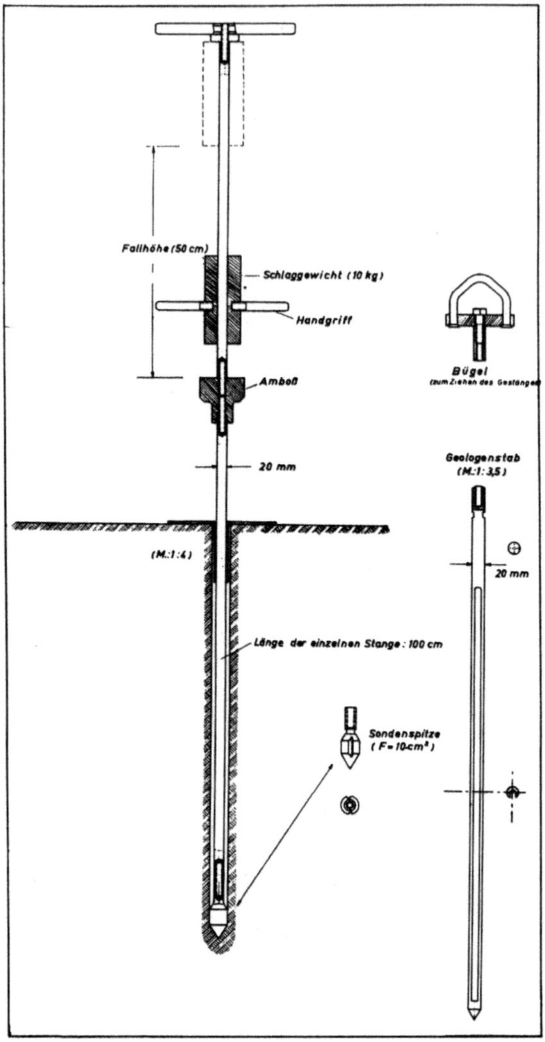

<u>Anmerkung:</u> Die mittlere Rammsonde besitzt ein Schlaggewicht von 30 kg und arbeitet mit einer Fallhöhe von 20 cm. Gestänge, Spitze und Amboß sind die gleichen wie bei der leichten Rammsonde

A n l a g e 1

Übersichtszeichnung der leichten und mittleren Rammsonde (Künzelstab)

verwendete **Abkürzung** für die leichte Rammsondierungen: LRS

verwendete **Abkürzung** für die mittlere Rammsondierungen: MRS

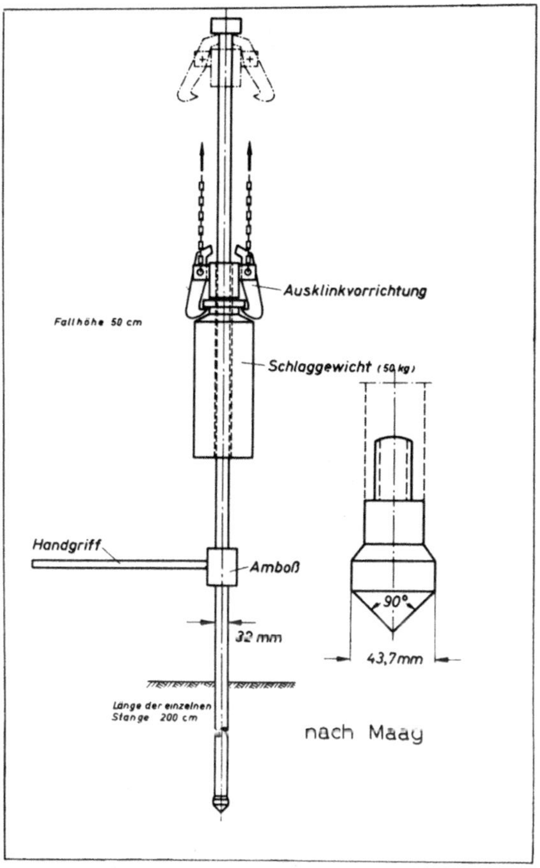

A n l a g e 2

Übersichtszeichnung der schweren Rammsonde

verwendete Abkürzung für die schwere Rammsondierung: SRS

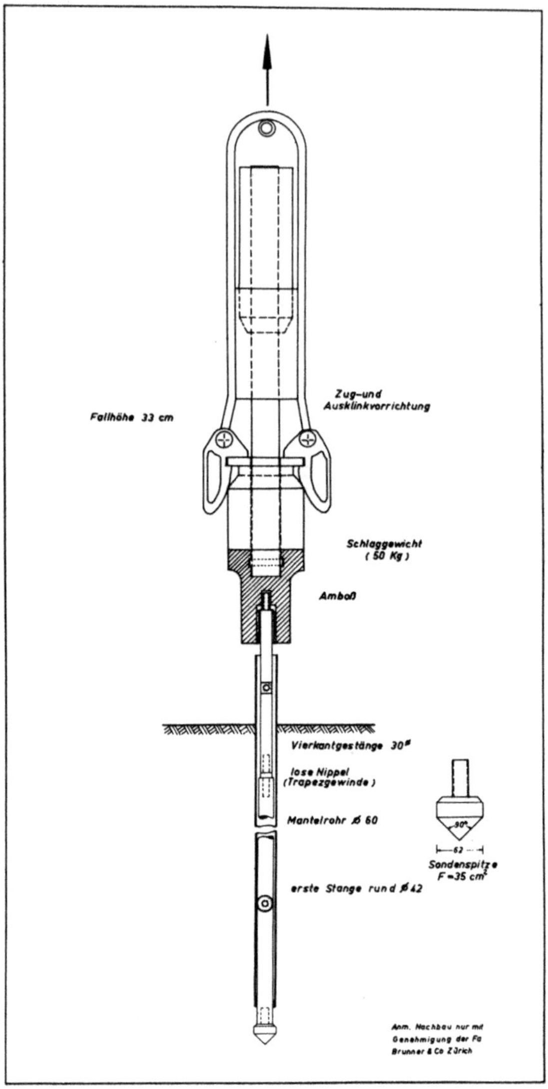

A n l a g e 3

Übersichtszeichnung der Rammsonde von BRUNNER
verwendete Abkürzung für die Rammsondierung
mit dem Sondiergerät von BRUNNER: BRS

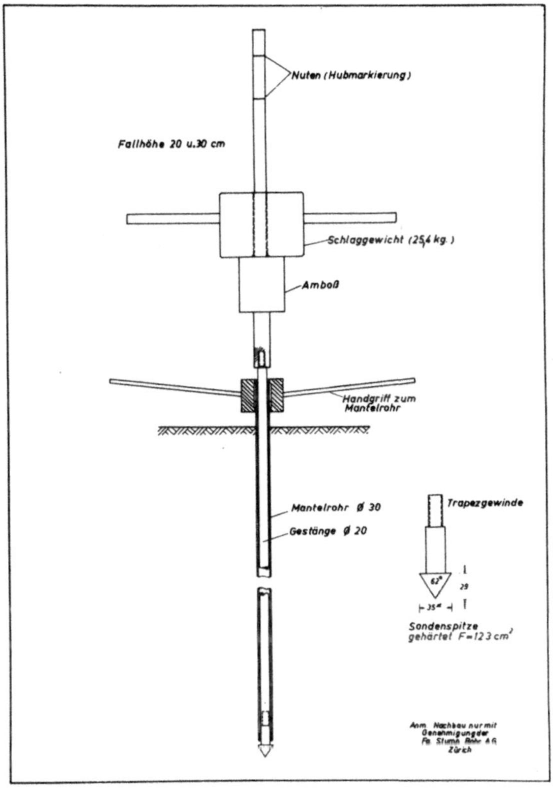

A n l a g e 4

Übersichtszeichnung der Rammsonde von STUMP
verwendete Abkürzung für die Rammsondierung
mit dem Sondiergerät von STUMP:STRS

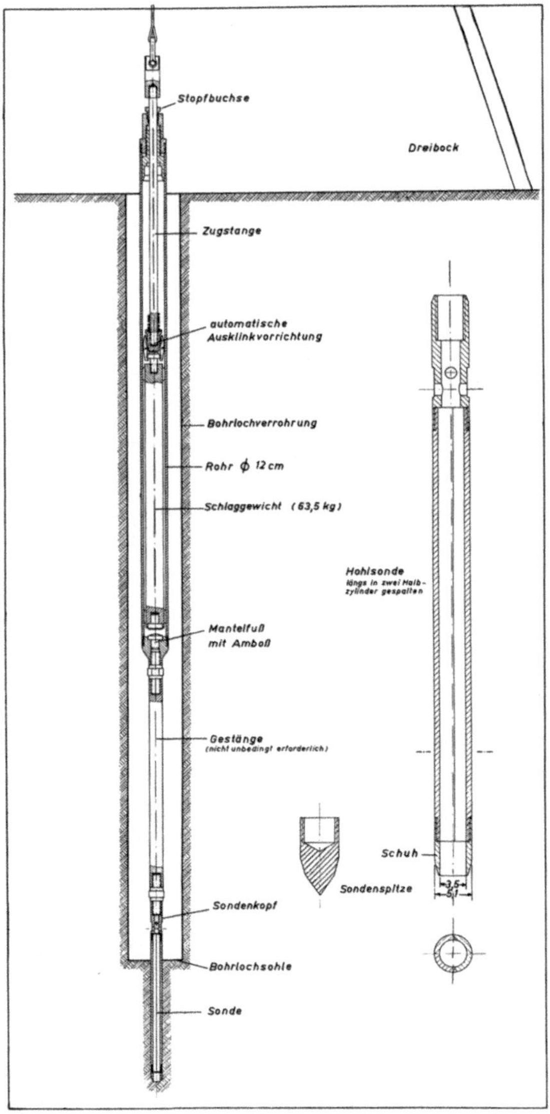

A n l a g e 5

Übersichtszeichnung der Standardsonde
verwendete Abkürzung für die Standard-
sondierung: STS

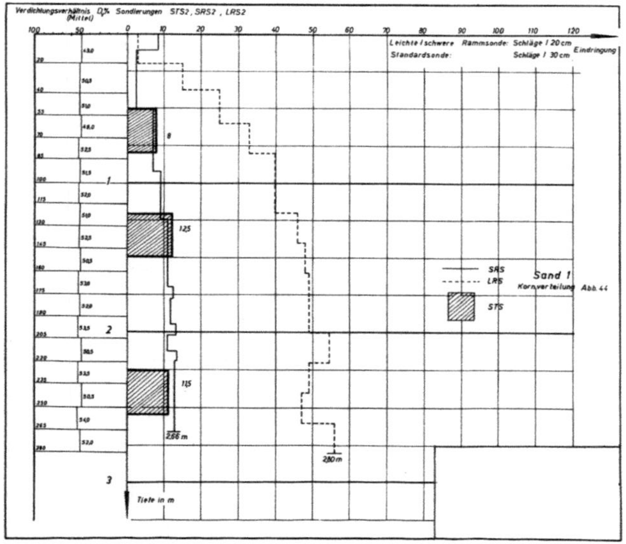

A n l a g e   6

Vergleichssondierungen im Versuchsbrunnen der Bundesanstalt für Straßenbau Köln

- Einbau 2 -

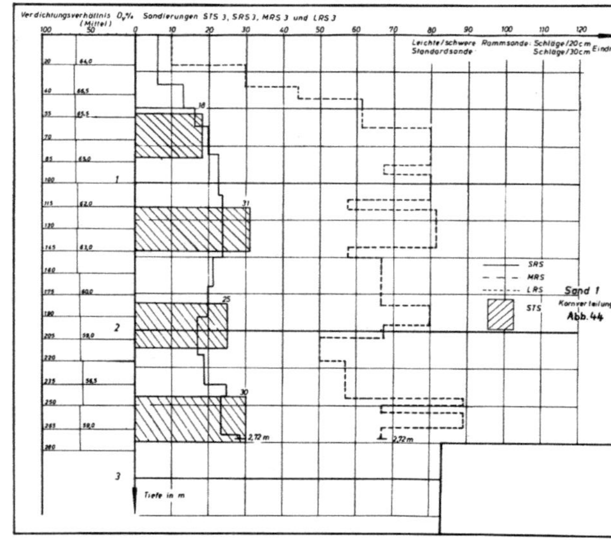

A n l a g e   7

Vergleichssondierungen im Versuchsbrunnen der Bundesanstalt für Straßenbau Köln

- Einbau 3 -

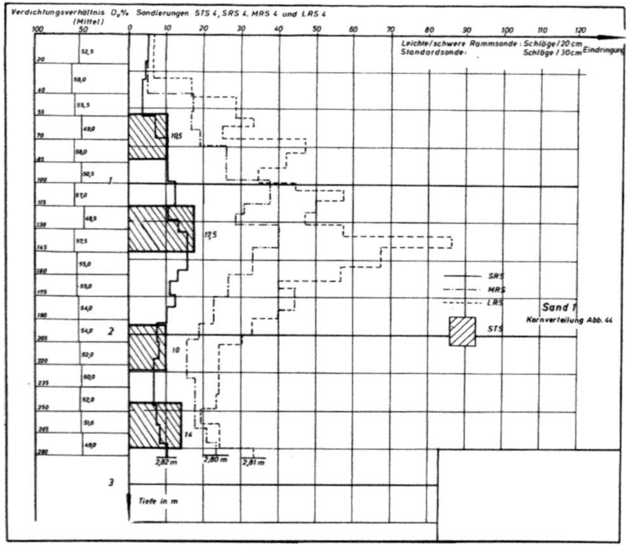

Anlage 8

Vergleichssondierungen im Versuchsbrunnen der Bundesanstalt für Straßenbau Köln

- Einbau 4 -

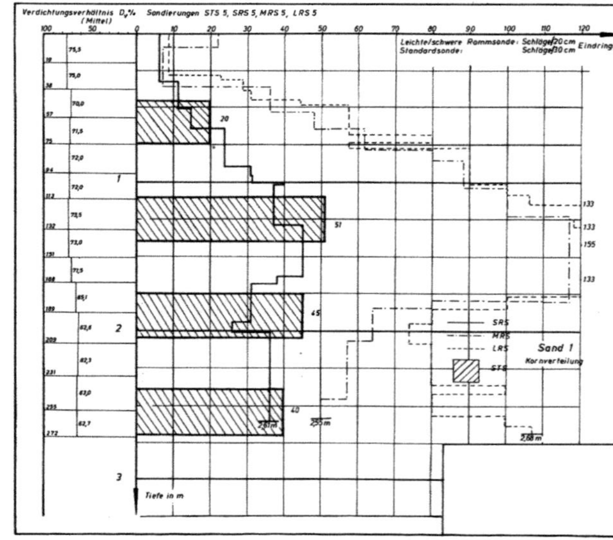

Anlage 9

Vergleichssondierungen im Versuchsbrunnen der Bundesanstalt für Straßenbau Köln

- Einbau 5 -

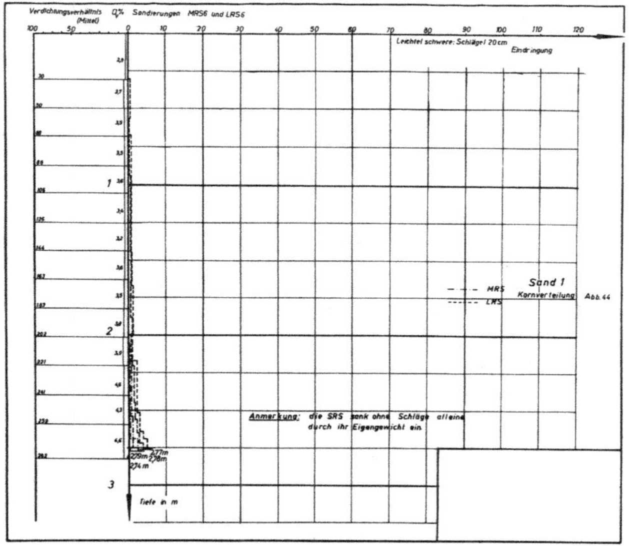

A n l a g e 10

Vergleichssondierungen im Versuchsbrunnen der Bundesanstalt für Straßenbau Köln

- Einbau 6 -

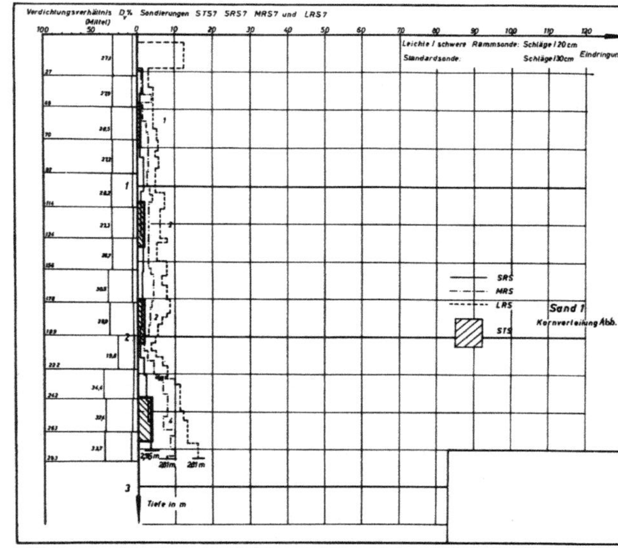

A n l a g e 11

Vergleichssondierungen im Versuchsbrunnen der Bundesanstalt für Straßenbau Köln

- Einbau 7 -

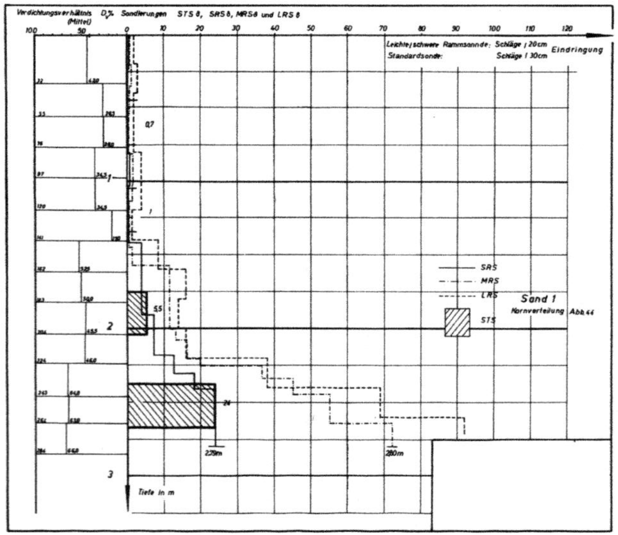

Anlage 12
Vergleichssondierungen im Versuchsbrunnen der Bundesanstalt für Straßenbau Köln
- Einbau 8 -

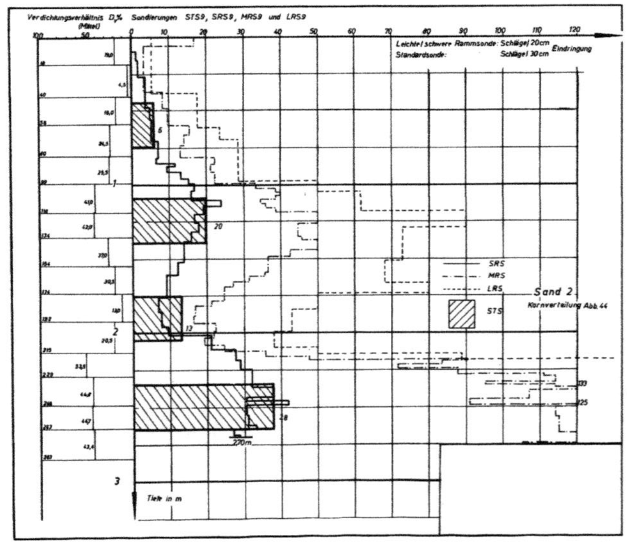

Anlage 13
Vergleichssondierungen im Versuchsbrunnen der Bundesanstalt für Straßenbau Köln
- Einbau 9 -

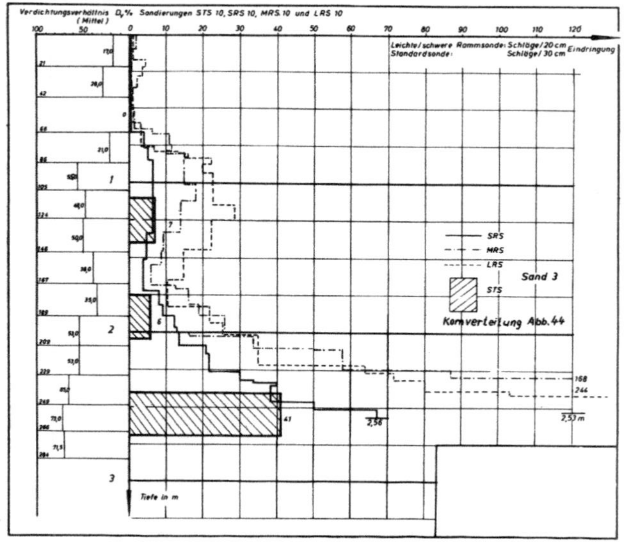

A n l a g e 14

Vergleichssondierungen im Versuchsbrunnen der Bundesanstalt für Straßenbau Köln

- Einbau 10 -

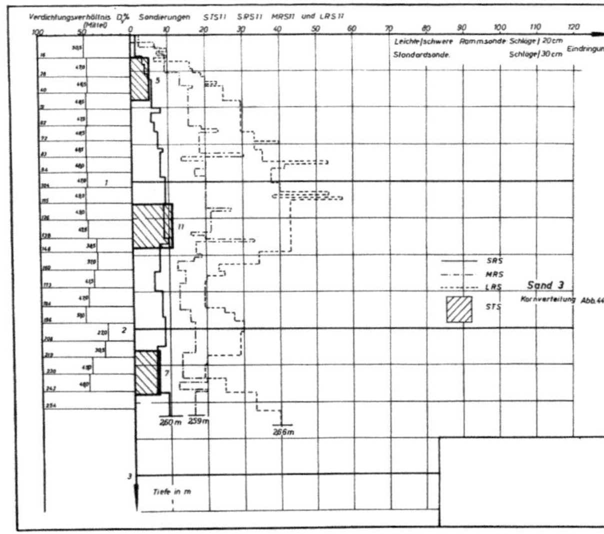

A n l a g e 15

Vergleichssondierungen im Versuchsbrunnen der Bundesanstalt für Straßenbau Köln

- Einbau 11 -

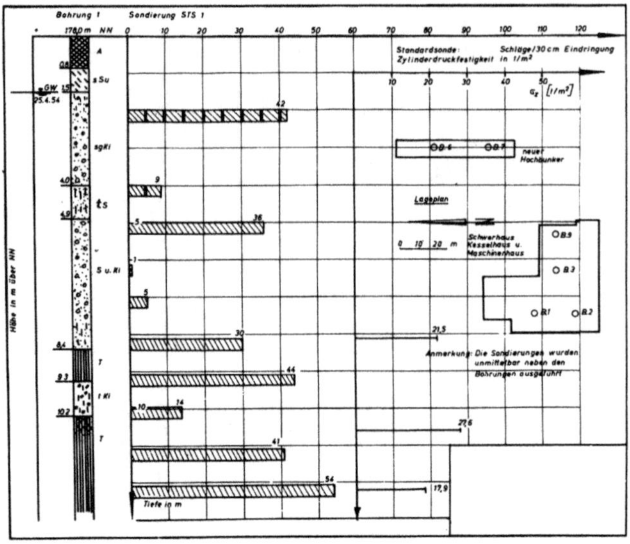

Anlage 16
Kraftwerk Borken

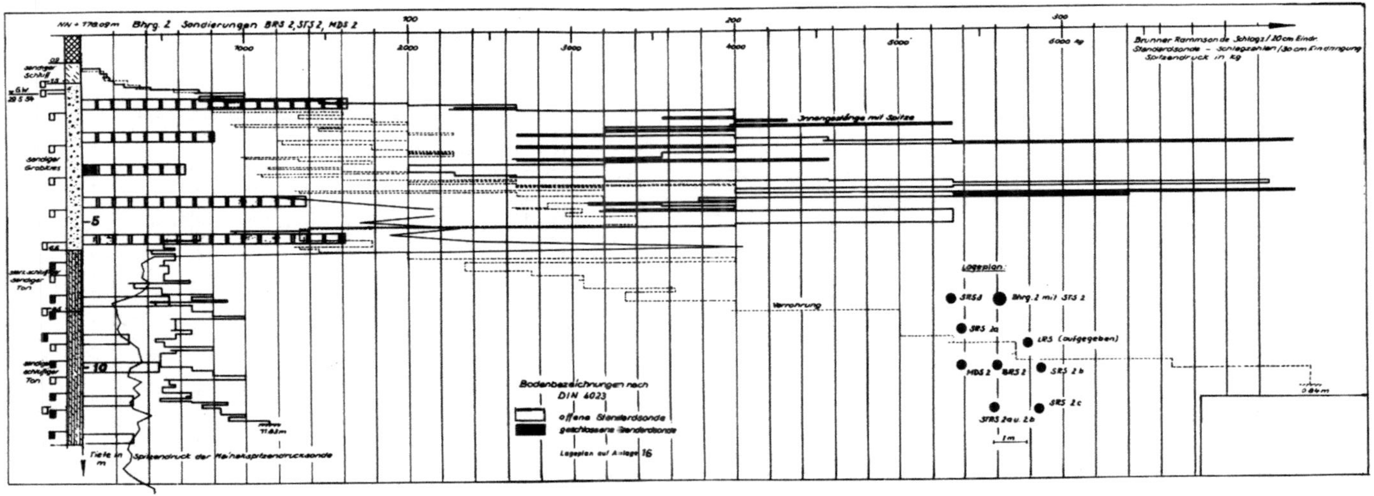

A n l a g e 17

Kraftwerk Borken

Ergebnis der Bohrung mit Standardsondierung 2, der Sondierung 2 mit der Rammsonde von BRUNNER und der MAIHAK-Drucksondierung 2, Lageplan der Sondierungen bei Bohrung 2

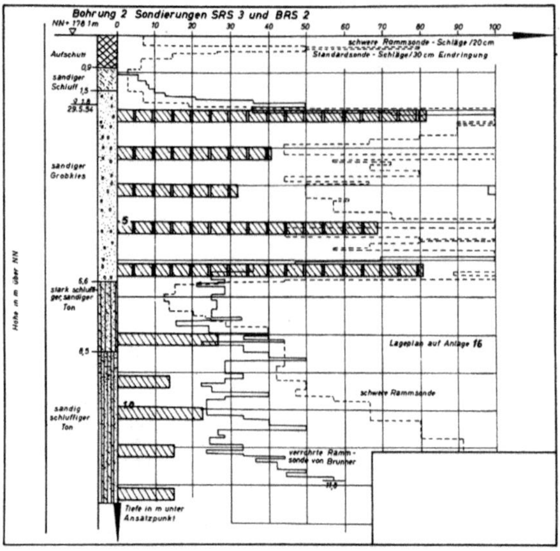

A n l a g e 18

Kraftwerk Borken

Ergebnis der Bohrung mit Standardsondierung 2 der schweren Rammsonsondierung 2 und der Sondierung 2 mit der Rammsonde von BRUNNER

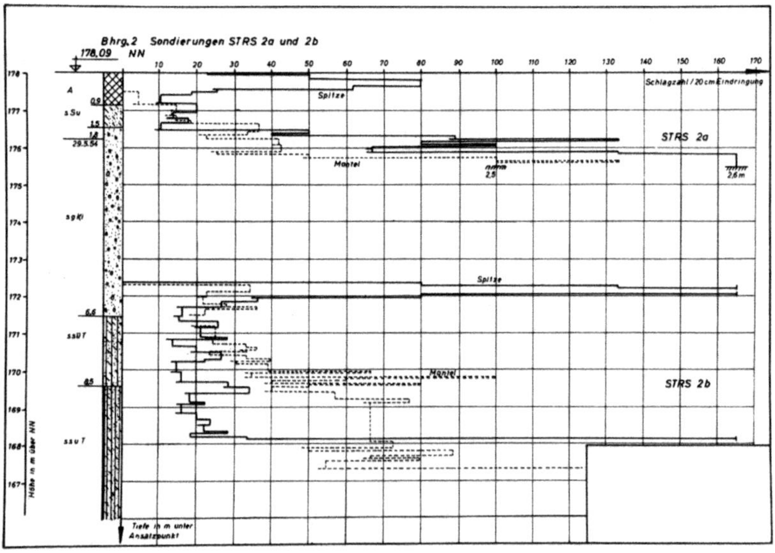

A n l a g e 19

Kraftwerk Borken

Ergebnis der Sondierungen mit der Rammsonde von STUMP

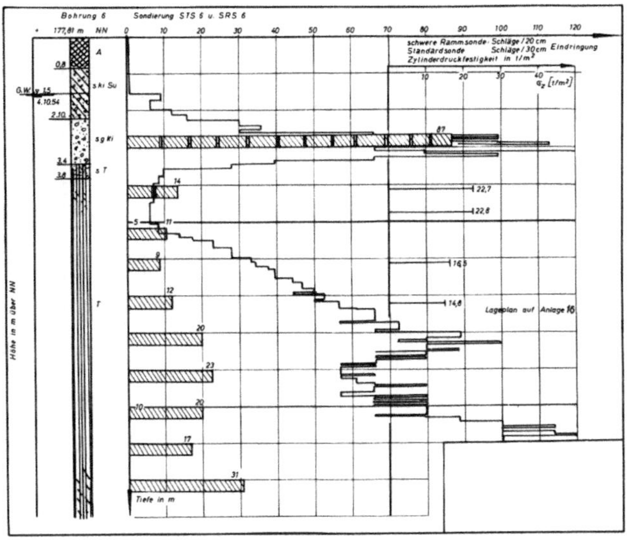

A n l a g e 20

Kraftwerk Borken

Ergebnis der Bohrung mit Standardsondierung 6 und der schweren Rammsondierung 6

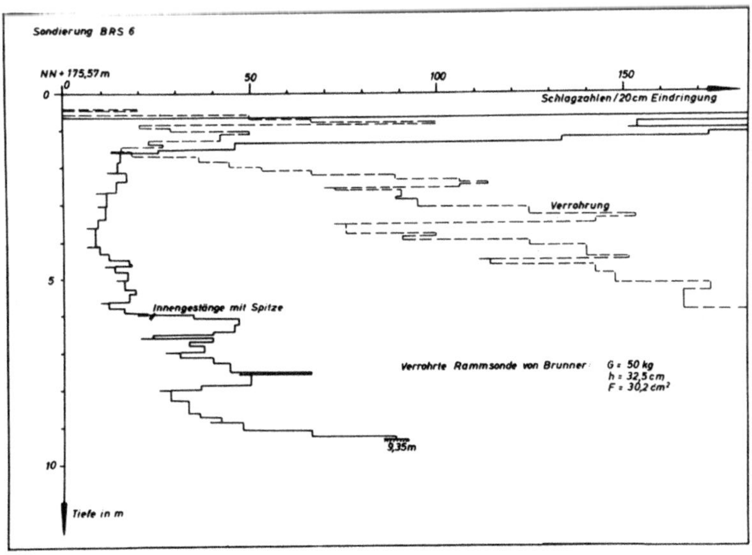

A n l a g e 21

Kraftwerk Borken

Ergebnis der Sondierung 6 mit der Rammsonde von BRUNNER

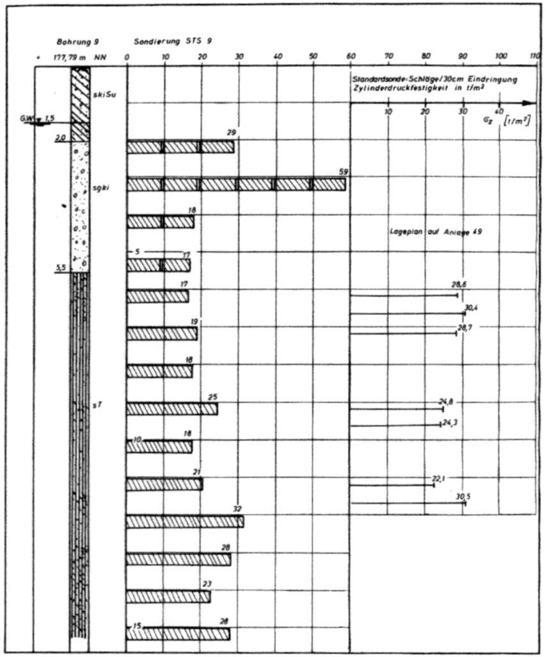

A n l a g e 22

Kraftwerk Borken

Ergebnis der Bohrung mit Standardsondierung 9

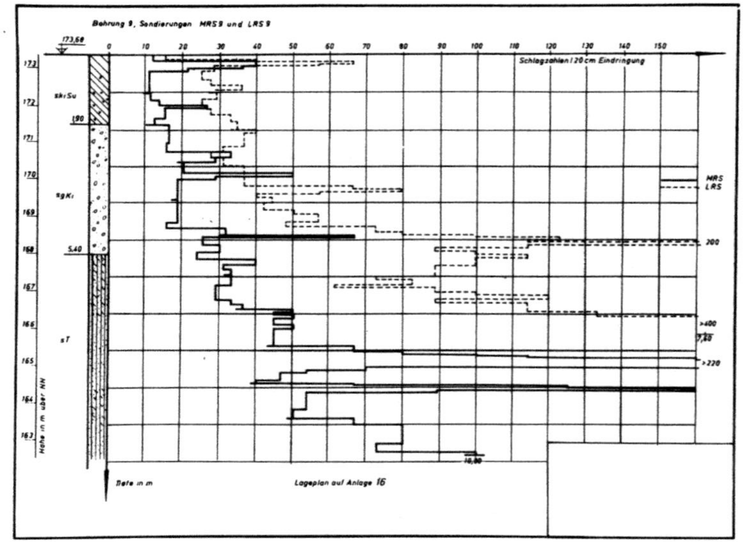

A n l a g e 23

Kraftwerk Borken

Ergebnis der Bohrung 9, der mittleren Rammsondierung 9 und der leichten Rammsondierung 9

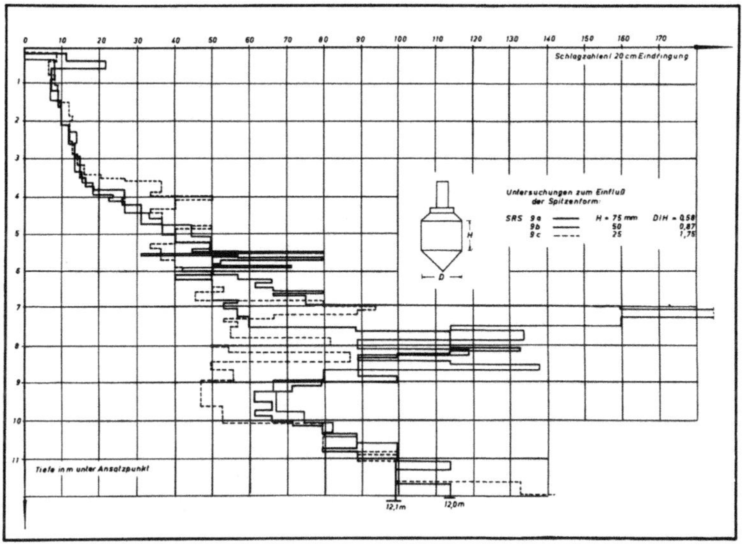

A n l a g e 24

Kraftwerk Borken

Ergebnis der schweren Rammsondierungen 9a-c

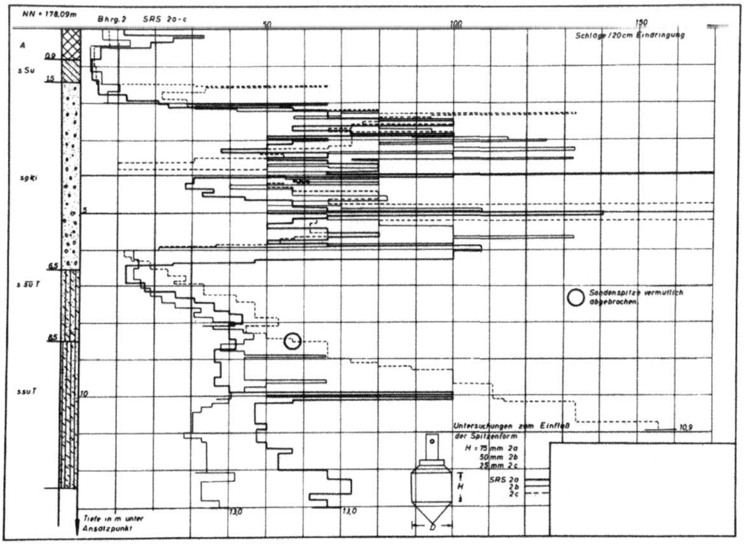

A n l a g e 25

Kraftwerk Borken

Ergebnis der schweren Rammsondierungen 2a-c

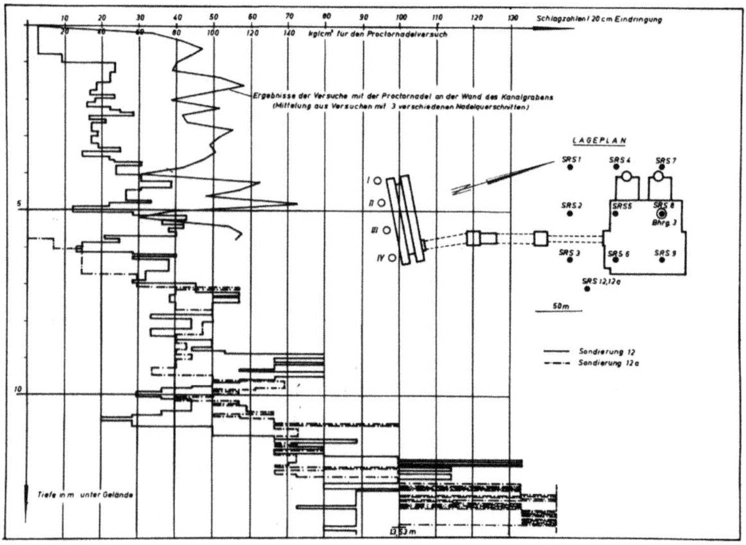

A n l a g e 26

Kraftwerk Frimmersdorf II

Ergebnis der schweren Rammsondierungen 12 und 12a

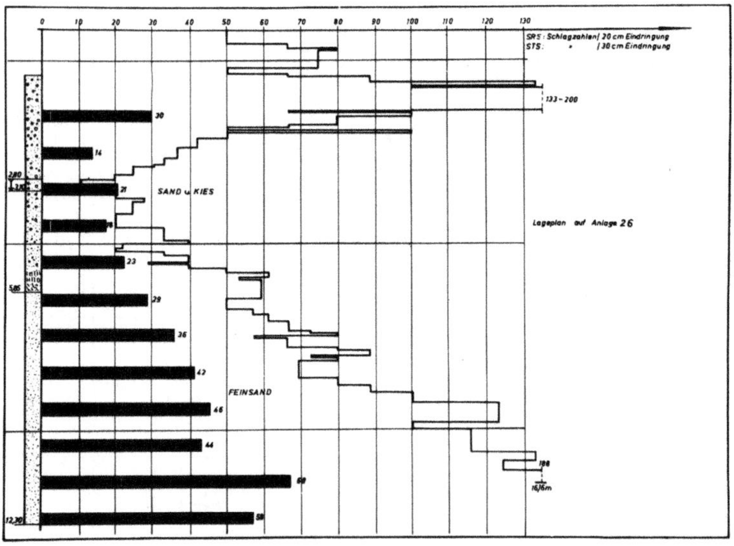

A n l a g e 27

Kraftwerk Frimmersdorf II

Ergebnis der Bohrung mit Standardsondierung 3 und der schwe ren Rammsondierung 8

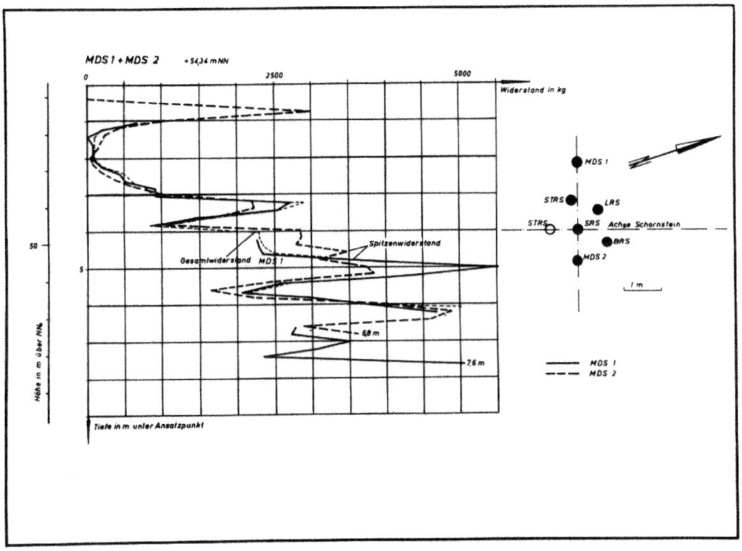

A n l a g e 28

Erweiterung Kraftwerk Frimmersdorf

Ergebnis der Sondierung mit der MAIHAK-Drucksonde

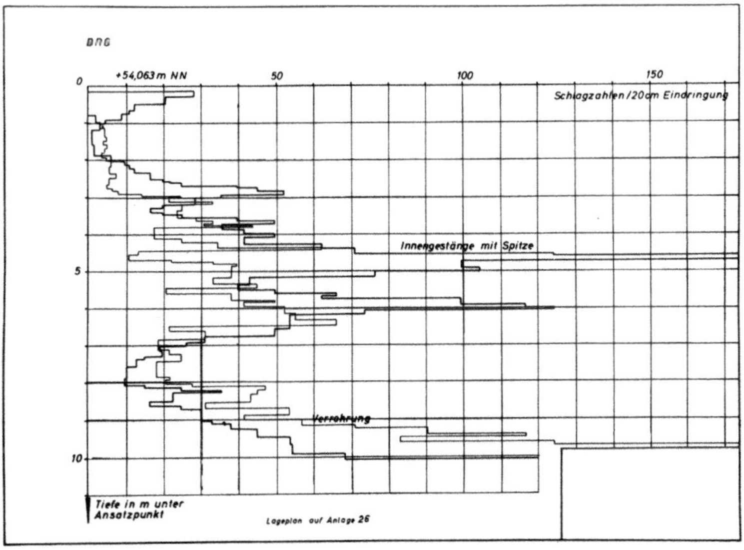

A n l a g e 29

Erweiterung Kraftwerk Frimmersdorf

Ergebnis der Sondierung mit der Rammsonde von BRUNNER

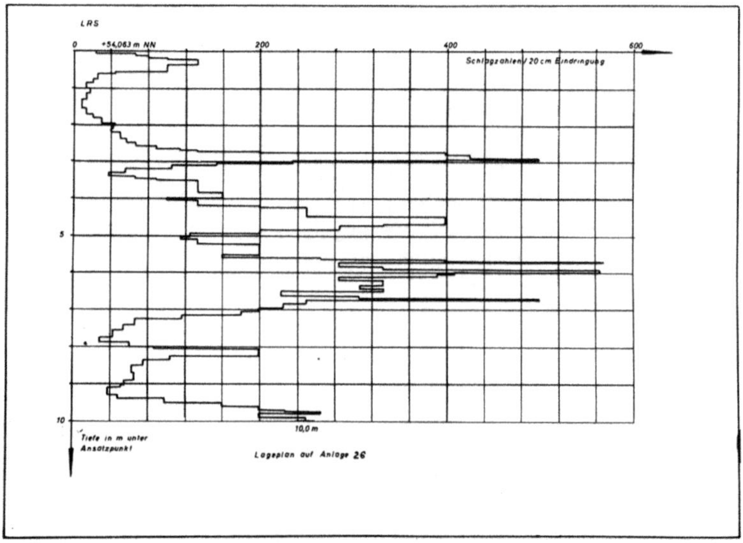

A n l a g e 30

Erweiterung Kraftwerk Frimmersdorf

Ergebnis der leichten Rammsondierung

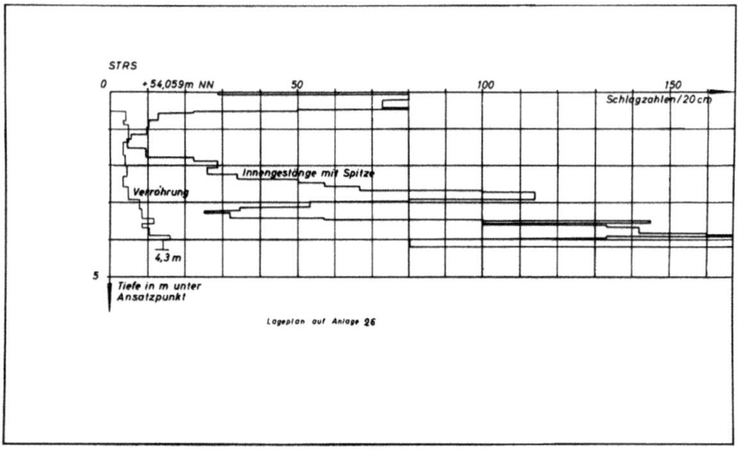

A n l a g e 31

Erweiterung Kraftwerk Frimmersdorf

Ergebnis der Sondierung mit der Rammsonde von STUMP

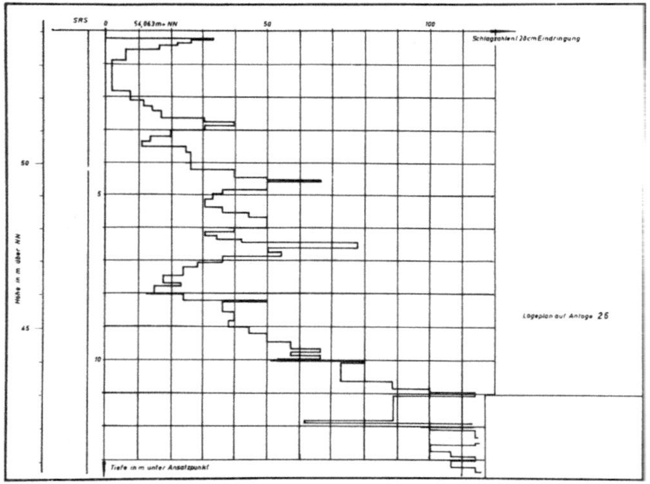

A n l a g e 32

Erweiterung Kraftwerk Frimmersdorf

Ergebnis der schweren Rammsondierung

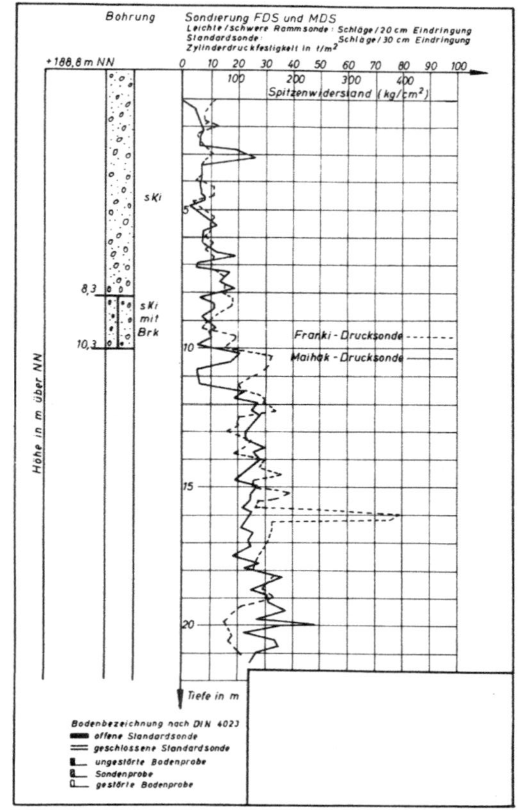

A n l a g e 33

Nord - Süd - Bahn

Bauwerk: Glückaufstraße

Vergleichssondierungen mit den Drucksonden

von FRANKI und MAIHAK

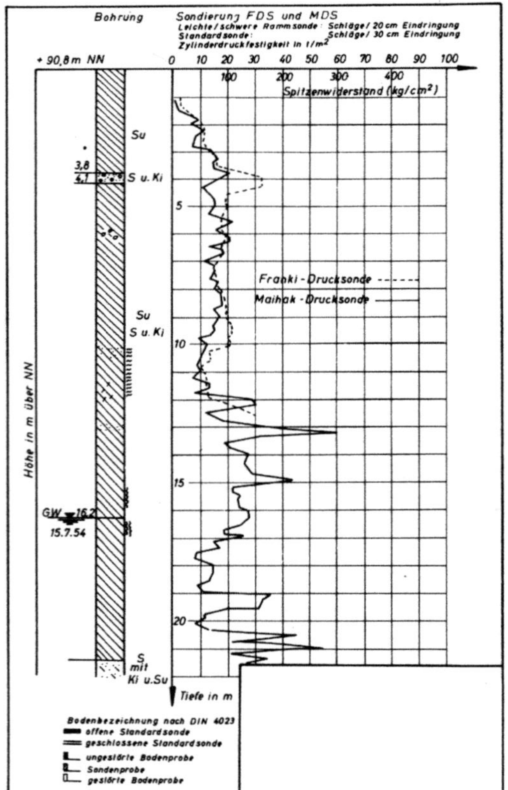

A n l a g e 34

Nord - Süd - Bahn

Bauwerk: Buisdorferstraße

Vergleichssondierungen mit den Drucksonden

von **FRANKI** und **MAIHAK**

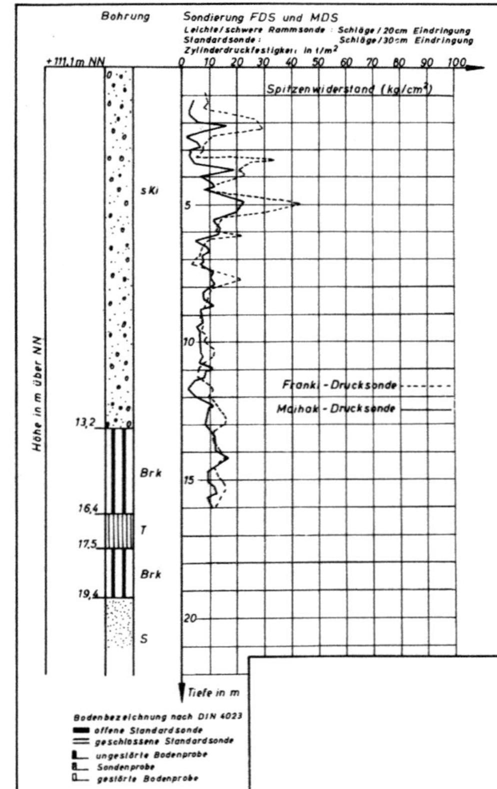

A n l a g e 35

Nord - Süd - Bahn

Bauwerk: Dürenerstraße

Vergleichssondierungen mit den Drucksonden

von **FRANKI** und **MAIHAK**

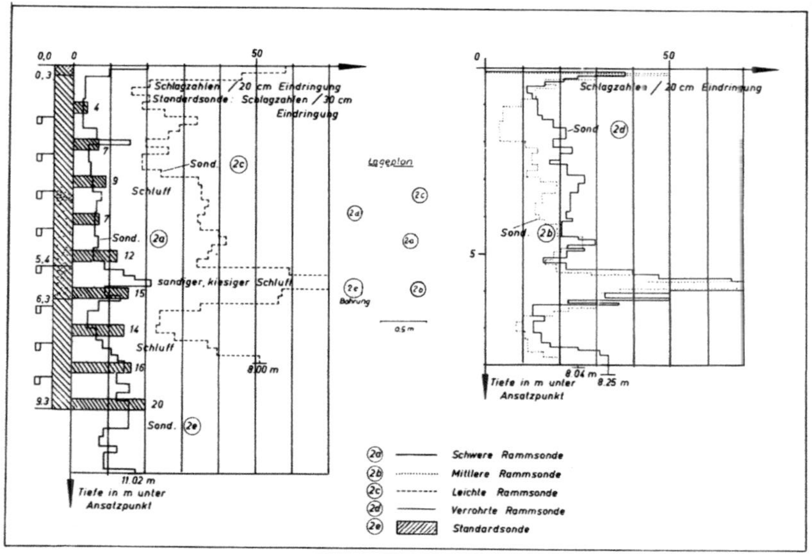

Anlage 36

KFBE Frechen

Ergebnis der Bohrung mit Standardsondierung 2, der schweren, der mittleren und der leichten Rammsondierung 2 und der Sondierung mit der Rammsonde von STUMP

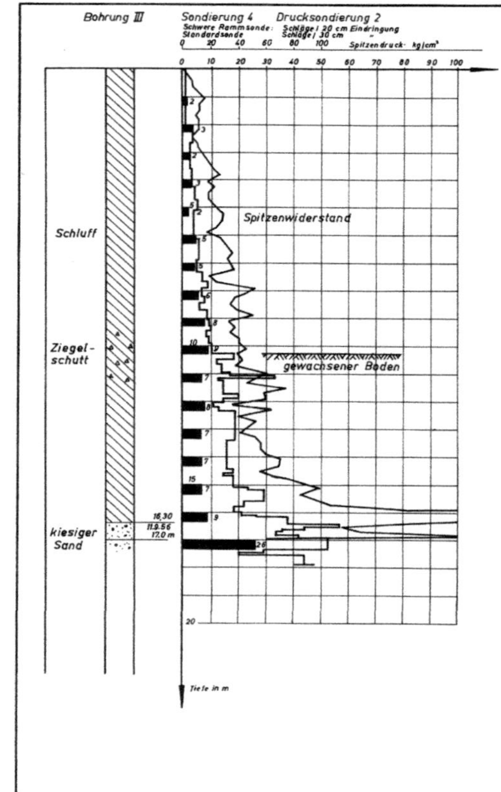

Anlage 37

Bahndamm Stommeln

Ergebnis der Bohrung mit Standardsondierung III der schweren Rammsondierung 4 und der MAIHAK-Drucksondierung 2

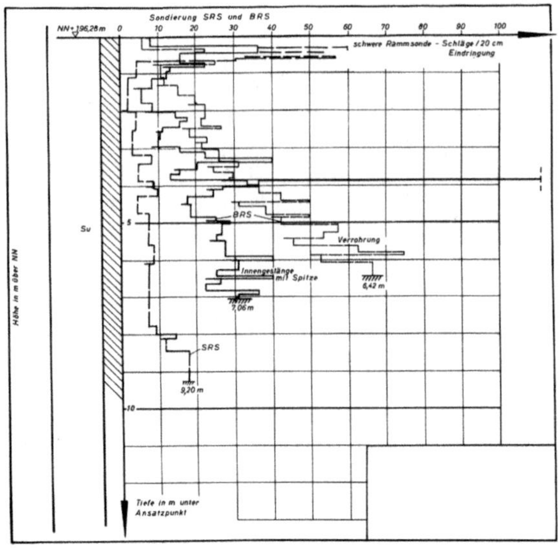

A n l a g e 38

Mensa Aachen

Ergebnis der schweren Rammsondierung und der Sondierung mit der Rammsonde von BRUNNER

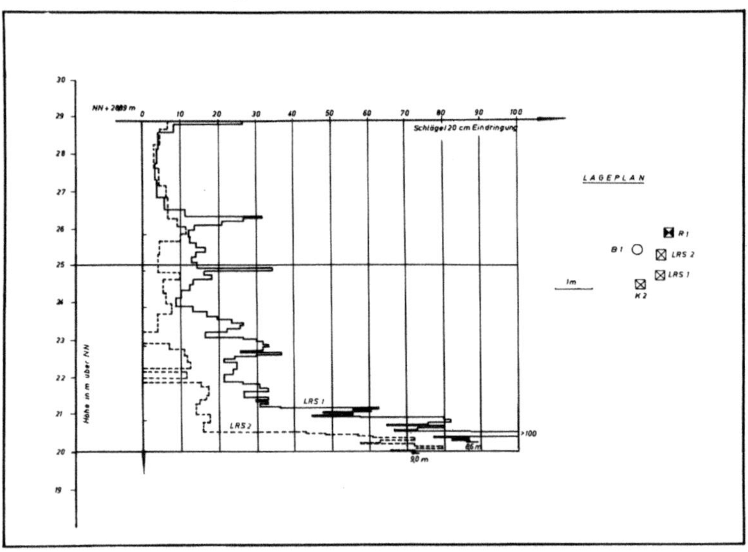

A n l a g e 39

Schloßturm Bloemersheim

Ergebnis der leichten Rammsondierungen

1 und 2

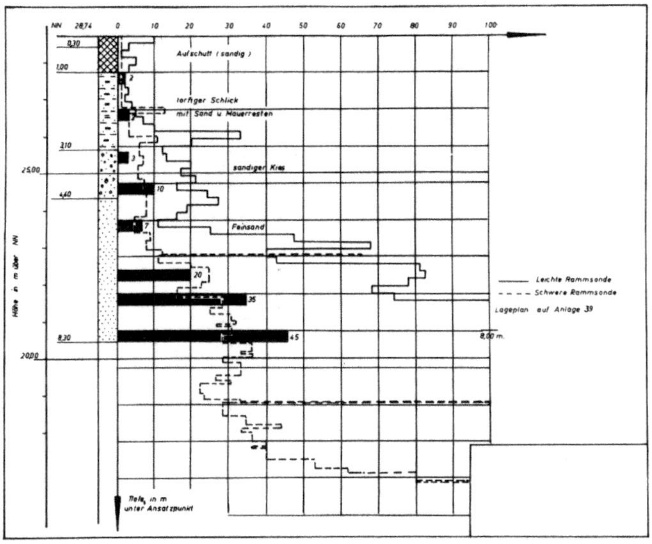

A n l a g e 40

Schloßturm Bloemersheim

Ergebnis der Bohrung mit Standardsondierung I, der leichten Rammsondierung K 1 und der schweren Rammsondierung R 1

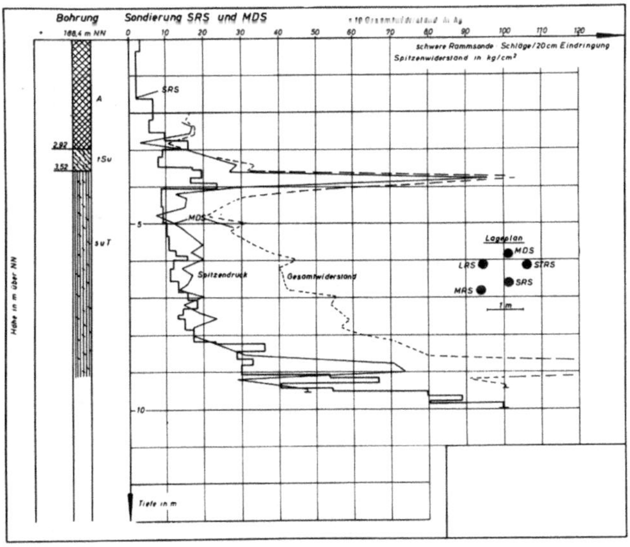

A n l a g e 41

T.H. Aachen, Starkstromlabor

Ergebnis der Bohrung, der schweren Rammsondierung und der MAIHAK-Drucksondierung

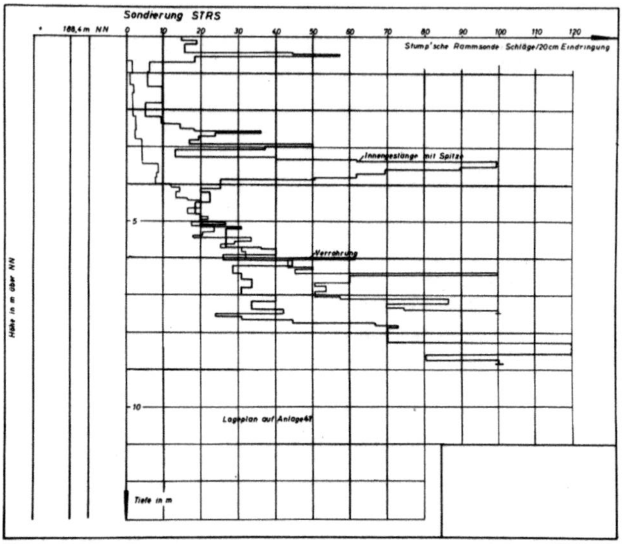

Anlage 42

T.H. Aachen, Starkstromlabor

Ergebnis der Sondierung mit der Rammsonde von STUMP

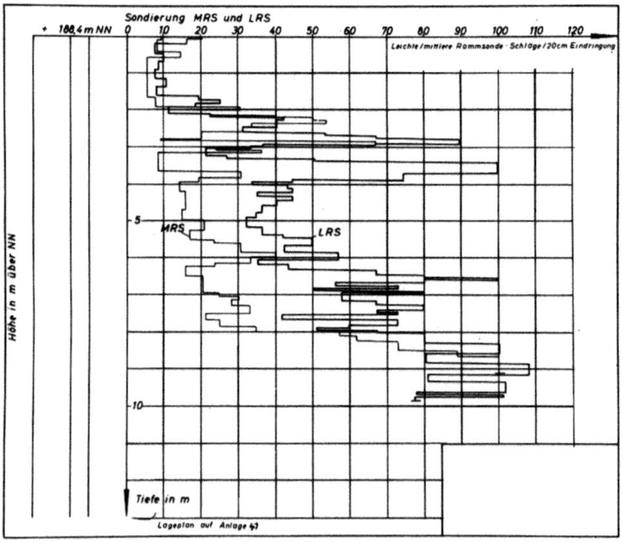

Anlage 43

T.H. Aachen, Starkstromlabor

Ergebnis der mittleren und leichten Rammsondierungen

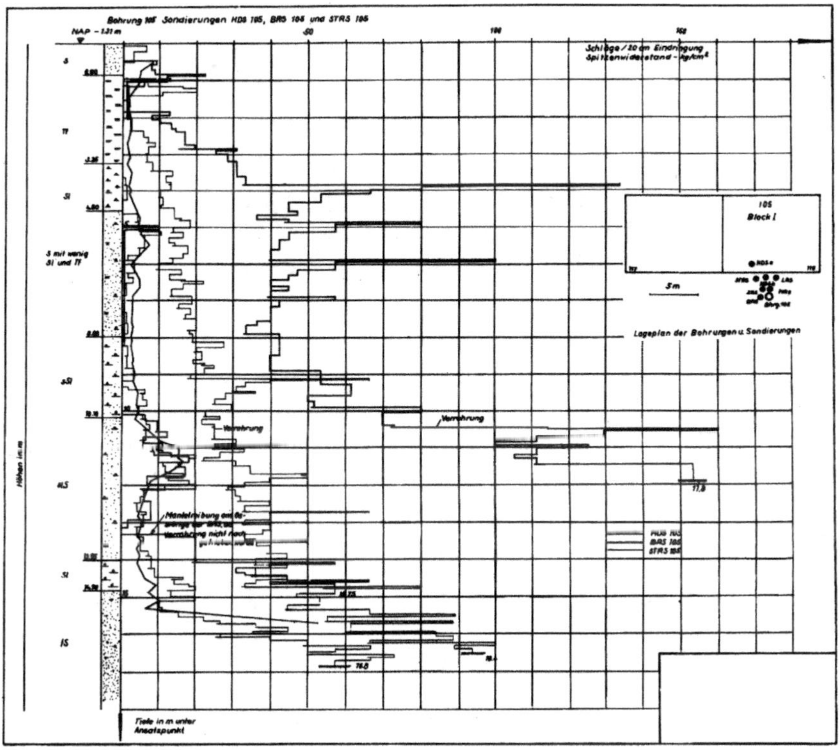

A n l a g e 45

Rotterdam

Ergebnis der Bohrung, der holländischen Drucksondierungen und der Sondierungen mit den Rammsonden von BRUNNER und STUMP

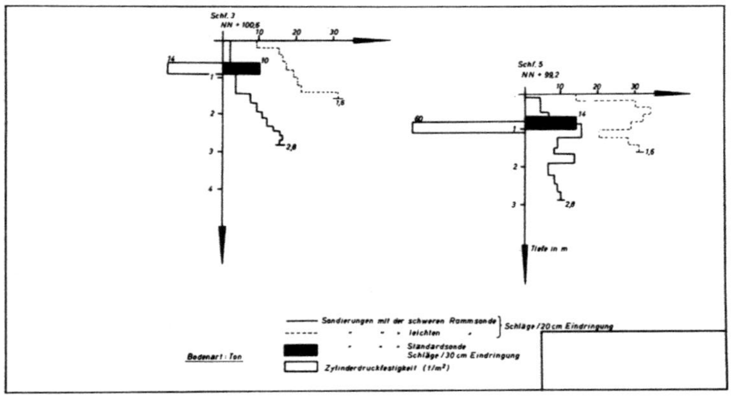

A n l a g e 44

Kierberg

Ergebnis der Zylinderdruckversuche, der Standardsondierungen und der schweren und leichten Rammsondierungen

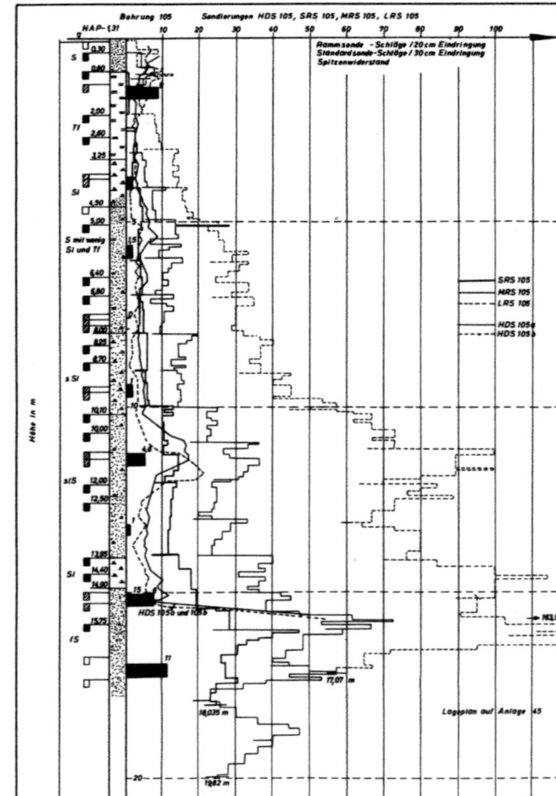

A n l a g e 46

Rotterdam

Ergebnis der Bohrung und der schweren, mittleren und leichten Rammsondierungen

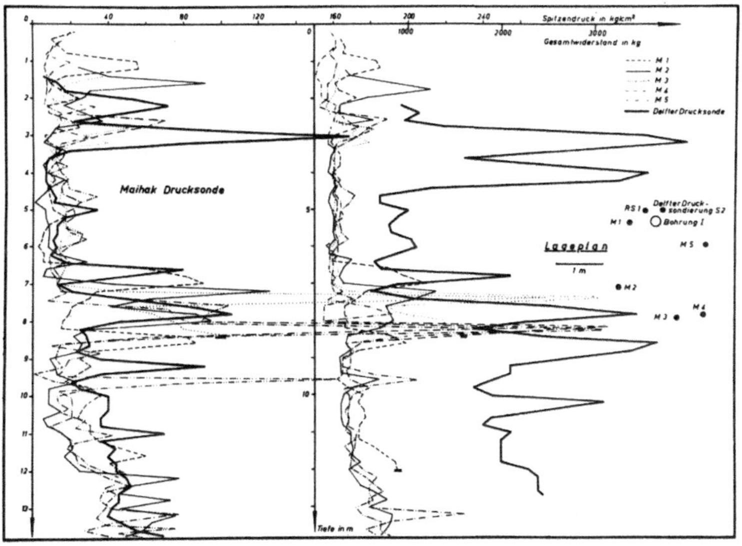

A n l a g e 47

Kippe Fortuna

Ergebnisse der vergleichenden Untersuchungen von Dr. MANGER [60] für den Deutschen Braunkohle Industrieverein

FORSCHUNGSBERICHTE DES LANDES NORDRHEIN-WESTFALEN

Herausgegeben durch das Kultusministerium

BAU · STEINE · ERDEN

HEFT 36
Forschungsinstitut der Feuerfest-Industrie, Bonn
Untersuchungen über die Trocknung von Rohton, Untersuchungen über die chemische Reinigung von Silika- und Schamotte-Rohstoffen mit chlorhaltigen Gasen
1953, 60 Seiten, 5 Abb., 5 Tabellen, DM 11,—

HEFT 37
Forschungsinstitut der Feuerfest-Industrie, Bonn
Untersuchungen über den Einfluß der Probenvorbereitung auf die Kaltdruckfestigkeit feuerfester Steine
1953, 40 Seiten, 2 Abb., 5 Tabellen, DM 7,80

HEFT 59
Forschungsinstitut der Feuerfest-Industrie e. V., Bonn
Ein Schnellanalysenverfahren zur Bestimmung von Aluminiumoxyd, Eisenoxyd und Titanoxyd in feuerfestem Material mittels organischer Farbreagenzien auf photometrischem Wege
Untersuchungen des Alkali-Gehaltes feuerfester Stoffe mit dem Flammenphotometer nach Riehm-Lange
1954, 52 Seiten, 12 Abb., 3 Tabellen, DM 11,60

HEFT 76
Max-Planck-Institut für Arbeitsphysiologie, Dortmund
Arbeitstechnische und arbeitsphysiologische Rationalisierung von Mauersteinen
1954, 52 Seiten, 12 Abb., 3 Tabellen, DM 10,20

HEFT 81
Prüf- und Forschungsinstitut für Ziegeleierzeugnisse, Essen-Kray
Die Einführung des großformatigen Einheits-Gitterziegels im Lande Nordrhein-Westfalen
1954, 54 Seiten, 2 Abb., 2 Tabellen, DM 10,—

HEFT 90
Forschungsinstitut der Feuerfest-Industrie, Bonn
Das Verhalten von Silikasteinen im Siemens-Martin-Ofengewölbe
1954, 62 Seiten, 15 Abb., 11 Tabellen, DM 11,90

HEFT 91
Forschungsinstitut der Feuerfest-Industrie, Bonn
Untersuchungen des Zusammenhangs zwischen Leistung und Kohlenverbrauch von Kammeröfen zum Brennen von feuerfesten Materialien
1954, 42 Seiten, 6 Abb., DM 8,30

HEFT 106
ORR. Dr.-Ing. W. Küch, Dortmund
Untersuchungen über die Einwirkung von feuchtigkeitsgesättigter Luft auf die Festigkeit von Leimverbindungen
1954, 60 Seiten, 10 Abb., 6 Tabellen, DM 11,40

HEFT 111
Fachverband Steinzeugindustrie, Köln
Die Entwicklung eines Gerätes zur Beschickung seitlicher Feuer von Steinzeug-Einzelkammeröfen mit festen Brennstoffen
1955, 46 Seiten, 16 Abb., DM 9,40

HEFT 127
Güteschutz Betonstein e. V., Arbeitskreis Nordrhein-Westfalen, Dortmund
Die Betonwaren-Gütesicherung im Lande Nordrhein-Westfalen
1955, 58 Seiten, 15 Abb., 3 Tabellen, DM 11,50

HEFT 142
Dipl.-Ing. G. M. F. Wiebel, Hannover, A. Konermann und A. Ottenheym, Sennelager
Entwicklung eines Kalksandleichtsteines
1955, 38 Seiten, 4 Abb., DM 8,—

HEFT 149
Dr.-Ing. K. Konopicky und Dipl.-Chem. P. Kampa, Bonn
I. Beitrag zur flammenphotometrischen Bestimmung des Calciums
Dr.-Ing. K. Konopicky, Bonn
II. Die Wanderung von Schlackenbestandteilen in feuerfesten Baustoffen
1955, 54 Seiten, 10 Abb., 5 Tabellen, DM 11,—

HEFT 180
Dr.-Ing. W. Piepenburg, Dipl.-Ing. B. Bühling und Bauing. J. Behnke, Köln
Putzarbeiten im Hochbau und Versuche mit aktiviertem Mörtel und mechanischem Mörtelauftrag
1955, 116 Seiten, 31 Abb., 68 Tabellen, DM 23,—

HEFT 213
Dipl.-Ing. K. F. Rittinghaus, Aachen
Zusammenstellung eines Meßwagens für Bau- und Raumakustik
1957, 96 Seiten, 17 Abb., 7 Tabellen, DM 19,80

HEFT 223
Dr.-Ing. K. Alberti und Dozent Dr. phil. habil. F. Schwarz, Köln
Über das Problem Hartbrand-Weichbrand
1956, 54 Seiten, 25 Abb., 14 Tabellen, DM 12,10

HEFT 231
ORR. Dr.-Ing. W. Küch, Dortmund
Über die Wechselwirkung zwischen Holzschutzbehandlung und Verleimung
1956, 48 Seiten, 10 Abb., 8 Tabellen, DM 10,40

HEFT 250
Dozent Dr. phil. habil. F. Schwarz und Dr.-Ing. K. Alberti, Köln
Entwicklung von Untersuchungsverfahren zur Gütebeurteilung von Industriekalken
1956, 36 Seiten, 9 Abb., 4 Tabellen, DM 16,50

HEFT 266
Fliesen-Beratungsstelle Bad Godesberg-Mehlem
Güteeigenschaften keramischer Wand- und Bodenfliesen und deren Prüfmethoden
1956, 32 Seiten, DM 7,10

HEFT 319
Prof. Dr. C. Kröger, Aachen
Gemengereaktionen und Glasschmelze
1957, 118 Seiten, 53 Abb., 16 Tabellen, DM 26,—

HEFT 370
Dr. phil. habil. F. Schwarz, Köln
Physikochemische Grundlagen der Bildsamkeit von Kalken unter Einbeziehung des Begriffes der aktiven Oberfläche
1958, 90 Seiten, 14 Abb., 16 Tabellen, 36 Titrationen DM 25,10

HEFT 398
Prof. Dr. habil. H. E. Schwiete und Dipl.-Ing. G. Geisdorf, Aachen,
Einlagerungsversuche an synthetischem Mullit I
Prof. Dr. habil. H. E. Schwiete, A. K. Bose und Dr. phil. H. Müller-Hesse, Aachen
Die Zusammensetzung der Schmelzphase in Schamottesteinen I
1957, 58 Seiten, 17 Abb., 17 Tab., DM 14,50

HEFT 399
Prof. Dr. habil. H. E. Schwiete und Dr.-Ing. R. Vinkeloe, Aachen
Möglichkeiten der quantitativen Mineralanalyse mit dem Zählrohrgerät unter besonderer Berücksichtigung der Mineralgehaltsbestimmung von Tonen
1958, 102 Seiten, 34 Abb., 1 Tabelle, DM 26,70

HEFT 402
Prof. Dr. habil. W. Linke, Aachen
Die Wärmeübertragung durch Thermopane-Fenster
1958, 30 Seiten, 17 Abb., 2 Tabellen, DM 10,80

HEFT 430
Prof. Dr. G. Garbotz, Aachen und Dr.-Ing. G. Dress, Cadiz
Untersuchungen über das Kräftespiel an Flachbagger-Schneidwerkzeugen in Mittelsand und schwach bindigem, sandigem Schluff unter besonderer Berücksichtigung der Planierschilde und ebenen Schürfkübelschneiden
1958, 142 Seiten, 81 Abb., DM 37,50

HEFT 453
Forschungsinstitut der Feuerfest-Industrie, Bonn
Die Arbeiten der technisch-wissenschaftlichen Kommission der PRE (Vereinigung der europäischen Feuerfest-Industrie)
1957, 62 Seiten, 9 Abb., 18 Tabellen, DM 14,75

HEFT 454
Dr.-Ing. W. Piepenburg, Dipl.-Ing. B. Bühling und Bauing. J. Behnke, Köln
Haftfestigkeit der Putzmörtel
1958, 130 Seiten, 6 Abb., 63 Tabellen, DM 28,30

HEFT 482
Dipl.-Ing. R. Pels-Leusden und Dr. K. Bergmann, Essen
Die Frostbeständigkeit von Ziegeln; Einflüsse der Materialzusammensetzung und des Brandes
1958, 70 Seiten, 31 Abb 5 Tabellen, DM 20,45

HEFT 484
Prof. Dr. phil. habil. H. E. Schwiete und Dr. G. Franzen, Aachen
Beitrag zur Struktur des Montmorillonit
1958, 76 Seiten, 23 Abb., DM 22,—

HEFT 488
Prof. Dr. phil. habil. H. E. Schwiete, Aachen und Dipl.-Chem. H. Westmark, Recklinghausen
Beitrag zur Kennzeichnung der Texturen von Schamottesteinen
1958, 48 Seiten, 34 Abb., 7 Tabellen, DM 16,80

HEFT 528
Dipl.-Chem. Dr. P. Ney, Köln
Physikochemische Grundlagen der Bildsamkeit von Kalken unter Einbeziehung des Begriffs der aktiven Oberfläche
Dr. F. Schwarz, Köln
Kristallchemische Betrachtung der Bildsamkeit
1958, 96 Seiten, 34 Abb., 6 Tabellen, DM 26,75

HEFT 543
Prof. Dr. phil. habil. H. E. Schwiete, Dr. phil. H. Müller-Hesse und Dipl.-Ing. G. Gelsdorf, Aachen
Einlagerungsversuche an synthetischem Mullit. Teil II
1958, 28 Seiten, 5 Abb., 10 Tabellen, DM 10,—

HEFT 544
Prof. Dr. phil. habil. H. E. Schwiete, Dr.-Ing. A. K. Bose und Dr. phil. H. Müller-Hesse, Aachen
Die Schmelzphase in Schamottesteinen. Teil II
1958, 30 Seiten, 9 Abb., 12 Tab., DM 11,—

HEFT 545
Prof. Dr. phil. habil. H. E. Schwiete, Dr. rer. nat. G. Ziegler und Dipl.-Ing. Ch. Kliesch, Aachen
Thermochemische Untersuchungen über die Dehydration des Montmorillonits
1958, 48 Seiten, 16 Abb., 4 Tabellen, DM 15,40

HEFT 553
Prof. Dr. rer. pol. G. Garbotz und Dipl.-Ing. J. Theiner, Aachen
Untersuchungen der Walzverdichtungsvorgänge auf Lößlehm, Kies und Schotter
in Vorbereitung

HEFT 559
Prof. Dr. phil. habil. H. E. Schwiete und Dipl.-Chem. R. Gauglitz, Aachen
Die Verflüssigung von Montmorillonitschlämmen
1958, 66 Seiten, 15 Abb., 5 Tabellen, DM 19,30

HEFT 634
Institut für Ziegelforschung Essen e. V., Essen-Kray
Verminderung der Streuungen, der Festigkeit und der Sprödigkeit von Ziegeln
in Vorbereitung

HEFT 643
Max-Planck-Institut für Silikatforschung, Würzburg
Spannungsmessungen an Schleifkörpern

HEFT 651
Dr.-Ing. A. Eisenberg, Dortmund
Versuche zur Körperschalldämmung in Gebäuden

HEFT 688
Prof. Dr. H. E. Schwiete, Dipl.-Ing. A. Schüffler, Aachen
Entwicklung einer elektrisch beheizten Apparatur zur Messung von Wärmeleitfähigkeiten feuerfester Materialien bei hohen Temperaturen

HEFT 689
Prof. Dr. H. E. Schwiete, Dipl.-Chem. H. Westmark, Aachen
Die Wärmeleitfähigkeit feuerfester Steine im Spiegel der Literatur

GPSR Compliance

The European Union's (EU) General Product Safety Regulation (GPSR) is a set of rules that requires consumer products to be safe and our obligations to ensure this.

If you have any concerns about our products, you can contact us on ProductSafety@springernature.com

In case Publisher is established outside the EU, the EU authorized representative is:

Springer Nature Customer Service Center GmbH
Europaplatz 3
69115 Heidelberg, Germany

Batch number: 10577876

Printed by Printforce, the Netherlands